基层农产品质量安全检测人员指导用书

水产品及水环境中典型污染物检测操作规程

李海普 张婷 杨兆光 等◎编著

U0391252

中国农业出版社
北 京

编著者：李海普　张　婷　杨兆光　王　琳
　　　　　邱　波　宋　怿　艾晓辉　卢宪波
　　　　　覃东立　许玫英　史永富　王　强
　　　　　宋相志　陈蕾蕾　毛慧悦　罗洲飞
　　　　　徐丽君　周新怡　谢文平　蔡友琼

前　　言

我国是世界淡水养殖规模和消费市场最大的国家，长期以相对稳定和低廉的价格为人民提供着丰富的淡水水产品。近年来，我国渔业水域环境污染日趋严重，除了部分水产养殖人员不顾环境容量和自身技术条件，盲目追求高产、高效，过量或非法使用氯霉素、孔雀石绿、硝基呋喃等水产养殖投入品带来的污染外，工农业和城镇化迅速发展带来的重金属、杀虫剂、除草剂以及新兴污染物等化学污染物也不可避免地汇入渔业水域环境，导致水产品质量下降，影响了人民群众的水产品安全。因此，开发水产品及环境多介质中化学污染物分析技术，构建贯穿样品采集、保存和分析的质量保证/质量管理机制，可为提升我国水产业检测和监测水平，保障我国人民吃上安全放心的淡水水产品作出重要贡献。

本书是结合我国水产品和环境介质中化学污染物分析技术的发展现状进行组织和编写的，9个部分分别介绍了淡水养殖渔业环境及水产品抽样规范操作规程、重金属元素含量及6种形态砷的测定方法、有机氯杀虫剂和多氯联苯的测定方法、有机磷杀虫剂的测定方法、氨基甲酸酯类杀虫剂的测定方法、菊酯类杀虫剂的测定方法、主要除草剂的测定方法、渔药的测定方法以及多种新的污染物（包括抗生素、环境激素类、个人护理品、多环芳烃类、多溴联苯醚类、邻苯二甲酸酯类、酚类等）的测定方法。

本书对相同的化学污染物提供了不同的仪器分析方法，读者可根据自己的实验条件及需求，选择适宜的测定方法。参加本书编写的人员都是来自化学污染物分析、水产品质量安全监测一线的工作人员，他们经验丰富、技术精湛，在编写上力求精练、科学，能较全面地反映当前水产品中化学污染物分析技术的专业知识。希望本书可为广大从事环境保护、水产品质量安全事业的工作人员、科研工作者及研究生提供实践性专业知识。

本书的出版得到了公益性行业（农业）科研专项经费项目"典型化学物污染淡水水产品质量安全综合防治技术方案"（201503108）的大力支持和帮助，在此表示衷心的感谢！也特别感谢编写人员的辛勤工作，没有他们的配合是不可能完成此书的。

化学污染物种类繁多，且基质多样，要在一本书中包罗万象涉及所有污染物的检测是一项艰巨的工作。由于我们水平有限和时间限制，书中难免存有疏漏之处，恳请读者给予指正，将不胜感谢！

编著者
2020 年 9 月

目　录

前言

第一部分　样品抽样操作规范

淡水养殖渔业环境及水产品抽样规范操作规程 ………………………………………………… 3

第二部分　重金属及其形态的检测方法

水体、土壤/底泥、植物和淡水水产品中 23 种元素含量的测定 ………………………… 11
农作物及淡水水产品中 6 种形态砷的检测　液相色谱-电感耦合等离子体质谱法 ………… 37

第三部分　有机氯杀虫剂及多氯联苯的检测方法

水、底泥和水产品中有机氯和多氯联苯的检测 …………………………………………… 45
水产品中有机氯和多氯联苯的检测 ………………………………………………………… 53
淡水渔业环境及水产品中有机氯杀虫剂的测定　气相色谱法 …………………………… 59

第四部分　有机磷杀虫剂的检测方法

水、底泥、水生动物样品中有机磷杀虫剂残留量测定的样品采集、保存及分析 …………… 67

第五部分　氨基甲酸酯类杀虫剂的检测方法

水、底泥、动植物样品中氨基甲酸酯类农药残留量的测定　液相色谱-串联质谱法 ……… 79

第六部分　菊酯类杀虫剂的检测方法

水体中百菌清、甲氰菊酯、氯氰菊酯、氰戊菊酯、溴氰菊酯测定　气相色谱法 ………… 91
水体中百菌清、甲氰菊酯、氯氰菊酯、氰戊菊酯、溴氰菊酯测定　气相色谱-串联质谱法 … 98
底泥中甲氰菊酯、氯氰菊酯、氰戊菊酯、溴氰菊酯测定　气相色谱法 ………………… 104
水生植物中百菌清、甲氰菊酯、氯氰菊酯、氰戊菊酯、溴氰菊酯测定　气相色谱法 ……… 110
水产品中氯氰菊酯、氰戊菊酯、溴氰菊酯残留量测定　气相色谱法 …………………… 116

第七部分　除草剂的检测方法

水、鱼肉、水生植物和底泥中莠去津、乙草胺和除草醚 3 种除草剂残留量的测定
　气相色谱-质谱联用法 ………………………………………………………………… 125
水、鱼肉、水生植物和底泥中灭草松、利谷隆和丁草胺 3 种除草剂残留量的测定
　液相色谱-串联质谱法 ………………………………………………………………… 133
水、鱼肉、水生植物和底泥中草甘膦残留量的测定　液相色谱-串联质谱法 …………… 142
鱼肉中 5 种酰胺类除草剂残留量的测定　气相色谱法 ………………………………… 150

鱼肉中莠去津、氟乐灵和二甲戊乐灵3种除草剂残留量的测定　气相色谱法 ·············· 155

鱼肉中6种磺酰脲类除草剂残留量的测定　液相色谱-串联质谱法 ·············· 160

第八部分　渔药的检测方法

水、底泥和水生植物中阿苯达唑、甲苯咪唑、左旋咪唑和阿维菌素4种渔药残留的
测定　超高效液相色谱-串联质谱法 ·············· 167

鱼肉和饲料中阿苯达唑、甲苯咪唑、左旋咪唑和阿维菌素4种渔药残留的测定
超高效液相色谱-串联质谱法 ·············· 175

第九部分　新兴污染物的检测方法

水、底泥及鱼肉样品中28种抗生素药物的测定　液相色谱-串联质谱法 ·············· 185

水、底泥、水生动物样品中环境激素类残留量的检测　液相色谱-串联质谱法 ·············· 196

水、底泥及鱼肉样品中个人护理品类残留量的测定　液相色谱-串联质谱法 ·············· 206

水、沉积物及生物组织中多环芳烃的测定　气相色谱-质谱联用法 ·············· 217

水、土壤/沉积物及生物组织中多溴联苯醚的测定　气相色谱-质谱联用法 ·············· 223

淡水渔业环境及水产品中邻苯二甲酸酯类测定　气相色谱-质谱联用法 ·············· 227

水体中辛基酚、壬基酚、双酚A、己烯雌酚的测定　气相色谱-质谱联用法 ·············· 238

沉积物中辛基酚、壬基酚、双酚A残留的测定　气相色谱-质谱联用法 ·············· 244

水产品中辛基酚、壬基酚、双酚A、己烯雌酚残留的测定　气相色谱-质谱联用法 ·············· 249

第一部分

样品抽样操作规范

淡水养殖渔业环境及水产品
抽样规范操作规程

1 适用范围

本规程规定了淡水养殖过程中渔业生态环境监测的样品(水、沉积物、动植物)采集和保存的标准操作方法。

本规程适用于淡水渔业水域的水质、沉积物、植物及水产品的常规监测、应急监测和专项监测。

2 规范性引用文件

本规程内容引用了下列文件或其中的条款。凡是不注明日期的引用文件,其有效版本适用于本规程。

GB/T 14699.1—2005 饲料 采样

GB/T 30891—2014 水产品抽样规范

HJ 493—2009 水质采样 样品的保存和管理技术规定

SC/T 9102.3—2007 渔业生态环境监测规范 第3部分:淡水

3 水质采样、水样保存

3.1 采样区域、断面、站位或测点布设

3.1.1 原则

全面、真实、客观地反映所监测的渔业功能区域内水环境质量及污染物的时空分布状况与特征,以较少的监测区域、断面和测点获得最具有代表性的样品。

考虑河流、湖泊、水库水体的水动力条件,河流、湖泊、水库的面积、形态、补给水条件、取水、排污设施的位置和规模、污染物在水体中的循环和迁移转化。

监测水域内及相关上、下游区段内无严重污染源存在,水质稳定,在监测的中心区域设置监测采样断面或站位;存在严重污染源时,应根据污染源分布及排污状况,对排污口和污染带进行采样监测,在污染区域设置若干控制断面,同时在监测区域的上、下游设置对照断面和消减断面。

监测水域内有较大支流汇入,应在支流靠近汇入口的上游布设采样断面。

河流采样断面的设置应与水流方向垂直。

3.1.2 湖泊、水库

3.1.2.1 水质特性采样点

湖(库)具有复杂的岸线,或由几个不同的水面组成时,须设置多个采样点,或采用网格法

中国水产科学研究院东海水产研究所 编制

布设若干个采样点,采集平面样品组或平面综合样。对河道型湖(库),可设置采样断面,断面布设与附近水流方向垂直。湖(库)的水质在水平方向未呈现明显的差异时,在水的最深位置以上布设一个采样点。

3.1.2.2 水质控制采样点
靠近用水的取水口或主要水源的入口布设。

3.1.2.3 特殊情况的采样点
在观测到出现异常的地点布设。

3.1.2.4 垂直采样点
在非均匀水体采样,缩短采样点之间的间隔深度,采集深度样品组或深度综合样。采样层次的布设取决于所需要的资料和局部环境。湖(库)沿水深方向水质变化很大时,同时进行分层采样,采样层数可根据水质变动情况而设定。

3.1.3 河流

3.1.3.1 垂线布设
水面宽小于 50 m,只设一条中泓垂线;水面宽 50 m~100 m,设置左、中、右 3 条垂线(即一条中泓垂线和左右岸有明显水流出各一条垂线);水面宽度大于 100 m 酌情增加采样断面。

3.1.3.2 采样点布设
水深小于 5 m,可只采表层(水下 0.5 m)水样;水深 5 m~10 m,采表层和底层(河底以上 0.5 m)水样。水深大于 10 m,采表层、中层(1/2 水深处)和底层水样。河流上下层水交换充分的,可酌情减少采样层数。

3.2 采样时间和频次原则
根据需要阐明渔业环境水质特性,考虑水质变动的时间因素,安排采样时间和频次。表征渔业水域整体水质质量时,需在鱼类越冬期、繁殖期和育肥期进行采样监测。

3.3 采样器和储样容器选择及样品保存技术
采样器应有足够强度,使用灵活、方便可靠,与水样接触部采用惰性材料,如不锈钢、聚四氟乙烯等。采样器使用前,根据待测项目的要求确定清洗采样器的方法。

在水流平缓的河流、湖泊、水库中采样,用直立式采样器。

在水深、流急的河流中采样,用与铅鱼、绞车联用的横式采样器。

3.3.1 储样容器的选择与使用要求

3.3.1.1 储样容器材质要求
容器材质化学稳定性好,不会溶出待测组分,且在储存期内不会与水样发生物理化学反应。

测定光敏性组分的水样,容器材质应具有遮光作用。

3.3.1.2 储样容器选择与使用要求
测定有机氯类杀虫剂的储样容器应选用硬质(硼硅)玻璃容器。

测定邻苯酸二甲酯的储样容器应选用玻璃容器。

3.3.1.3 储样容器洗涤
根据水样待测项目的分析方法要求确定清洗容器的方法。

储样容器清洗的一般程序是用自来水和清洗剂清洗,再用铬酸-硫酸洗液浸泡 7 d 以上,然后用蒸馏水冲洗干净,所用洗涤剂类型和选用的容器材质要随待测组分来确定。

3.3.2　采样方式与适用范围

定流量采样:当累计水流流量达到某一设定值时,脉冲触发采样器采集水样,采集特定流量时态水样。

流速比例采样:适用于流量与污染物浓度变化较大的水样采集,采集与流速呈正比例的水样。

时间积分采样:适用于采集一定时间段内的混合水样。

深度积分采样:适用于采集沿采样垂线不同深度的混合水样。

3.3.3　采样方式与适用范围

涉水采样:适用于水深较浅的水体,应避免剧烈搅动水体。

桥梁采样:适用于有桥梁的采样断面。

船只采样:适用于水体较深的河流、水库、湖泊,应逆风逆流,在船头取样。

缆道采样:适用于山区流速较快的河流。

冰上采样:适用于冬季冰冻河流、湖泊和水库。

3.4　样品保存技术

采集样品用于检测有机氯农药及塑化剂时,样品容器选择玻璃容器,水样采集后,用酸调节至 pH 3～4,固定水样,在 2℃～5℃下保存(HJ 493—2009)。

3.5　注意事项

采样器和样品容器,在采样之前,除有特殊要求外,需要用现场样品水清洗 2 次～3 次。

新购入的样品容器,需要硝酸浸泡进行预处理。用于浸泡容器的酸液,即使新配和更换,也应定期进行检查。

容器的盖、塞子和衬垫应按容器洗涤要求同时清洗干净。

污染严重的容器和用热的重铬酸钾洗液浸泡,有机物容器也可用高锰酸钾洗液浸洗。

4　沉积物采样、样品保存和分析方法

4.1　采样点确定原则

4.1.1　湖泊、水库

根据调查湖(库)大小和营养类型选设适当数量的采样点,湖(库)心、主要的河流入湖(库)处和污染物排放口周围等有代表性区域须设置采样点。

采用网格法布设采样点时,应充分考虑样品代表性和采样可行性,采用比较合理的网格区域布点。

4.1.2　河流

采样点布设应根据调查目的确定,一般以断面方式布设。在河流左右岸边水域,中泓线区域、河口区、污染源附近、地形及潮汐原因造成堆积区,底泥恶化区,以及沉积层较薄等区域设置采样点。

4.2　采样方式

根据需要采集点状、柱状或混合样品。采样器可选用抓斗、筒式采样器、蚌式采样器或钻探装置。

混合样品可由采泥器或者抓斗采集。采集较深层的柱状样时,采用钻探装置。

4.3 沉积物样品保存与预处理

4.3.1 样品保存

使用广口、可密封容器储存样品,在样品保存期内测试完毕。样品用于检测有机氯类杀虫剂、邻苯二甲酸酯类时,采用用溶剂洗涤过的带衬帽的广口玻璃瓶在4℃以内储存,保存期为14 d。

4.3.2 分析样品制备

4.3.2.1 样品制备过程

分析样品须经过干燥、粉碎、过筛和缩分4个过程。

4.3.2.2 样品干燥方法及适用范围

真空冷冻干燥:适用于对热空气不稳定的组分。

自然风干:适用于较稳定组分。

恒温干燥:在105℃环境下干燥,适用于稳定组分。

4.3.2.3 样品制备注意事项

剔除石块、贝壳、动植物残体等杂质。

用玛瑙粉碎器皿研磨,过0.095 mm(160目)不锈钢筛,加工后的样品充分混匀。筛下样品采用四分法缩分,得到所需量的样品装入棕色广口瓶中,贴上标签后供测试用或冷冻保存。

5 饲料采样

5.1 采样设备

5.1.1 一般要求

选择适合产品颗粒大小、采样量、容器大小和产品物理状态等特征的采样设备。

5.1.2 散装饲料采样

普通铲子、手柄勺、柱状取样器(如取样钎、管状取样器、套筒取样器)和圆锥取样器。取样钎可有一个或更多的分隔室。

5.1.3 袋装或其他包装饲料的采样

手柄勺、麻袋取样钎或取样器、管状取样器、圆锥取样器和分隔式取样器。

5.1.4 清洁

采样、缩样、存储和处理样品时应特别小心,确保样品和被取样货物的特性不受影响。采样设备应清洁、干燥、不受外界气味的影响。用于制造采样设备的材料不影响样品的质量。在不同样品间,采样设备应完全清扫干净,当被取样的货物含油高时尤其重要。取样人员应带一次性的手套,不同样品间应更换手套,防止污染随后的样品。

5.2 装样容器

5.2.1 一般要求

装样品的容器应确保样品特性不变直至检测完成。样品容器的大小以样品完全充满容器为宜。容器应当始终封口,只有检测时才能打开。

5.2.2 清洁

样品容器应清洁、干燥、不受外界气味的影响。制造样品容器的材料不影响样品的品质。

5.2.3 固体产品的样品容器

固体产品的样品容器及盖子应是防水和防脂材料制成的(如玻璃、不锈钢、锡等),应是广口的,最好是圆柱形,并与所装样品多少相配套,合适的塑料袋也可以。

5.3 采样量

最小的实验室采样量为 0.5 kg。

5.4 样品制备

在采样完成后应尽快处理,以避免样品质量发生变化或被污染。

5.5 样品保存

实验室样品的储藏应防止样品成分发生变化,没有呈交实验室的实验样品可储藏公认的一段时间,一般为 6 个月。

6 捕捞及养殖水产品采样及样品保存

6.1 捕捞及养殖水产品抽样

捕捞及养殖水产品的抽样见表 1。

表 1 捕捞及养殖水产品的抽样

样品名称	样品量	检样量(g)
鱼类	≥3 尾	≥400
虾类	≥10 尾	≥400
蟹类	≥5 只	≥400
贝类	≥3 kg	≥400
藻类	≥3 株	≥700
龟鳖类	≥3 只	≥400
其他	≥3 只	≥400
表中所列为最少取样量,实际操作中应根据所取样品的个体大小,在保证最终检样量的基础上,抽取样品。		

6.2 样品保存及运输

6.2.1 样品保存

6.2.1.1 活水产品

活水产品应使其处于保活状态,当难以保活时,可将其杀死按鲜水产品的保存方法保存。

6.2.1.2 鲜水产品

鲜水产品要用保温箱或采取必要的措施使样品处于低温状态(0℃~10℃),应在采样后尽快送至实验室(一般 2 d 内),并保证样品送至实验室时不变质。

6.2.1.3 冷冻水产品

冷冻水产品要用保温箱或采取必要的措施使样品处于冷冻状态,送至实验室前样品不能融化、变质。

6.2.1.4 其他水产品

其他水产品也应用塑料袋或类似的材料密封保存,注意不能使其吸潮或水分散失,并要保证其从抽样时到实验室进行检验的过程中品质不变。必要时,可使用冷藏设备。

6.2.2 样品运输

所抽样品一般由抽样人员随身带回实验室,与样品接受人员交接样品。若情况特殊不能亲自带回时,应将样品封于纸箱等容器中,由抽样人员签字后,交付专人送回实验室妥善保管。待抽样人员确认样品无误后,再由实验室的样品接收人员交接样品。

6.2.3 养殖及捕捞水产品的试样制备

6.2.3.1 鱼类

至少取 3 尾鱼清洗后,去头、骨、内脏,取肌肉、鱼皮等可食部分绞碎混合均匀后备用;试样量为 400 g,分为 2 份,其中一份用于检验,另一份为留样。

6.2.3.2 虾类

至少取 10 尾清洗后,去虾头、虾皮、肠腺,得到整条虾肉绞碎混合均匀后备用;试样量为 400 g,分为 2 份,其中一份用于检验,另一份作为留样。

6.2.3.3 蟹类

至少取 5 只蟹清洗后,取可食部分,绞碎混合均匀后备用;试样量为 400 g,分为 2 份,其中一份用于检验,另一份作为留样。

6.2.3.4 贝类

将样品清洗后开壳剥离,收集全部的软组织和体液匀浆;试样量为 700 g,分为 2 份,其中一份用于检验,另一份作为留样。

6.2.3.5 藻类

将样品去除沙石等杂质后,均质;试样量为 400 g,分为 2 份,其中一份用于检验,另一份作为留样。

6.2.3.6 龟鳖类产品

至少取 3 只清洗后,取可食部分,绞碎混合均匀后备用;试样量为 400 g,分为 2 份,其中一份用于检验,另一份作为留样。

样品制备完成后,放置于−18℃冰箱冷冻保藏,备检。

第二部分

重金属及其形态的检测方法

水体、土壤/底泥、植物和淡水水产品中 23 种元素含量的测定

1 适用范围

本规程总结了水体、土壤/底泥和淡水水产品中砷（As）、镉（Cd）、铬（Cr）、铜（Cu）、铁（Fe）、铅（Pb）、锰（Mn）、汞（Hg）、镍（Ni）、锌（Zn）10 种重金属元素的测定方法。

本规程适用于饮用水、地表水、地下水、生活污水、工业废水（处理设施出口）、农田土壤、城市土壤、河流底泥、水库沉积物、湖泊沉积物、蔬菜、水果、粮食、豆类、陆生植物以及鱼、虾、蟹等淡水水产品中 As、Cd、Cr、Cu、Fe、Pb、Mn、Hg、Ni、Zn 的测定。若经过验证，此规程还适用于铝（Al）、锑（Sb）、钡（Ba）、铍（Be）、钙（Ca）、钴（Co）、镁（Mg）、钾（K）、硒（Se）、银（Ag）、钠（Na）、铊（Tl）和钒（V）13 种元素的测定。元素列表见表 1。

表 1　元素名称及符号对照表

中文名称	英文名称	元素符号	CAS 号
铝	Aluminum	Al	7429-90-5
锑	Antimony	Sb	7440-36-0
砷	Arsenic	As	7440-38-2
钡	Barium	Ba	7440-39-3
铍	Beryllium	Be	7440-41-7
镉	Cadmium	Cd	7440-43-9
钙	Calcium	Ca	7440-70-2
铬	Chromium	Cr	7440-47-3
钴	Cobalt	Co	7440-48-4
铜	Copper	Cu	7440-50-8
铁	Iron	Fe	7439-89-6
铅	Lead	Pb	7439-92-1
镁	Magnesium	Mg	7439-95-4
锰	Manganese	Mn	7439-96-5
汞	Mercury	Hg	7439-97-6
镍	Nickel	Ni	7440-02-0
钾	Potassium	K	7440-09-7
硒	Selenium	Se	7782-49-2
银	Silver	Ag	7440-22-4
钠	Sodium	Na	7440-23-5
铊	Thallium	Tl	7440-28-0
钒	Vanadium	V	7440-62-2
锌	Zinc	Zn	7440-66-6

中南大学　编制

2 规范性引用文件

本规程内容引用了下列文件或其中的条款。凡是不注明日期的引用文件,其有效版本适用于本规程。

GB/T 6682　分析实验室用水规格和试验方法

HJ 694—2014　水质汞、砷、硒、铋和锑的测定原子荧光法

HJ 700—2014　水质 65 种元素的测定电感耦合等离子体质谱法

3 试剂和仪器

注1:除非另有说明,本规程中所用试剂均为分析纯,水均为电阻率大于 18.0 MΩ/cm 的去离子水,其余指标满足 GB/T 6682 中的一级标准。

注2:所用玻璃仪器均需以 5%硝酸溶液浸泡 24 h 以上,用水反复冲洗,最后用去离子水冲洗干净(HJ 700—2014)。

3.1 试剂

3.1.1 浓硝酸(HNO_3):优级纯或高纯(如微电子级)。必要时,经亚沸蒸馏。

3.1.2 浓盐酸(HCl):优级纯或高纯(如微电子级)。

3.1.3 氢氟酸(HF):优级纯。

3.1.4 高氯酸($HClO_4$):优级纯。

3.1.5 双氧水(H_2O_2,30%):优级纯。

3.1.6 硝酸溶液:1+99(体积比)。

3.1.7 硝酸溶液:2+98(体积比)。

3.1.8 硝酸溶液:1+1(体积比)。

3.1.9 盐酸溶液:1+1(体积比)。

3.1.10 重铬酸钾($K_2Cr_2O_7$):优级纯。

3.1.11 保存液(测 Hg):称取 0.5 g 重铬酸钾(3.1.10)溶于 900 mL 水中,加入 28 mL 浓硝酸(3.1.1),用水稀释至 1 L,摇匀。

3.1.12 氯化铯(99.99%)。

3.1.13 氯化铯溶液:50 g/L。将 5.0 g 氯化铯溶于水中,并用水稀释定容至 100 mL。

3.1.14 氧化镧(99.99%)。

3.1.15 镧溶液:50 g/L。将 58.65 g 氧化镧溶于 250 mL 浓盐酸中,用水稀释至 1 L。

3.1.16 氯化亚锡。

3.1.17 氯化亚锡溶液:100 g/L。称取 10 g 氯化亚锡,先溶于 10 mL 盐酸中,必要时可稍加热,然后用纯水稀释至 100 mL。

3.2 标准储备溶液

3.2.1 单元素标准储备溶液

各分析元素标准储备溶液可用光谱纯金属或金属盐类(基准或高纯试剂)配制成浓度为 1.00 mg/L 的标准储备溶液,储备溶液配制酸度保持在 1%以上。也可购买有证标准

溶液。

3.2.2 混合标准储备溶液

混合标准储备溶液可根据元素间相互干扰的情况、标准溶液的性质以及待测元素的含量，将元素分组配制。也可以购买有证标准溶液。

3.2.3 混合标准使用溶液

混合元素标准使用溶液每隔2周配制一次或现用现配。工作曲线中各元素的浓度范围根据测定仪器的线性范围及实际操作中样品的浓度进行选择。

注1：钾、钠、钙、镁等元素由于含量相对较高，尽量不要使用ICP-MS方法测定。

注2：所有元素的标准储备溶液配制后均应在密封的聚乙烯或聚丙烯瓶中保存。

注3：包含元素Ag的溶液需要避光保存。

3.2.4 质谱调谐液（适用于ICP-MS）

可购买有证标准溶液。该溶液需含有足以覆盖全质谱范围的元素离子，推荐选用锂、铍、钴、镍、铟、钡、铈、铅、铋、铀等元素，混合溶液的浓度为10 mg/L。使用前，用硝酸溶液（3.1.6）逐级稀释至1.0 μg/L。

3.2.5 内标元素标准储备溶液（适用于ICP-MS）

内标元素应根据元素同位素的质量数大小来选择，为样品溶液中不含有的元素，且质量数、电离能与所测元素接近。可直接购买有证标准溶液，也可用光谱纯金属或相应的金属盐类（基准或高纯试剂）进行配制。推荐选用钪、锗、钇、铑、铟、铼、铋为内标元素，混合溶液的浓度为10 mg/L。使用前，用硝酸溶液（3.1.6）稀释至20 μg/L（钪50 μg/L）。内标元素的选择可参见附录A的A.5。

3.2.6 氩气

纯度不低于99.99%（适用于ICP-OES与ICP-MS测试）。

3.3 仪器和材料

3.3.1 电子天平：感量为0.1 mg和1 mg。

3.3.2 超纯水制备仪。

3.3.3 过滤装置：孔径为0.45 μm的醋酸纤维或聚乙烯滤膜。

3.3.4 可调温式电热板或可调温式电炉（适用于湿法消解）。

3.3.5 聚四氟乙烯烧杯：250 mL容积，配聚四氟乙烯盖子（适用于湿法消解）。

3.3.6 表面皿（适用于湿法消解）。

3.3.7 马弗炉（适用于灰化消解）。

3.3.8 陶瓷坩埚（适用于灰化消解）

3.3.9 恒温干燥箱（适用于压力消解）。

3.3.10 压力消解罐或压力消解器（适用于压力消解）。

3.3.11 微波消解仪（适用于微波消解）。

3.3.12 微波消解罐（适用于微波消解）。

3.3.13 聚乙烯容量瓶：50 mL、100 mL。

3.3.14 A级玻璃量器。

3.3.15 原子吸收分光光度计。

3.3.16 电感耦合等离子体原子发射光谱仪。

3.3.17 电感耦合等离子体质谱仪。

3.3.18 原子荧光光度计。

3.3.19 冷原子吸收测汞仪。

3.3.20 一般实验室常用仪器设备。

4 前处理步骤

4.1 水样

4.1.1 试样的采集与保存

参照 HJ/T 91 和 HJ/T 164 的相关规定进行,可溶态元素和元素总量样品应分别采集。

4.1.2 试样的消解

4.1.2.1 可溶态元素

用 0.45 μm 有机微孔滤膜过滤样品,弃去初始的 50 mL～100 mL 溶液,收集所需体积的滤液,每 100 mL 滤液中加入 1 mL 浓硝酸(3.1.1),酸化至 pH≤2,待测。

4.1.2.2 元素总量

(1)湿法消解。准确量取 100.0 mL 摇匀后的样品于 250 mL 聚四氟乙烯烧杯中,加入 3 mL 浓硝酸(3.1.1),盖上表面皿,置于电热板上加热消解。在 95℃持续加热,保持溶液不沸腾,直至样品蒸发至 20 mL 左右。待样品冷却后,再加入 3 mL 浓硝酸(3.1.1),并保持轻微持续回流,直至消解液变得清亮或颜色稳定下来。冷却样品后,再加入 1 mL 浓盐酸(3.1.2),持续回流 30 min 后,将其全部转移至 50 mL 容量瓶中,用硝酸溶液(3.1.6)定容,加盖,摇匀保存。因为无法估计不同基体对被稀释溶液稳定性的影响,所以一旦样品前处理完毕,应尽快进行分析。如样品中待测元素含量低于方法检出限,可适度浓缩样品。按照试样的制备相同操作步骤制备空白试样。

注:易挥发元素,如 Hg 等,不适合采用湿法消解,建议采用密闭的微波消解或压力消解。

(2)微波消解。准确量取 45.0 mL 摇匀后的样品于消解罐中(可根据微波消解罐的体积等比例减少取样量和加入的酸量),加入 4.0 mL 浓硝酸(3.1.1)和 1.0 mL 浓盐酸(3.1.2),将消解罐放入微波消解仪,设定程序,使消解温度在 10 min 内升高到 170℃,并在 170℃保持 10 min。消解完毕后,冷却至室温。将消解液移至 50 mL 容量瓶中,用硝酸溶液(3.1.6)定容至刻度,摇匀,待测。

(3)压力消解。准确量取 45.0 mL 摇匀后的样品于聚四氟乙烯压力消解罐中(可根据压力消解罐的体积等比例增减取样量和加酸量),加入 4.0 mL 浓硝酸(3.1.1)和 1.0 mL 浓盐酸(3.1.2),将压力消解罐置于恒温干燥箱中,设定温度 120℃并保持 4 h。待干燥箱内自然冷却后,打开罐盖,使消解温度在 10 min 内升高到 170℃,并在 170℃保持 10 min。消解完毕后,冷却至室温。将消解液移至 50 mL 容量瓶中,用硝酸溶液(3.1.6)定容至刻度,摇匀,待测。

注 1:压力消解也可置于沸水浴中进行,但因沸水温度较低,消解效果不如恒温干燥箱。

注 2:Hg 易挥发,若要测 Hg,可在消解结束后加入 10 mL 保存液(3.1.11)后定容。

4.1.3　空白试样的制备

以实验用水代替样品,按照 4.1.2 步骤制备空白试样。

4.2　土壤与底泥(沉积物)

4.2.1　土壤试样采集

土壤采集参照 HJ/T 166 的相关规定布点设置采样数量。

农田土壤:一般农田土壤环境监测采集耕作土壤,种植一般农作物采集 0 cm～20 cm;种植果林类农作物采集 0 cm～60 cm。每个土壤单元设 3 个～7 个采样区,每个采样区的样品为农田土壤混合样。

城市土壤:一般城市土壤环境监测采集城市中栽植草木的土壤,被道路和建筑物覆盖的土壤不予考虑。因上层土壤(0 cm～30 cm)可能是回填土壤或受人为影响大,城市土壤应取 0 cm～30 cm 和 30 cm～60 cm 两层分别监测。

4.2.2　底泥(沉积物)试样采集

底泥/沉积物样品采集无固定标准,采样点的数目根据底质污染调查的要求而定。如做概况调查,河流在排污口下游 50 m～1 000 m,视水流及淤泥堆积情况由密而疏地设置 5 个～10 个采样点。对海域和湖泊来说,按调查范围的大小和污染程度均匀地设置若干个有代表性的采样点,但在排污口附近密度应加大。如做详细调查,河流应在排污口下游按 10 m～50 m 的方格布点,海洋与湖泊则按 300 m～500 m 的方格网设置采样点,河口淤泥区采样点也应加大密度。

4.2.3　试样的处理

在风干室(若无风干室选择阴凉通风的空间)将样品置于风干盘(通常选择白瓷盘)中,摊成 2 cm～3 cm 的薄层,适时地压碎、翻动,拣出碎石、砂砾和植物残体。风干时间视样品含水率而定,土壤样品通常为 3 d～5 d,底泥/沉积物样品为 5 d～7 d。

将风干的样品倒在有机玻璃板上,用木槌敲打大块颗粒,拣出杂质,混合均匀,并用四分法取压碎样,过 0.84 mm(20 目)尼龙筛。过筛后的样品全部置于无色聚乙烯薄膜上,并充分搅拌混匀,再采用四分法取其 2 份,一份交样品库保存,另一份做样品细磨用。

细磨样品再用四分法分成 2 份,一份研磨到全部过 0.15 mm(100 目)筛,用于本规程中土壤元素的全量分析;另一份研磨到全部过 0.25 mm(60 目)筛,可用于农药或土壤有机质、土壤全氮量等项目分析。

4.2.4　试样的消解

4.2.4.1　湿法消解

准确称取 1 g～2 g 样品(精确至 0.01 g)于 250 mL 聚四氟乙烯烧杯中,加入 10 mL 硝酸溶液(3.1.8),盖上表面皿,置于电热板上加热消解。在 95℃持续加热,保持溶液不沸腾回流 10 min～15 min。待样品冷却后,再加入 5 mL 浓硝酸(3.1.1),并保持轻微持续回流 30 min。若样品产生棕色烟雾,则重复上述加酸回流过程,直至样品不再产生棕色烟雾为止,蒸发样品浓缩至约 5 mL。待样品冷却后,加入 2 mL 去离子水和 3 mL 30％双氧水(3.1.5),盖上表面皿后加热回流 30 min。冷却后观察样品,重复加入双氧水消解步骤,直至样品不再冒泡或样品外观不再发生变化。

待样品冷却后,用去离子水定容至 100 mL。用 0.45 μm 滤纸过滤后,采用 GFAA 或 ICP-MS 测试。若需要用 FLAA 或 ICP-OES 测试,则在上述消解步骤之后,再加入 10 mL 浓盐酸(3.1.2)回流 15 min,冷却后定容过滤。

> 注1:易挥发元素,如 Hg 等,不适合采用湿法消解,建议采用密闭的微波消解。
>
> 注2:双氧水的总加入量不可超过 10 mL。

4.2.4.2 微波消解

准确称取 0.2 g~0.5 g 样品(精确至 0.001 g)于聚四氟乙烯消解罐中,加入 9 mL 浓硝酸(3.1.1)和 3 mL 浓盐酸(3.1.2),盖紧罐盖,置于微波消解仪中。设定程序,使消解温度在 10 min 内升至 180℃,并在 180℃保持 30 min。消解完毕后,冷却至室温。将消解液移至 50 mL 容量瓶中,用去离子水定容至刻度,用 0.45 μm 滤纸过滤后测试。

> 注1:混酸无法完全消解二氧化硅,若需要准确测量残渣态中元素含量,需在消解液中加入 3 mL 氢氟酸(3.1.3)。若使用氢氟酸,消解后必须在电热板上加热赶酸,待溶液蒸发至近干后用去离子水定容。
>
> 注2:若样品中含有大量易挥发或易氧化的有机物,则称量的样品量不应超过 0.25 g,建议采用 0.1 g 进行消解。
>
> 注3:若样品中加酸后发生剧烈反应,应考虑样品中是否含有超量有机物,除减少称样量外,还可以加入酸预氧化过夜后再加热消解。

4.2.5 空白试样的制备

以实验用水代替样品,按照 4.2.4 步骤制备空白试样。

4.3 农作物与水产品

4.3.1 试样制备

干试样:粮食,豆类,去除杂质;坚果类去除杂质、去壳;用研钵磨碎成均匀的样品,过 0.25 mm(60 目)筛后,储存于洁净的塑料瓶中,于室温下或按样品保存条件下保存备用。

鲜(湿)试样:蔬菜,洗净表面尘土和杂质,并用去离子水冲洗 3 遍后拭干,若有需求,可分菜叶、茎进行分别处理;瓜果类,去皮,取果肉;鱼类,取鱼肉组织,若有需求,可分背部肌肉、腹部肌肉、内脏、鱼头等进行分别处理;虾蟹等甲壳类,去壳,取虾仁、蟹白;鲜(湿)试样用食品加工机打成匀浆或碾磨成匀浆,储存于干净的塑料瓶中,于-18℃~-16℃冰箱中保存备用。

4.3.2 试样消解

4.3.2.1 湿法消解

准确称取干试样 0.3 g~0.5 g(精确至 0.000 1 g)、鲜(湿)试样 1 g~2 g(精确至 0.001 g)于聚四氟乙烯烧杯中,加入 10 mL 浓硝酸(3.1.1)后盖上表面皿,置于电热板上加热消解。在 95℃持续加热,保持溶液不沸腾回流 120 min。待样品冷却后,加入 2 mL 30% 双氧水(3.1.5),盖上表面皿后加热回流 30 min。待样品完全冷却后转移至容量瓶中,用去离子水定容。试样溶液置于 4℃冰箱中保存备用,保存时间不超过 48 h。测试前,用 0.45 μm 滤纸过滤试样后进入仪器分析。

> 注:易挥发元素,如 Hg 等,不适合采用湿法消解,建议采用密闭的微波消解和压力消解。

4.3.2.2 微波消解

准确称取干试样 0.3 g~0.5 g(精确至 0.000 1 g)、鲜(湿)试样 1 g~2 g(精确至 0.001 g)于聚四氟乙烯微波消解罐中,加入 10 mL 浓硝酸(3.1.1)和 2 mL 30% 双氧水(3.1.5),盖紧罐盖,置于微波消解仪中。设定程序,使消解温度在 10 min 内升至 175℃,并在 175℃保持 15 min ~30 min。消解完毕后,冷却至室温。将消解液移至 50 mL 容量瓶中,用去离子水定容至刻度。试样溶液置于 4℃冰箱中保存备用,保存时间不超过 48 h。测试前,用 0.45 μm 滤纸过滤后进入仪器分析。

4.3.2.3　压力消解

准确称取干试样 0.3 g～0.5 g(精确至 0.000 1 g)、鲜(湿)试样 1 g～2 g(精确至 0.001 g)于聚四氟乙烯压力罐中,加入 10 mL 浓硝酸(3.1.1)和 2 mL 30%双氧水(3.1.5),盖紧罐盖,置于恒温干燥箱中。设定干燥箱温度 120℃,保持 4 h。消解完毕后,在箱内自然冷却至室温。将消解液移至 50 mL 容量瓶中,用去离子水定容至刻度。试样溶液置于 4℃冰箱中保存备用,保存时间不超过 48 h。测试前,用 0.45 μm 滤纸过滤后进入仪器分析。

4.3.2.4　灰化消解

准确称取干试样 0.3 g～0.5 g(精确至 0.000 1 g)、鲜(湿)试样 1 g～2 g(精确至 0.001 g)于瓷坩埚中,先小火在可调式电路上炭化至无烟,后移入马弗炉中 500℃灰化 6 h。若个别样品灰化不彻底,加 1 mL 浓硝酸(3.1.1)在可调式电路上小火加热,将硝酸蒸干后,再转入马弗炉中 500℃继续灰化 1 h～2 h,直至试样消化完全,呈灰白色或浅灰色。待样品冷却后,用 1%硝酸溶液(3.1.6)将灰分溶解,随后转移至 50 mL 容量瓶中,用 1%硝酸溶液定容至刻度。试样溶液置于 4℃冰箱中保存备用,保存时间不超过 48 h。测试前,用 0.45 μm 滤纸过滤后进入仪器分析。

注:易挥发元素,如 Hg、As、Se 等,不适合采用灰化消解,建议采用密闭的微波消解和压力消解。

4.3.3　空白试样的制备

以实验用水代替样品,按照 4.3.2 步骤制备空白试样。

5　安全

5.1　许多金属盐,如铍、砷、镉等,均为剧毒致癌物质,切勿吸入或吞食,应避免与皮肤接触。配制标准溶液时,应最大可能保证操作的规范性,每次操作完成之后应仔细清洗双手。

5.2　盐酸、硝酸均具有强烈的化学腐蚀性和刺激性,操作时应按照规定要求配备防护器具,并在通风橱中进行,避免酸雾吸入呼吸道和接触皮肤、衣物。

5.3　酸化含有活性物质的样品时可能会释放有毒气体,如氰化物和硫化物。应在可靠的通风橱中进行样品的酸化和消解。

6　电感耦合等离子体质谱法(ICP-MS)

6.1　方法原理

样品由载气带入雾化系统进行雾化后,以气溶胶形式进入等离子体的轴向通道,在高温和惰性气体中被充分蒸发、解离、原子化和电离,转化成的带电荷的正离子经离子采集系统进入质谱仪,质谱仪根据离子的质荷比即元素的质量数进行分离并定性、定量分析。在一定浓度范围内,元素质量数的位置所对应的信号响应值与其浓度成正比。此方法可以监测 1.0 中列出的 23 种元素。本方法各元素的检出限为 0.02 μg/L～19.6 μg/L,测定下限为 0.07 μg/L～78.2 μg/L,详见附录 A.1。

注:因为同心雾化器、雾室、连接管、矩管均为玻璃材质,建议若使用 ICP-MS 测试,在消解过程中不加入氢氟酸。若消解土壤过程中必须使用氢氟酸,务必保证消解结束后经过严格的赶酸步骤,且建议使用耐氢氟酸的测试仪器进行监测。

6.2 干扰及消除

电感耦合等离子体质谱法测定环境样品中的元素时存在的干扰主要分为两大类,即物理干扰和质谱干扰。物理干扰与样品导入有关,使用内标技术可以克服物理干扰,有效克服仪器的漂移,保证测量的准确性。质谱干扰主要由同量异位素、双电荷离子和分子离子等产生,可以通过采用最优化仪器、干扰校正方程等方法消除。

6.2.1 物理干扰

包括检测样品与标准溶液的黏度、表面张力和溶解性总固体的差异所引起的干扰。物理干扰可用内标物进行校正。内标元素在不同溶液基体下具有良好的稳定性。通过目标元素的离子强度和内标元素离子强度的比率,可了解样品输送、仪器漂移等的影响。

6.2.2 同量异位素干扰

相邻元素间的异序素有相同的质荷比,不能被四极杆质量分析器所分辨,可能引起异序素干扰。附录 A.3 是本方法为避开此类干扰所推荐使用的数学校正方程,通过选择测定同位素和干扰校正可减少或消除同量异位素干扰。通过测量干扰元素的另一同位素,再由分析信号扣除对应的信号,在使用前必须验证其正确性,并将所用的数学方程记录在报告中。

6.2.3 多原子(分子)离子的干扰

由 2 个或 2 个以上原子结合成的多原子离子,具有与待测元素相同的质荷比所引起的干扰,如在放电体中 Ar、H、O 是占优势的粒子,既可相互结合,又可与被分析样品的基体元素形成多原子离子(如样品制备过程中使用的溶剂或酸中的主要元素 N、S、Cl 等参与这种反应)。多原子(分子)离子干扰很大程度上受仪器操作条件的影响,通过调整操作条件可以减少这种干扰。已证实的影响 ICP-MS 测定的多原子离子干扰详见附录 A.2。

6.2.4 丰度灵敏度

丰度较大的同位素会产生拖尾峰,影响相邻质量峰的测定。可调整质谱仪的分辨率,以减少这种干扰。

6.2.5 记忆效应

在连续分析浓度差异较大的样品或标准品时,样品中待测元素沉积并滞留在真空界面、喷雾腔和雾化器上会导致记忆干扰,可通过延长样品间的洗涤时间来避免这类干扰的发生。

6.3 分析步骤

6.3.1 仪器操作

按照仪器生产商提供的操作条件开机,仪器点燃后至少预热 30 min,其间用调谐液(3.2.4)调整仪器灵敏度、信噪比等各项指标直至达到检测要求。针对不同型号的仪器、不同的分析项目及分析要求,仪器的主要工作参数存在一定的差异。

6.3.2 设置分析程序

仪器灵敏度、氧化物、双电荷、分辨率等各项指标达到测定要求后,编辑测定方法、干扰方程及选择各测定元素,引入在线内标溶液,观测内标灵敏度。内标物及分析物质量的选择可参考仪器自带的说明书或参考附录 A.4。

6.3.3 分析测定

6.3.3.1 校准曲线绘制

在聚四氟乙烯容量瓶中依次配置一系列待测元素标准溶液。汞元素最高浓度不可超过

$5.0~\mu g/L$，铅元素的最高浓度不可超过$100~\mu g/L$，其余元素最高浓度原则上不超过$200~\mu g/L$。标准曲线的浓度范围可根据测量需要进行调整。内标元素标准储备溶液(3.2.5)可直接加入各样品中，也可在样品雾化之前通过蠕动泵自动加入。

> 注1：在确定了曲线的线性范围后，每天可使用一个校准空白和3个浓度点建立校准曲线，曲线的浓度应涵盖样品测定范围。
>
> 注2：由于汞的记忆效应，汞标样的最高浓度为$5~\mu g/L$，在测量汞时，所有的标样及空白中均应加入$100~\mu g/L$的金，以降低记忆效应的影响。2个样品之间用$100~\mu g/L$的金标液冲洗管道5 min。

6.3.3.2　测定

分析每个样品前，先用清洗空白溶液冲洗系统直到信号降至最低(通常约30 s)，待分析信号稳定后(通常约30 s)才可开始测定样品。样品测定时，应加入内标准品。若样品中待测元素浓度超出校准曲线范围，需经稀释后重新测定。试样溶液基体复杂、多原子离子干扰严重时，可通过附录A.3的干扰方程进行校正，也可通过碰撞/反应池技术等手段进行校正。

按照设定的分析程序，依次分析校准空白溶液、多元素校正标准溶液和样品，绘制标准曲线、计算回归方程，扣除背景或以干扰系数法修正干扰，由计算机打印分析结果。

6.3.4　空白溶液

6.3.4.1　校准空白

1%硝酸溶液(3.1.6)，用来建立分析校准曲线；采用直接加入法时，加内标。

6.3.4.2　实验室试剂空白

必须与样品处理过程一样加入相同体积的所有试剂，用来评价样品制备过程中可能的污染和背景谱干扰。实验室试剂空白的制备过程必须与样品处理步骤(需要的话，也要进行消解)完全相同，测定样品的分析结果应减去实验室试剂空白。

6.3.4.3　清洗空白

2%硝酸溶液(3.1.7)，在测定样品过程中用来清洗仪器，以降低记忆效应干扰。

6.4　结果计算与表示

6.4.1　结果计算

样品中金属元素含量($\mu g/L$)按式(1)计算。

$$\rho = (\rho_1 - \rho_2) \times f \quad\cdots\cdots\cdots\cdots\cdots\cdots\cdots\cdots\cdots\cdots (1)$$

式中：

ρ ——样品中金属元素的浓度，单位为微克每升($\mu g/L$)；

ρ_1——样品中金属元素的质量浓度，单位为微克每升($\mu g/L$)；

ρ_2——空白样品中金属元素的质量浓度，单位为微克每升($\mu g/L$)；

f ——稀释倍数。

6.4.2　结果表示

元素浓度值<10，保留2位有效数字；浓度值≥10，保留3位有效数字。

6.5　质量保证和质量控制

6.5.1　试剂纯度

由于ICP-MS检出限极低，因此建议在标准溶液配制和样品前处理时均必须使用高纯度试剂，以降低测定空白值。

6.5.2 预处理酸体系

除标准中提到的硝酸-盐酸混合体系外,若其他酸体系(如硝酸-双氧水体系)能够达到本规程规定的检出限、精密度和准确度要求,则也可以使用。

6.5.3 标准曲线

每次分析均应绘制校准曲线。通常情况下,校准曲线的相关系数应达到 0.999 5 以上。

6.5.4 全程序空白

每批样品应至少做一个全程序空白,所测元素的空白值不得超过方法检出限。若超出则须查找原因,重新分析直至合格之后才能分析样品。

6.5.5 内标

在每次分析中必须监测内标的强度,试样中内标的响应值应大于校准曲线响应值的70%;否则,说明仪器响应发生漂移或有干扰产生,应查找原因进行重新分析。内标回收率应为 60%~130%,低于此范围需要稀释样品或者重新做标准曲线,高于此范围需要重新做标准曲线。

6.5.6 实验室控制样品

在处理的每批样品中,应在试剂空白中加入每种分析物质,其浓度应与校准曲线中间浓度相当。然后,按照整个步骤进行预处理和测定,其加标回收率应为 80%~120%。也可以使用有证标准样品代替加标,其测定值应在标准要求的范围内。

6.5.7 基体加标

每批样品应至少测定 10% 的加标样品,样品数量<10 时,应至少测定一个加标样品,测定的加标回收率应为 80%~120%。

6.5.8 连续校准

每分析 10 个样品,应分析一次校准曲线中间浓度点,其测定结果与实际浓度值相对偏差应≤10%;否则,应查找原因或重新建立校准曲线。每批样品分析完毕后,应进行一次曲线最低点的分析,其测定结果与实际浓度值相对偏差应≤30%。

7 电感耦合等离子体原子发射光谱法(ICP-OES)

7.1 方法原理

本方法描述通过 ICP-AES 的一种多元素测试方法,使用连续或同步的光学系统及轴向或径向观测等离子体。仪器通过光学光谱测定法测量特征发射光谱。样品被雾化,产生的气溶胶被传送到等离子体炬。通过一个射频电感耦合等离子体产生元素的特征发射光谱。光谱经过光栅光度计分光,发射谱线的强度受到感光装置的监控。本方法适用于表 1 中除 Hg 以外其余元素的测定。推荐的波长及评估的仪器检测限见附录 B.1。

7.2 干扰及消除

7.2.1 光谱干扰

光谱干扰是由连续的或复合现象的背景发射、高浓度元素谱线发射产生的偏离光、其他元素谱线的重叠或分子带状光谱未分解的重叠产生的。

7.2.1.1 背景发射和偏离光经常通过扣除分析物波峰附近的背景发射测量值来补偿。由于存在严重的光谱干扰,在分析区域对样品或单元素溶液的扫描可能会显示替代波长是否理想。

这些扫描也会显示提供的背景发射评估是否最合适,背景发射评估是由波峰测量时的插入物或只是测量一边的发射来提供的。背景强度测量位置的选择由邻近波峰的光谱复杂程度决定,通常测量位置的选择必须不受离线元素间光谱干扰(元素间或分子的)的影响,或是被充分地校正,能够反映发生在波峰中与背景强度相同的变化。对于使用整个光谱区域的多元测量方法,必须将背景扫描进行运算。离线光谱干扰的处理是将干扰种类的光谱经过积分处理。

7.2.1.2　为了确定离线背景校正的合适位置,使用者必须对邻近波长的任一方进行扫描,并把所有的其他分析物的明显发射强度记录下来,此光谱信息必须记录并归档。选择的背景校正位置必须不会受到离线元素间光谱干扰的影响,或是使用计算机程序对所有测量结果进行自动校正。如果使用的为非推荐波长,分析者必须对所有的来自方法分析物及共同元素的重叠和邻近的光谱干扰效应进行测量和记录,并且为所有的分析提供自动校正。测量光谱干扰的测试必须使用浓度能够充分描述干扰的分析物来完成。一般来说,100 mg/L 的单元素溶液就足够了,对于可能含有较高浓度的铁元素样品,更合适的测试是使用接近分析范围上限浓度。

7.2.1.3　光谱重叠可以使用替代波长来避免,或使用校正元素间贡献的公式来补偿。使用公式进行元素间校正的仪器要求干扰元素与受关注的元素同时进行分析。当操作没有被校正时,干扰会产生一个错误的正测量值或偏向正方向的测量值。有关各种不同波长或不同分辨率时干扰效应的更多信息请参考相关的波长表及参考书籍。使用者也可以利用在他们自己的仪器上测量的元素间校正公式和测试的浓度范围去补偿(离线或在线的)干扰元素的效应。表 B.2 中给出了在推荐波长下观测到的一些潜在光谱干扰。对于使用整个光谱区域的多元校正方法,光谱干扰是将干扰元素的光谱经过积分处理。列出的干扰只是发生在分析物之间的。只有直接重叠性质的干扰才列出来。这些重叠是通过一台工作分辨率为 0.035 nm 的一台仪器观测到的。

7.2.1.4　当使用元素间校正公式时,干扰可以用 100 mg/L 产生相应浓度的分析物来表示(如虚假的正分析物浓度)。例如,在 193.696 nm 时,测试样品中的砷(As),样品中大约含有 10 mg/L 的铝,根据表 B.2,100 mg/L 的铝对 As 产生的错误的正信号值大致为 1.3 mg/L。那么,10 mg/L 的铝对砷产生的虚假的正信号大约等于 0.13 mg/L。需提醒使用者注意:其他仪器产生的浓度干扰可能不同于附录 B.2。每台仪器必须单独评估干扰效应,因为每台的强度是不同的。

7.2.1.5　对于不同仪器,由于分辨率(通过光栅测量)、入口及出口狭缝宽度和发散顺序的不同,相同发射谱线元素校正也不一样。元素间校正也随背景校正点的选择而变化。当可操作时,选择背景发射点的位置应避免可能出现干扰谱线的地方。大部分由元素校正组成的发射信号可能会产生不准确的数据。使用者应该始终注意到,一些可能含有的稀有元素的样品会产生光谱干扰。

7.2.1.6　每台仪器的干扰效应必须单独评估,不论是连续的还是同步仪器。每台仪器,强度不仅随着分辨率而变化,也随着操作条件(如功率、观察高度和氩气流的速率)而变化。当使用推荐波长时,要求分析者对每种波长相关的干扰效应(附录 B.2)及仪器和基体特有的其他可疑干扰进行测试并记录。本方法鼓励分析者使用计算机程序对所有的分析进行自动校正。

7.2.1.7　连续仪器的使用者必须通过几个样品的对以受关注波长为中心 0.5 nm 范围内进

行扫描来验证光谱干扰的不存在。例如,铅的范围是 220.6 nm～220.1 nm。当分析一种新的基体和使用不同的仪器条件制作新的标准曲线时,必须重复这一程序。在此范围内显示突然拔高的背景发射样品可能是其背景使用一个等于谱线附近的发射的校正系数进行了校正,或者是在谱线两方的两个点然后从两点之间插入进行了校正,也可以使用那些不显示背景变化和光谱重叠的波长。

7.2.1.8 如果校正程序正常运行,通过分析每种干扰溶液浓度测试到的明显分析物浓度应该落在校正空白周围某一浓度范围内。这个浓度范围的计算是将干扰元素的浓度乘以测试的校正因子值再除以 10。如果在减去校正空白后明显分析物浓度落在此范围外,无论是正方向还是负方向,应怀疑校正因子发生超过 10％ 的变化。变化的原因应加以查明,校正,并更新校正因子。干扰检验溶液分析应不止一次,验证是否发生变化。在溶液之间及分析校正空白之前足够长的分析时间将有助于验证。

7.2.1.9 当使用元素间校正时,它们的准确度必须每天通过分析光谱干扰检查溶液来验证。校正因子或每天测试的多元校正基体在 5 个连续天内与标准相差不超过 20％。所有的元素间光谱校正因子或多元校正基体必须每 6 个月验证一次并且更新,或当仪器发生变化,如等离子体炬、雾化器、注射器或等离子体条件发生变化时,也需要验证和更新。应该检验标准溶液,以确保不存在干扰,而污染可能会被看作光谱干扰。

7.2.1.10 当不使用元素间校正时,要求应验证干扰的不存在。

一种验证干扰不存在的方法是使用一种计算机软件程序比较测试数据,去建立限度范围,当测到样品中干扰元素的浓度会产生一个明显错误的正浓度(如大于分析仪器检测限度),或是一个错误的负的分析浓度(如小于置信区间定义为 99％ 的校正空白控制下限)时,会提醒分析者注意。

另一种验证干扰的方法是连续地在所选择波长下分析一种干扰检验溶液,此溶液含有与主要成分的浓度与样品相似(＞10 mg/L)。这些数据必须与样品分析数据一起归档。如果检验溶液证明存在的操作干扰≥20％ 的分析物浓度,则分析物必须使用以下方法测试:①不受干扰影响的分析和背景校正波长(或光谱区域);②替代波长;③其他文件化的测试程序。

7.2.2 物理干扰

物理干扰是与样品雾化和传输过程相关联的效应。速率和表面张力的变化会产生极大的不准确,特别是含有高溶解度的固体或高浓度酸的样品中。如果存在物理干扰,则必须通过稀释样品、使用蠕动泵、使用内标或使用高固体雾化器来降低干扰。高溶解性固体产生的另一个问题是在雾化器顶端产生盐的聚积,影响到气溶胶流动速率并产生仪器飘移。这个问题可以通过在雾化之前使氩气润湿、使用顶端冲洗器、使用高固体雾化器或稀释样品来控制。同样地,据报告,更好地控制氩气流动速率,特别是到雾化器的流动速率,会改善仪器的性能。这个方法可以使用质流控制器来完成。

7.2.3 化学干扰

化学干扰包括分子化合物的形成、电离效应和溶液挥发效应。一般地,这些效应对 ICP 技术的影响不大。但是,如果测试到,可以通过小心地选择操作条件(入射功率、观察位置等)、缓冲样品、基体匹配、标准加入法来减小影响。化学干扰高度取决于基体类型和所分析的元素。

7.2.3.1 分析者在使用标准加入法(MSA)的时候要慎重。这种技术在遇到某些干扰时会有作用。有关标准加入法详细的讨论请参考其他资料或参考 USEPA 方法 7000。

7.2.3.2 标准加入法之外的另一个替代方法是使用内标法。加入一种或多种在样品中不存在的元素,并验证它不会对样品、标准物质和空白产生元素间光谱干扰。经常使用的是钇和钪。溶液浓度必须足够达到合适的精度,但不至于高到改变基体中盐的浓度。这种元素的强度仪器当作内标使用并与分析物强度相比,被用来校正和量化。这一技术在克服基体干扰,特别是在高固体基体中非常有效。

7.2.4　记忆效应

当前一样品对测试的一个新样品的信号产生贡献时,记忆干扰就产生了。记忆效应的产生是由于到雾化器的吸入管上样品的沉积作用及样品材料在等离子炬和喷雾器中的聚集。这些效应产生的地方取决于元素本身,可以通过在样品之间利用空白冲洗系统来减少。每次分析都应当认识到记忆干扰的可能性,并使用足够的冲洗时间去降低它们。在分析之前,每种元素必需的冲洗时间必须先作评估。这可以通过吸入一种含有元素浓度为正常的 10 倍或处于线性范围上限的标准溶液来实现。此样品的吸入时间与正常样品的吸入分析过程相同,紧接着在规定的时间内分析完冲洗空白溶液。降低分析信号所需要的时间等于或小于方法检测限的应予以记录。建议样品和标准溶液之间的冲洗时间至少为 60 s,直到建立所需要的冲洗时间。如果怀疑有记忆干扰存在,样品必须在足够长的冲洗时间之后重新分析。分析者也可以根据项目特有的 DQO 建立替代冲洗时间。

7.2.5　过度校正

需提醒分析者的是,高浓度的盐会抑制分析信号和混淆干扰测试。如果仪器显示的不为负值,用浓度为 0.5 mg/L～1 mg/L 的目标元素溶液增强干扰检查溶液,然后测试相应增加的标准浓度。增加浓度与真实的加标浓度相差不超过 20%;否则,样品稀释是有必要的。在没有测到分析物的情况下,如果负值被报告成 0 的话,过度校正可能没有被发现。

7.3　校正及标准化

7.3.1 将仪器设定合适的操作参数,这些参数的建立过程详细如下。仪器在开始工作之前要达到热稳定(通常要求在校正之前至少运行 30 min)。对于操作条件,分析者应遵循仪器制造商提供的指导书。

7.3.2 当有机溶剂进行操作时,推荐使用辅助的氩气入口,如同使用了抗溶剂管一样,增加了等离子体(冷却物)氩气的流动,降低了雾化器气流,增大了射频功率,来获得稳定的操作和精确的测量值。

7.3.3 每台仪器的每一分析谱线,必须建立灵敏度、仪器检出限、精确度、线性范围和干扰效应的资料。所有的测量值都必须在仪器的线性范围内,且校正公式是有效的。

7.3.3.1 每台仪器、每种使用的制样方法、每种类型被分析的基体、所有使用的波长,都必须建立方法检出限。用作方法检出限计算所使用的基体必须含有已知浓度的分析物,且分析物处于预计检出限 3 倍～5 倍的浓度范围内。有关方法检出限研究的性能请参考第 1 章获得更多指导。

7.3.3.2 使用试剂水测试检出限代表着最理想的情况,并不代表着真实环境中的样品可能出现的基体效应。

7.3.3.3　方法检出限检验样品在方法检出限的研究完成之后,必须分析方法检出限检验样品,且每季度分析一次,以证明检出的能力。方法检出限检验样品被掺入到试剂水中,浓度为检出限的2倍~3倍,且经历整个分析过程。当方法检出限检验样品中所有的分析物都被检测出时,检出限得到证实。这是一种定性分析,同时也建立最低的报告限度。

7.3.3.4　对于每种使用的波长,必须建立线性范围的上限,通过测试至少是3个,最好为5个处于这个范围内的不同浓度的标准溶液的信号响应来完成。分析样品时可能用到的范围,分析者应该根据产生的数据作出判断。这些数据,计算和选择范围的原理都必须记录并归档。必须制备一个浓度处于上限的标准溶液分析,并对照正常的标准曲线进行量化。计算的值必须与真实值相差不超过10%(即±10%)。当仪器的响应出现重大变化时,应测试新的范围上限。这个范围至少每6个月检查一次。分析者必须认识到,如果分析物浓度处于上限范围之上,此分析物用来进行元素间校正,则此校正可能不是有效的,这个元素间校正所使用到的分析物也可能不被准确地报告。备注:许多碱金属和碱土金属,由于离子化效应和自吸效应,具有非线性的响应曲线。如果仪器允许的话,这些曲线也可以使用,但是必须检验其有效范围,且第二序曲线列的相关系数达到0.995或更好,第三序曲线列是不可以接受的。这些非线性的响应曲线必须重新验证和计算。这些曲线对于操作条件的变化比线性曲线更为灵敏,当有适度的仪器变化时,都应该做检查。

7.3.3.5　分析者必须:①验证仪器结构和操作条件是否满足分析要求;②维持证明仪器性能和分析结果的品质控制数据。

7.3.4　所有的分析都需要制作包含合适浓度的标准曲线。一般地,这要求配制一种校正空白和一些标准溶液,最高的浓度标准溶液不得超过之前建立的仪器线性范围。仪器的标准化检查通过分析适当的如下所述的品质控制样品来完成。

7.3.4.1　分析每批样品时,校正标准溶液都应当新鲜配制。如果初始校正检查溶液是每天配制的,并且初始校正检查分析的结果在允许的标准范围内,那么,校正标准溶液不需要每天配制,可以将它配制后储存起来,直到通过使用初始校正检查检验到它的耐久性。如果初始校正检查不在允许的标准范围内,那么校正标准必须重新配制且仪器需重新校正。

7.3.4.2　标准曲线必须每天使用至少一种校正空白和三种标准溶液制作,曲线的相关系数必须达到0.995。另外,初次标准曲线可以使用至少一种校正空白和一种高浓度标准溶液。产生的曲线必须使用中等浓度和低浓度的校正验证标准物质检查,两种标准物质的检查可接受的范围为80%~120%,在任何一种情况下,测试的样品值如果高于高浓度的标准物质,必须稀释到标准范围内,并重新分析。实验室的量化限度不得被报告小于首次校正时所使用的低浓度标准溶液或是低浓度的校正检查标准溶液。

7.3.4.3　在首次校正之后,标准曲线必须使用一种初次校正验证标准溶液验证。初次校正标准溶液必须使用另一个不相关(第二来源)的材料配制,浓度处于或接近标准曲线的中点。初次校正检查的允许标准必须与它的真实值相差不超过10%(即±10%)。如果标准曲线经验证不在规定的限度范围内,则在样品分析之前,此原因必须加以查明并将仪器重新校正。这些初次校正检查的分析数据必须与样品分析数据一起归档。

7.3.4.4　在每个分析批结束后或是每10个样品后,必须使用一个持续校正验证标准溶液和一种持续校正空白的溶液对标准溶液进行检查。持续校正检查必须使用与初始校正标准物质

24

相同的材料配制,且处于或接近于中间范围。持续校正验证的允许标准必须与它的真实值相差不超过 10%(即±10%),且出于对曲线有效性的考虑,持续校正空白含有的目标分析物浓度不得超过方法检出限的 2 倍以上。如果校正经检查不在规定范围内,样品分析必须中断,然后查明原因并重新校正仪器。所有的在最后一个可以允许的持续校正验证/持续校正空白之后分析的样品必须重新分析。持续校正验证/持续校正空白的分析数据必须与样品分析数据一起归档。

7.3.4.5　如果使用一个单一的校正标准和空白来建立首次标准曲线,那么标准曲线在分析样品之前也必须通过低浓度的持续校正验证标准溶液进行检查。低浓度的持续校正验证标准溶液应该与首次校正标准溶液相同的材料制备,且浓度处于实验室所报告的量化限度。低浓度持续校正验证的允许标准必须与它的真实值不超过 20%(即±20%)。如果校正经检查不在规定的范围内,样品的分析须在原因得以查明和低浓度持续校正验证标准溶液在成功地得以分析之后才可以开始。仪器可能需要重新校正或者调整量化限度。低浓度持续校正验证标准溶液的分析数据必须同样品分析数据一起归档。

7.4　分析步骤

7.4.1　由于样品基体的复杂性及多样性,对大多数基体都需要前期处理。预先过滤和酸化的地下水样品不需要酸消解。但是,所有的相关品质控制样品(例如,方法空白、实验室控制样品和基体加标/基体加标备份),都需经过相同的过滤和酸化程序。没有被消解的样品必须或者使用内标法,或者与标准物质进行基体匹配。

7.4.2　根据仪器制造商所推荐的程序架设并校正仪器。在每个标准溶液之间使用校正空白溶液冲洗系统,或是按照仪器制造商推荐的方法(为了减小随机误差,标准化和样品分析时使用多次曝光的平均强度)。标准曲线详细的制作方法见 7.3.4.2。

7.4.3　当进行初始校正时,要使用单一的高浓度标准溶液和校正空白,实验室必须分析一个低浓度持续校正验证溶液(7.3.4.5)。对于所有的分析物和测试,实验室必须在紧接着每天的校正之后分析一个初次校正验证溶液。在每 10 个样品和每个分析批之后,必须分析一个持续校正验证和一个持续校正空白溶液。

7.4.4　在分析每个样品之前,利用校正空白溶液冲洗系统。冲洗时间为 1 min。实验室在经过合适证明之后,可以缩短冲洗时间。分析样品并记录下结果。

7.5　数据分析和计算

如果进行稀释,计算样品的值必须考虑到相关的系数。所有报告的结果有效数字要达到3 位以上。

8　火焰原子吸收光谱法(FLAAS)

8.1　方法原理

样品溶液喷入富燃性空气-乙炔火焰中。在火焰的高温下金属离子被原子化后,吸收来自同种金属元素空心阴极灯发出的共振线,吸收共振线的量与样品中该元素的含量成正比。在其他条件不变的情况下,根据测量被吸收后的谱线强度,与标准系列比较进行定量。本方法适合于测定 Ca、Cd、Cu、Cr、Fe、Pb、Mn、Mg、Ni、K、Na 和 Zn 元素,各元素共振线波长见附录 C。

8.2 分析步骤

8.2.1 标准工作溶液

将各种金属标准储备溶液用1%硝酸(3.1.6)稀释,并配制成一系列标准溶液。具体浓度和测量范围根据不同型号仪器的灵敏度以及操作条件确定。

8.2.2 试样测试

分别将试样的最终测定液、空白溶液和各元素的标准工作溶液导入火焰原子化器进行检测。以标准工作溶液中各元素含量对应吸光度绘制标准曲线,实验中各元素吸光度与曲线比较求得含量。

8.2.3 注意事项

若试样溶液中被测元素的含量超出测量范围,需要将试样溶液用1%硝酸溶液(3.1.6)稀释至适当浓度后测试。测定K和Na时,试样最终测定液和空白溶液中应加入一定量的氯化铯溶液(3.1.13),使氯化铯浓度达到0.2%。测定Ca和Mg时,试样最终测定液和空白溶液中应加入一定量的镧溶液(3.1.15),使镧浓度达到0.5%。具体仪器测试条件(灯电流、狭缝宽度、燃气流量、空气流量)根据相应型号仪器说明和实验经验调整至最佳工作状态。

8.3 结果计算

元素的含量按式(2)计算。

$$X = \frac{(A - A_0) \times V \times 1000}{M \times 1000} \quad \cdots\cdots\cdots\cdots\cdots\cdots\cdots\cdots\cdots\cdots\cdots\cdots\cdots (2)$$

式中:

X ——试样中元素的含量,单位为毫克每千克(mg/kg);

A ——试样测定液中元素的含量,单位为微克每毫升(μg/mL);

A_0 ——试剂空白中元素的含量,单位为微克每毫升(μg/mL);

V ——试样测定液的体积,单位为毫升(mL);

M ——试样质量,单位为克(g)。

9 石墨炉原子吸收光谱法(GFAAS)

9.1 方法原理

试样溶液注入石墨炉原子化器中,所含的金属离子在石墨管内原子化高温蒸发解离为原子蒸气。待测元素的基态原子吸收来自同种元素空心阴极灯发射的共振线,其吸收强度在一定范围内与金属浓度成正比。本方法适用于测定样品中的Al、As、Cd、Cr、Cu、Fe、Pb、Mn和Ni。

9.2 分析步骤

9.2.1 标准工作溶液

将各种金属标准储备溶液用1%硝酸(3.1.6)稀释,并配制成一系列标准溶液。具体浓度和测量范围根据不同型号仪器的灵敏度以及操作条件确定。

9.2.2 试样测试

根据不同型号仪器的特点及待测元素设定仪器参数,依次吸取20 μL空白溶液、待测元素的标准工作溶液和试样的最终测定液,注入石墨管中,记录吸收峰高或峰面积。以标准工作溶液中各元素含量对应峰高或峰面积绘制标准曲线,实验中各元素峰高或峰面积与曲线比较求得含量。

9.3 干扰及消除

9.3.1 光谱干扰

光谱干扰主要来自于其他元素吸收谱线与待测元素重叠或来自于黑体辐射。以通过改变石墨炉温度和高光谱纯度的空心阴极灯来降低光谱干扰。

9.3.2 基体干扰

由于基体的化学与物理性质不同,导致待测元素在不同基体中原子化效率有差异,造成干扰。通过基体加标可以证实是否存在基体干扰。为保证试样溶液中 Sb 和 Ag 的稳定性通常需要加入盐酸,由于盐酸的存在,气态氯离子会对待测元素产生干扰。

9.3.3 特殊元素干扰

盐酸的存在对 As、Cd、Pb 的测量产生干扰,若使用 GFAAS 测量这些元素,应尽量避免在基体中引入盐酸。

10 原子荧光法(AFS)

10.1 方法原理

本方法适用于测定样品中的 Sb、As、Hg 和 Se。一定酸度的试样溶液进入原子荧光光度计,在硼氢化钾溶液还原作用下,待测元素分别生成挥发性的氢化物气体(SbH_3、AsH_3、SeH_2),Hg 被还原成原子态,由载气带入石英原子化器中。待测元素在氩氢火焰中形成基态原子,在相应元素空心阴极灯发射光的激发下产生原子荧光,原子荧光强度与试液中元素含量成正比。

10.2 分析步骤

10.2.1 原子荧光光度计的调试

原子荧光光度计开机预热,按照仪器使用说明书设定灯电流、负高压、载气流量、屏蔽气流量等工作参数,参考条件参照 HJ 694—2014,详见表 2。

表 2 各元素参考测量条件

元素名称	灯电流 (mA)	负高压 (V)	原子化器温度 (℃)	载气流量 (mL/min)	屏蔽气流量 (mL/min)	灵敏线波长 (nm)
锑(Sb)	40~80	230~300	200	200~400	400~700	217.6
砷(As)	40~80	230~300	200	300~400	800	193.7
铅(Pb)	40~80	230~300	200	400	900	405.8
汞(Hg)	15~40	230~300	200	400	800~1 000	253.7
硒(Se)	40~80	230~300	200	350~400	600~1 000	196.0

10.2.2 试样测试

分别将准备好的标准溶液、样品空白和试样溶液中分别导入原子荧光光度计中,绘制标准曲线并测定元素浓度。

10.3 质量保证和质量控制

10.3.1 每批样品至少测定 2 个全程空白,空白样品需使用与样品完全一致的消解程序,测定结果应低于方法测定下限。

10.3.2 根据批量大小,每批样品需测定 1 个~2 个含目标元素的标准物质,测定结果必须在可以控制的范围内。

10.3.3 在每批次(小于 10 个)或每 10 个样品中,应至少做 10%样品的重复消解。

10.3.4 若样品消解过程产生压力过大造成泄压而破坏其密闭系统,则此样品数据不应采用。

10.3.5 本规程规定校准曲线的相关系数应不小于 0.999。

11 冷原子吸收法测汞(CAAS)

11.1 方法原理

汞原子蒸气对波长为 253.7 nm 的紫外光具有强烈的吸收作用,汞蒸气浓度与吸光度成正比。通过氧化分解试样中各种形式存在的汞,使之转化为可溶态汞离子进入溶液,用氯化亚锡将汞离子还原成汞原子,用净化空气作载气将汞原子载入冷原子吸收测汞仪的吸收池进行测定。

11.2 分析步骤

按照仪器说明书调整好测汞仪。从样品及标准系列中逐个吸取 25.0 mL 溶液于汞蒸气发生管中,加入 2 mL 氯化亚锡溶液(3.1.17),迅速塞进瓶塞,轻轻振摇数次,放置 30 s。用载气将汞蒸气导入吸收池,记录吸收值。用峰高对浓度作图,绘制工作曲线,从曲线上查处所测水样中汞的质量。

附　录　A

(资料性附录)

ICP-MS 检测相关参数

A. 1　ICP-MS 方法检出限和测定下限

见表 A. 1。

表 A. 1　ICP-MS 方法检出限和测定下限

单位为微克每升

元素	检出限	测定下限	元素	检出限	测定下限	元素	检出限	测定下限
Ag	0.04	0.16	Hf	0.03	0.12	Rh	0.03	0.12
Al	1.15	4.60	Ho	0.03	0.12	Ru	0.05	0.20
As	0.12	0.48	In	0.03	0.12	Sb	0.15	0.60
Au	0.02	0.08	Ir	0.04	0.16	Sc	0.20	0.80
B	1.25	5.00	K	4.50	18.0	Se	0.41	1.64
Ba	0.20	0.80	La	0.02	0.08	Sm	0.04	0.16
Be	0.04	0.16	Li	0.33	1.32	Sn	0.08	0.32
Bi	0.03	0.12	Lu	0.04	0.16	Sr	0.29	1.16
Ca	6.61	26.4	Mg	1.94	7.76	Tb	0.05	0.20
Cd	0.05	0.20	Mn	0.12	0.48	Te	0.05	0.20
Ce	0.03	0.12	Mo	0.06	0.24	Th	0.05	0.20
Co	0.03	0.12	Na	6.36	25.4	Ti	0.46	1.84
Cr	0.11	0.44	Nb	0.02	0.08	Tl	0.02	0.08
Cs	0.03	0.12	Nd	0.04	0.16	Tm	0.04	0.16
Cu	0.08	0.32	Ni	0.06	0.24	U	0.04	0.16
Dy	0.03	0.12	P	19.6	78.4	V	0.08	0.32
Er	0.02	0.08	Pb	0.09	0.36	W	0.43	1.72
Eu	0.04	0.16	Pd	0.02	0.08	Y	0.04	0.16
Fe	0.82	3.28	Pr	0.04	0.16	Yb	0.05	0.20
Ga	0.02	0.08	Pt	0.03	0.12	Zn	0.67	2.68
Gd	0.03	0.12	Rb	0.04	0.16	Zr	0.04	0.16
Ge	0.02	0.08	Re	0.04	0.16			

A. 2　ICP-MS 中常见的多原子离子干扰

见表 A. 2。

表 A.2 ICP-MS 中常见的多原子离子干扰

分子离子	质量数	受干扰元素	分子离子	质量数	受干扰元素
$^{14}N^1H^+$	15	—	$^{40}Ar^{81}Br^+$	121	Sb
$^{16}O^1H^+$	17	—	$^{35}Cl^{16}O^+$	51	V
$^{16}O^1H_2^+$	18	—	$^{35}Cl^{16}O^1H^+$	52	Cr
$^{12}C_2^+$	24	Mg	$^{37}Cl^{16}O^+$	53	Cr
$^{12}C^{14}N^+$	26	Mg	$^{37}Cl^{16}O^1H^+$	54	Cr
$^{12}C^{16}O^+$	28	Si	$^{40}Ar^{35}Cl^+$	75	As
$^{14}N_2^+$	28	Si	$^{40}Ar^{37}Cl^+$	77	Se
$^{14}N_2^1H^+$	29	Si	$^{32}S^{16}O^+$	48	Ti
$^{14}N^{16}O^+$	30	Si	$^{32}S^{16}O^1H^+$	49	Ti
$^{14}N^{16}O^1H^+$	31	P	$^{34}S^{16}O^+$	50	V,Cr
$^{16}O_2^+$	32	S	$^{34}S^{16}O^1H^+$	51	V
$^{16}O_2^1H^+$	33	S	$^{34}S^{16}O_2^+,^{32}S_2^+$	64	Zn
$^{36}ArH^+$	37	Cl	$^{40}Ar^{32}S^+$	72	Ge
$^{38}ArH^+$	39	K	$^{40}Ar^{34}S^+$	74	Ge
$^{40}ArH^+$	41	K	$^{31}P^{16}O^+$	47	Ti
$^{12}C^{16}O_2^+$	44	Ca	$^{31}P^{17}O^1H^+$	49	Ti
$^{12}C^{16}O_2^1H^+$	45	Se	$^{31}P^{16}O_2^+$	63	Cu
$^{40}Ar^{12}C^+,^{36}Ar^{16}O^+$	52	Cr	$^{40}A^{31}P^+$	71	Ga
$^{40}Ar^{14}N^+$	54	Cr,Fe	$^{40}Ar^{23}Na^+$	63	Cu
$^{40}Ar^{14}N^1H^+$	55	Mn	$^{40}Ar^{39}K^+$	79	Br
$^{40}Ar^{16}O^+$	56	Fe	$^{40}Ar^{40}Ca^+$	80	Se
$^{40}Ar^{16}O^1H^+$	57	Fe	$^{130}Ba^{2+}$	65	Cu
$^{40}Ar^{36}Ar^+$	76	Se	$^{132}Ba^{2+}$	66	Cu
$^{40}Ar^{38}Ar^+$	78	Se	$^{134}Ba^{2+}$	67	Cu
$^{40}Ar_2^+$	80	Se	TiO^+	62~66	Ni,Cu,Zn
$^{81}BrH^+$	82	Se	ZrO^+	106~112	Ag,Cd
$^{79}Br^{16}O^+$	92	Mo	MoO^+	108~116	Cd
$^{81}Br^{16}O^+$	97	Mo	$^{93}Nb^{16}O^+$	109	Ag
$^{81}Br^{16}O^1H^+$	98	Mo			

A.3 ICP-MS 测定中常用的干扰校正方程

见表 A.3。

表 A.3 ICP-MS 测定中常用的干扰校正方程

同位素	干扰校正方程
^{51}V	51M－3.127×(53M－0.113×52M)
^{75}As	75M－3.127×(77M－0.815×82M)
^{82}Se	82M－1.009×83M
^{98}Mo	98M－0.146×99M
^{111}Cd	111M－1.073×108M－0.712×106M
^{114}Cd	114M－0.027×118M－1.63×108M

表 A.3（续）

同位素	干扰校正方程
^{115}In	115M－0.016×118M
^{208}Pb	206M＋207M＋208M
注 1："M"为元素通用符号。	
注 2:在仪器配备碰撞反应池的条件下,选用碰撞反应池技术消除干扰时,可忽略上述干扰校正方程。	

A.4　推荐的混合标准储备溶液分组及保存介质

见表 A.4。

表 A.4　推荐的混合标准储备溶液分组及保存介质

元素	保存介质
Ce,Dy,Er,Eu,Gd,Ho,La,Lu,Nd,Pr,Sm,Sc,Tb,Th,Tm,Yb,Y	5％硝酸
Al,As,Ba,Be,Bi,Cd,Cs,Cr,Co,Cu,Ga,In,Fe,Pb,Li,Mn,Ni, Rb,Se,Ag,Sr,Tl,U,V,Zn	5％硝酸
Sb,Au,Hf,Ir,Pd,Pt,Rh,Ru,Te,Sn	10％盐酸及 1％硝酸
B,Ge,Mo,Nb,P,Re,Ti,W,Zr	水及痕量硝酸、痕量氢氟酸
Ca,K,Mg,Na	2％硝酸

A.5　推荐的分析物质量数与内标物

见表 A.5。

A.5　推荐的分析物质量数与内标物

元素	质量数	内标物	元素	质量数	内标物	元素	质量数	内标物
Ag	107	Rh	Er	166	In	Nd	146	In
Al	27	Sc	Eu	151	In	Ni	60	Sc
As	75	Ge	Fe	57	Sc	P	31	Ge
Au	197	Re	Ga	69	Ge	Pb	208	Re
B	11	Sc	Gd	157	In	Pd	108	Rh
Ba	135	In	Gd	158	In	Pr	141	In
Be	9	Sc	Ge	74	Y	Pt	195	Re
Bi	209	Re	In	115	Rh	Rb	85	Y
Ca	44	Sc	Ir	193	Re	Re	187	Bi
Cd	111	Rh	K	39	Sc	Rh	103	In
Cd	114	In	La	139	In	Ru	102	Rh
Ce	140	In	Li	7	Se	Sb	121	In
Co	59	Sc	Lu	175	Re	Sc	45	Ge
Cr	52	Sc	Mg	24	Sc	Se	77	Ge
Cr	53	Sc	Mn	55	Sc	Sm	147	In
Cs	133	In	Mo	95	Rh	Sn	118	In
Cu	63	Ge	Mo	98	Rh	Sn	120	In
Cu	65	Ge	Na	23	Sc	Sr	88	Y
Dy	163	In	Nb	93	Rh	Tb	159	In

表 A.5（续）

元素	质量数	内标物	元素	质量数	内标物	元素	质量数	内标物
Te	126	In	Tm	169	In	Y	89	Ge
Th	232	Re	U	238	Re	Yb	172	Re
Ti	48	Sc	V	51	Sc	Zn	66	Ge
Tl	205	Re	W	184	Re	Zr	90	Y

附　录　B

（资料性附录）

ICP-OES 检测相关参数

B.1　推荐的波长及评估的仪器检测限

见表 B.1。

表 B.1　推荐的波长及评估的仪器检测限

元素	波长[a]（nm）	评估的仪器检测限[b]（μg/L）
铝	308.215	30
锑	206.833	21
砷	193.696	35
钡	455.403	0.87
铍	313.042	0.18
硼	249.678×2	3.8
镉	226.502	2.3
钙	317.933	6.7
铬	267.716	4.7
钴	228.616	4.7
铜	324.754	3.6
铁	259.940	4.1
铅	220.353	28
锂	670.784	2.8
镁	279.079	20
锰	257.610	0.93
汞	194.227×2	17
钼	202.030	5.3
镍	231.604×2	10
磷	213.618	51
钾	766.491	见备注[c]
硒	196.026	50
二氧化硅	251.611	17
银	328.068	4.7
钠	588.995	19
锶	407.771	0.28
铊	190.864	27
锡	189.980×2	17

水产品及水环境中典型污染物检测操作规程

表 B.1（续）

元素	波长[a]（nm）	评估的仪器检测限[b]（μg/L）
钛	334.941	5.0
钒	292.402	5.0
锌	213.856×2	1.2

[a] 所列出的波长（×2，表示第二阶）由于灵敏度高而被推荐。如果其他的波长能够提供所需要的灵敏度，并以相同的校正技术处理了光谱干扰，则可以用这些波长来代替（如有干扰的情况下）。

[b] 以上所列出的评估仪器检测限只作为解释说明的目的。每个实验室在应用此方法时应根据需要确定自己的仪器检测限和方法检测限。这些仪器检测限代表径向等离子体的数据，轴向等离子体的数据可能更低。

[c] 高度取决于操作条件及等离子体的位置。

B.2　潜在的干扰及干扰浓度在 100 mg/L 所产生相应的分析物浓度

见表 B.2。

表 B.2　潜在的干扰及干扰浓度在 100 mg/L 所产生相应的分析物浓度

分析物	波长（nm）	干扰物（mg/L）									
		Al	Ca	Cr	Cu	Fe	Mg	Mn	Ni	Ti	V
Al	308.215	—	—	—	—	—	—	0.21	—	—	1.4
Sb	206.833	0.47	—	2.9	—	0.08	—	—	—	0.25	0.45
As	193.696	1.3	—	0.44	—	—	—	—	—	—	1.1
Ba	455.403	—	—	—	—	—	—	—	—	—	—
Be	313.042	—	—	—	—	—	—	—	—	0.04	0.05
Cd	226.502	—	—	—	—	0.03	—	—	0.02	—	—
Ca	317.933	—	—	0.08	—	0.01	0.01	0.04	—	0.03	0.03
Cr	267.716	—	—	—	—	0.003	—	0.04	—	—	0.04
Co	228.616	—	—	0.03	— —	0.005	—	—	0.03	0.15	—
Cu	324.751	—	—	—	—	0.003	— —	—	—	0.05	0.02
Fe	259.940	—	—	—	—	—	—	0.12	—	—	—
Pb	220.353	0.17	—	—	—	—	—	—	—	—	—
Mg	279.079	—	0.02	0.11	—	0.13	—	0.25	—	0.07	0.12
Mn	257.610	0.005	—	0.01	—	0.002	0.002	—	—	—	—
Mo	202.030	0.05	—	—	—	0.03	—	—	—	—	—
Ni	231.604	—	—	—	—	—	—	—	—	—	—
Se	196.026	0.23	—	—	—	0.09	—	—	—	—	—
Na	588.885	—	—	—	—	—	—	—	—	0.008	—

表 B.2（续）

分析物	波长 (nm)	干扰物（mg/L）									
		Al	Ca	Cr	Cu	Fe	Mg	Mn	Ni	Ti	V
Tl	190.864	0.30	—	—	—	—	—	—	—	—	—
V	292.402	—	—	0.05	—	0.005	—	—	—	0.02	—
Zn	213.856	—	—	—	0.14	—	—	—	0.29	—	—

注1:"—"表示即使加入的干扰物达到以下浓度,仍没有观测到干扰:
　　Al　1 000 mg/L　　　　Cu　200 mg/L　　　　Mn　200 mg/L
　　Ca　1 000 mg/L　　　　Fe　1 000 mg/L　　　　Ti　200 mg/L
　　Cr　200 mg/L　　　　　Mg　1 000 mg/L　　　　V　200 mg/L
注2:以上显示的分析物浓度等值并非实际测试到的浓度数据,为了获得那些数据,需将所列出的浓度值
　　加上干扰物的数值。
注3:干扰会受到背景选择和其他可能存在的干扰的影响。

附　录　C

（资料性附录）

原子吸收光谱法各元素共振线波长

原子吸收光谱法各元素共振线波长见表 C.1。

表 C.1　原子吸收光谱法各元素共振线波长

元素名称	共振线波长(nm)	元素名称	共振线波长(nm)
钙(Ca)	422.7	锰(Mn)	279.5
镉(Cd)	228.8	镁(Mg)	285.2
铜(Cu)	324.7	镍(Ni)	232.0
铬(Cr)	357.9	钾(K)	766.5
铁(Fe)	248.3	钠(Na)	589.0
铅(Pb)	283.3	锌(Zn)	213.9

农作物及淡水水产品中 6 种形态砷的检测 液相色谱-电感耦合等离子体质谱法

1 适用范围

本规程采用液相色谱-电感耦合等离子体质谱法测定大米、植物叶片、贝壳类及鱼肉中 6 种形态砷,方法检出限为 As(Ⅲ) 3 μg/kg、As(Ⅴ) 9 μg/kg、MMA 1 μg/kg、DMA 3 μg/kg、AsC 2 μg/kg、AsB 3 μg/kg。

2 规范性引用文件

本规程内容引用了下列文件或其中的条款。凡是不注明日期的引用文件,其有效版本适用于本规程。

GB/T 6682　分析实验室用水规格和试验方法

HJ 700—2014　水质 65 种元素的测定 电感耦合等离子体质谱法

EPA Method 6020A　Inductively coupled plasma-mass spectrometry

EPA Method 200.8　Determination of trace elements in waters and wastes by inductively coupled plasma-mass spectrometry

3 方法原理

样品中各形态的砷经提取、净化后,用液相色谱仪对砷的各种形态进行分离,并直接导入电感耦合等离子体质谱仪测定,与标准样品进行比较,外标法定量。

4 干扰及消除

电感耦合等离子体质谱法测定环境样品中的元素时存在的干扰主要分为两大类,即物理干扰和质谱干扰。物理干扰与样品导入有关,使用内标技术可以克服物理干扰,有效克服仪器的漂移,保证测量的准确性。质谱干扰主要由同量异位素、双电荷离子和分子离子等产生,可以通过采用最优化仪器、干扰校正方程等方法消除。

4.1 物理干扰

包括检测样品与标准溶液的黏度、表面张力和溶解性总固体的差异所引起的干扰,物理干扰可用内标物进行校正。内标元素在不同溶液基体下,具有良好的稳定性。通过目标元素的离子强度和内标元素离子强度的比率,可了解样品输送、仪器漂移等的影响。

4.2 同量异位素干扰

相邻元素间的异序素有相同的质荷比,不能被四极杆质量分析器所分辨,可能引起异序素

中南大学　编制

水产品及水环境中典型污染物检测操作规程

干扰。通过选择测定同位素和干扰校正可减少或消除同量异位素干扰。附录 B 中 B.2 是本规程为避开此类干扰所推荐使用的数学校正方程,通过测量干扰元素的另一同位素,再由分析信号扣除对应的信号。在使用前,必须验证其正确性,并将所用的数学方程记录在报告中。

4.3 多原子(分子)离子的干扰

由 2 个或 2 个以上原子结合成的多原子离子,具有与待测元素相同的质荷比所引起的干扰,如在放电体中 Ar、H、O 是占优势的粒子,既可相互结合,又可与被分析样品的基体元素形成多原子离子(如样品制备过程中使用的溶剂或酸中的主要元素 N、S、Cl 等参与这种反应)。多原子(分子)离子干扰很大程度上受仪器操作条件的影响,通过调整操作条件可以减少这种干扰。已证实的影响 ICP-MS 测定的多原子离子干扰详见附录 B 中 B.1。

4.4 丰度灵敏度

丰度较大的同位素会产生拖尾峰,影响相邻质量峰的测定。可调整质谱仪的分辨率以减少这种干扰。

4.5 记忆效应

在连续分析浓度差异较大的样品或标准品时,样品中待测元素沉积并滞留在真空界面、喷雾腔和雾化器上会导致记忆干扰,可通过延长样品间的洗涤时间来避免这类干扰的发生。

5 安全

5.1 许多砷及其部分化合物为剧毒致癌物质,切勿吸入或吞食,应避免与皮肤接触。配制标准溶液时,应最大可能保证操作的规范性,每次操作完成之后应仔细清洗双手。

5.2 盐酸、硝酸均具有强烈的化学腐蚀性和刺激性,操作时应按照规定要求配备防护器具,并在通风橱中进行,避免酸雾吸入呼吸道和接触皮肤、衣物。

5.3 酸化含有活性物质的样品时可能会释放有毒气体,如氰化物和硫化物。应在可靠的通风橱中进行样品的酸化和消解。

6 试剂和材料

6.1 氩气:纯度不低于 99.99%。

6.2 超纯水:电阻率大于 18.0 MΩ/cm,其余指标满足 GB/T 6682 中的一级标准。

6.3 浓硝酸:$\rho(HNO_3)=1.42$ g/mL,优级纯或高纯(如微电子级)。必要时,经亚沸蒸馏。

6.4 流动相:A 相为 4 mmol/L 碳酸氢铵溶液;B 相为 4 mmol/L 碳酸氢铵溶液与 40 mmol/L 硝酸铵溶液混合。

6.5 硝酸溶液:2+98(体积比)。

6.6 标准储备溶液:砷酸根、亚砷酸根、一甲基砷、二甲基砷、砷胆碱和砷甜菜碱(以下简称 6 种砷),每种标准储备液的浓度为 1 mg/L,储存于 4℃冰箱中,有效期 3 个月。

6.7 6 种砷标准工作液:按照计算结果,吸取相应体积 6 种砷的标准储备液到 10 mL 的容量瓶中,用水稀释至刻度,配得混合标准工作液浓度为 0 mg/L、0.001 mg/L、0.010 mg/L 和 0.100 mg/L。现用现配,一般不能长期保存。

7 仪器和设备

7.1 电感耦合等离子体质谱仪及其相应的设备。仪器工作环境和对电源的要求需根据仪器说明书规定执行。仪器扫描范围：5 amu～250 amu，最小分辨率为峰高 5％处分辨率为 1 amu。

7.2　温控电热板。

7.3　微波消解仪。

7.4　超纯水制备仪。

7.5　过滤装置：孔径为 0.45 μm 的醋酸纤维或聚乙烯滤膜。

7.6　聚四氟乙烯烧杯：250 mL。

7.7　聚乙烯容量瓶：50 mL、100 mL。

7.8　聚丙烯或聚四氟乙烯瓶：100 mL。

7.9　A 级玻璃量器。

7.10　一般实验室常用仪器设备。

8　样品

8.1　样品的采集与保存

参照 HJ/T 91 和 HJ/T 164 的相关规定进行，可溶态元素和元素总量样品应分别采集。

8.2　样品的制备

8.2.1　样品的处理

大米、植物叶片样品先置于烘箱中 50℃烘干 48 h 至样品恒重，干样用研钵磨碎并过筛，准确称干样 0.5 g～1 g，置于微波消解罐中。贝壳类及鱼肉样品湿样用粉碎机粉碎，干样用研钵磨碎，准确称取湿样 1 g～2 g 或干样 0.2 g～0.5 g，置于微波消解罐中。

8.2.2　微波萃取法

在称量好样品的微波消解罐中加入 10 mL 硝酸溶液，在 90℃下萃取 1 h。萃取完毕后，冷却至室温。溶液用滤膜过滤，并移至 50 mL 容量瓶中，用水定容至刻度，摇匀，待测。

8.3　空白试样的制备

以实验用水代替样品，按照 8.2 步骤制备空白试样。

9　分析步骤

9.1　仪器操作

按照仪器生产商提供的操作说明开机，仪器点燃后至少预热 30 min，其间用调谐溶液调整仪器灵敏度、信噪比等各项指标直至达到检测要求。针对不同型号的仪器、不同的分析项目及分析要求，仪器的主要工作参数存在一定的差异。

9.2　设置分析程序

仪器灵敏度、氧化物、双电荷、分辨率等各项指标达到测定要求后，编辑测定方法、干扰方程及选择各测定元素，引入在线内标溶液，观测内标灵敏度。

9.3　分析测定

9.3.1　液相色谱分离条件

柱子：阴离子柱 PRP-X100；

流动相：调节 pH 至 8.6；

流速：1.0 mL/min；

进样量：5 μL / 50 μL；

注：进样量视样品中总砷浓度而定，总砷低于 50 $\mu g/L$，进样 50 μL；总砷高于 500 $\mu g/L$，进样 5 μL。

洗脱程序：A 相冲洗 3 min，后切换至 B 相冲洗 10 min，总分析时间 13 min。

9.3.2 电感耦合等离子体质谱参考条件

射频功率：1 550 W。

雾化器：同心雾化器，自动提升；

载气流量：0.60 L/min～1.20 L/min；

辅助气流量：与载气流量的总和保持在 1.0 L/min～1.2 L/min；

采集质量数：m/z 75；

积分时间：0.5 s；

进样管内径：≤0.2 mm；

载气：氩气，纯度≥99.999%；

碰撞反应气：氦气，纯度≥99.999%。

9.3.3 测定

将萃取好样品转移 1 mL～1.5 mL 至样品瓶中，并将样品瓶置于自动进样器内。HPLC-ICP-MS 软件设置见仪器操作说明。以标准溶液峰的保留时间定性，以其峰面积求出样品中被测物质的含量。砷标准样品色谱图参见附录 A。

9.3.4 试剂空白

实验室试剂空白，必须与样品处理过程一样加入相同体积的所有试剂，用来评价样品制备过程中可能的污染和背景谱干扰。实验室试剂空白的制备过程必须与样品处理步骤（需要的话，也要进行萃取）完全相同，测定样品的分析结果应减去实验室试剂空白。

10 结果计算与表示

样品中形态砷含量（mg/kg）按式（1）计算。

$$X_{As}^{i} = (A_{1i} - A_{2i}) \times V \times 1000/m \qquad \cdots\cdots\cdots\cdots\cdots\cdots (1)$$

式中：

X_{As}^{i}——样品中第 i 种形态砷的含量，单位为毫克每千克（mg/kg）；

A_{1i}——萃取液中第 i 种形态砷的浓度，单位为微克每升（$\mu g/L$）；

A_{2i}——空白液中第 i 种形态砷的浓度，单位为微克每升（$\mu g/L$）；

V ——萃取液定容后总体积，单位为毫升（mL）；

m ——称取的样品质量，单位为克（g）。

计算结果保留 3 位有效数字。

11 精密度和准确度

需采用标准物质验证精密度和准确度结果。

12 质量保证和质量控制

12.1 试剂纯度：由于 ICP-MS 检出限极低，因此建议在标准溶液配制和样品前处理时均必须使用高纯度试剂,以降低测定空白值。

12.2　预处理酸体系:除标准中提到的硝酸-盐酸混合体系外,若其他酸体系(如硝酸-双氧水体系)能够达到本规程规定的检出限、精密度和准确度要求,则也可以使用。

12.3　标准曲线:每次分析均应绘制校准曲线。通常情况下,校准曲线的相关系数应达到0.999以上。

12.4　全程序空白:每批样品应至少做一个全程序空白,所测元素的空白值不得超过方法检出限。若超出则须查找原因,重新分析直至合格之后才能分析样品。

12.5　实验室控制样品:在处理的每批样品中,应在试剂空白中加入每种分析物质,其浓度应与校准曲线中间浓度相当,然后按照整个步骤进行预处理和测定,其加标回收率应为80%～120%。也可以使用有证标准样品代替加标,其测定值应在标准要求的范围内。

12.6　基体加标:每批样品应至少测定10%的加标样品,样品数量少于10时,应至少测定一个加标样品,测定的加标回收率应为80%～120%。

12.7　连续校准:每分析10个样品,应分析一次校准曲线中间浓度点。其测定结果与实际浓度值相对偏差应≤10%;否则,应查找原因或重新建立校准曲线。每批样品分析完毕后,应进行一次曲线最低点的分析,其测定结果与实际浓度值相对偏差应≤30%。

13　废弃物的处理

根据国家相应的固体废弃物处理法,交由有资质的处置单位进行统一处理。

14　注意事项

14.1　实验所用器皿,在使用前须用硝酸溶液浸泡至少12 h,用去离子水冲洗干净后方可使用。

14.2　硝酸均具有强烈的化学腐蚀性和刺激性,操作时应按规定要求配备防护器具,并在通风橱中进行,避免酸雾吸入呼吸道和接触皮肤、衣物。

附　录　A

（资料性附录）

砷标准样品色谱图

砷标准样品色谱图见图 A.1。

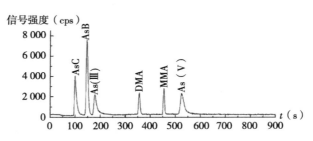

图 A.1　砷标准样品色谱图

第三部分

有机氯杀虫剂及多氯联苯
的检测方法

水、底泥和水产品中有机氯和多氯联苯的检测

1 适用范围

本规程规定了 11 种有机氯和 5 种多氯联苯的气相色谱测定方法。适用于自然水体、底泥/土壤及水生动物中有机氯和多氯联苯(见表 1)的测定。其他含氯化合物如果通过验证也可适用于本规程。

表 1 11 种有机氯和 5 种多氯联苯的中英文名称和 CAS 号

中文名称	英文名称	CAS 号
α-六六六	α-BHC	319-84-6
β-六六六	β-BHC	319-85-7
γ-六六六	γ-BHC	58-89-8
δ-六六六	δ-BHC	319-86-8
2,4,4′-三氯联苯	PCB 28	7012-37-5
七氯	Heptachlor	76-44-8
2,2,5,5-四氯联苯	PCB 52	35693-99-3
艾氏剂	Aldrin	309-00-2
环氧七氯	Heptachlor epoxide	1024-57-3
α-氯丹	α-Chlordane	5103-71-9
2,2,4,5,5-五氯联苯	PCB 101	37680-73-2
异狄氏剂	Endrin	72-20-8
4,4′-滴滴滴	4,4′-DDD	72-54-8
2,2′,3,4,4′,5′-六氯联苯	PCB 138	35065-28-2
异狄氏剂酮	Endrin ketone	53494-70-5
2,2′,3,4,4′,5,5′-七氯联苯	PCB 180	35065-29-3

2 规范性引用文件

本规程内容引用了下列文件或其中的条款。凡是不注明日期的引用文件,其有效版本适用于本规程。

GB 5009.190—2014　食品中指示性多氯联苯含量的测定

GB/T 6682　分析实验室用水规格和试验方法

GB 23200.88—2016　水产品中多种有机氯农药残留量的检测方法

GB/T 30891—2014　水产品抽样规范

HJ 493—2009　水质样品的保存和管理技术规定

HJ 699—2014　水质　有机氯农药和氯苯类化合物的测定　气相色谱-质谱法

中南大学环境与水资源研究中心　编制

HJ 715—2014　水质　多氯联苯的测定　气相色谱-质谱法

HJ 921—2017　土壤和沉积物　有机氯农药的测定　气相色谱法

HJ 922—2017　土壤和沉积物　多氯联苯的测定　气相色谱法

SC/T 3016—2004　水产品抽样方法

SC/T 9102.3—2007　渔业生态环境监测规范　第3部分:淡水

EPA Method 1657　Organo-phosphorus pesticides in waste water, soil, sludge, sediment, and tissue by GC/FPD

3　方法原理

样品经乙腈提取后,采用悬浮凝固有机液滴液相微萃取法或固相萃取法结合悬浮凝固有机液滴液相微萃取法对样品中的有机氯和多氯联苯进行浓缩和净化,后用配有电子捕获检测器的气相色谱仪进行测定。根据保留时间定性,外标法定量。为减少基质对定量测定的影响,定量采用标准工作曲线。

4　安全

4.1　许多有机氯和多氯联苯标准品均为剧毒致癌物质,切勿吸入或吞食,应避免与皮肤接触。配制标准溶液时,应最大可能保证操作的规范性,每次操作完成之后应仔细清洗双手。

4.2　乙腈、正己烷、丙酮等均具有化学毒性和刺激性,操作时应按照规定要求配备防护器具,并在通风橱中进行,避免溶剂挥发吸入呼吸道和接触皮肤、衣物。

5　试剂和材料

5.1　乙腈:色谱级。

5.2　正己烷:色谱纯。

5.3　甲醇:色谱纯。

5.4　超纯水:电阻率大于18.0 MΩ/cm,其余指标满足GB/T 6682中的一级标准。

5.5　丙酮:色谱级。

5.6　正十一醇。

5.7　正十五烷。

5.8　无水硫酸镁。

5.9　氯化钠。

5.10　酸性氧化铝固相萃取柱(3 mL/500 mg,美国Waters公司或相当者)。

5.11　50 mL塑料离心管。

5.12　10 mL玻璃离心管。

5.13　标准溶液

5.13.1　标准储备溶液

溶解在正己烷中的有机氯(200 mg/L)和多氯联苯(10 mg/L)的储备溶液,购买于上海安谱实验科技有限公司,并储存在−18℃冰箱中,可使用6个月。

5.13.2 混合标准工作溶液

用甲醇稀释储备溶液获得不同浓度的标准工作溶液,并储存在 4℃冰箱中。混合标准工作溶液每隔 2 周配制一次。实际操作中根据样品的含量范围确定工作曲线。

6 仪器和设备

6.1 气相色谱仪:配有电子捕获检测器。

6.2 气相色谱柱:HP-5 MS fused-silica capillary column(60 m× 0.25 mm× 0.25 μm)或其他公司等效色谱柱。

6.3 Millipore 超纯水制备仪。

6.4 过滤装置:孔径为 0.45 μm 的尼龙滤头。

6.5 微量注射器:2 mL。

6.6 玻璃烧杯:100 mL。

6.7 容量瓶:10 mL。

6.8 玻璃广口瓶:500 mL。

6.9 内切式匀浆机。

6.10 绞肉机。

6.11 一般实验室常用仪器设备。

7 样品

7.1 自然水体样品的采集与保存

依据 EPA Method 1657,同时参照 SC/T 3016—2004、HJ 493—2009、SC/T 9102.3—2007 的相关规定进行。储样容器材质化学稳定性要好,不会溶出待测组分,且在储存期内不会与样品发生物理化学反应。所有样品经萃取后,要在 40 d 内完成目标物的分析检测。

水生动物样品:将鲜活水产品杀死后放置于干净的玻璃容器中或者包覆于铝箔纸内。若样品可在 12 h 以内萃取,可以在 0℃～4℃保存;否则,动物样品应一直保存于低温冷冻状态(－10℃以下)。动物样品可在冷冻(－10℃以下)避光条件下保存一年。

水样:水样采集储存采用干净的棕色玻璃瓶,采取措施使样品一直保持在 0℃～4℃下避光保存直到提取。水样若在采集后 72 h 之内不能进行萃取,则须向水样里加入适量 NaOH 或 H_2SO_4 调节 pH 至 5.0～9.0(记录加入 NaOH 或 H_2SO_4 的体积),并记录加入的酸或碱的量。如果水中含有余氯,应在每升水中加入 80 mg 硫代硫酸钠。水样应在采集后 7 d 内开始萃取。

底泥样品:采集养殖环境的底泥/土壤样品后,剔除掺杂的石块、贝壳、动植物残体等杂质后放入宽口棕色玻璃瓶中。保持样品 0℃～4℃避光储存直到萃取,最多可储存 7 d。样品在－10℃以下避光冷冻可保存一年。

7.2 样品的制备

鱼类:取养殖水体鱼清洗后,去头、骨、内脏等,取可食用部分绞碎混合均匀后备用。试样量 400 g,共分为 2 份,一份用于检验,一份备用。

蟹类:将蟹清洗后,取可食部分,绞碎混合均匀后备用。试样量 400 g,共分为 2 份,一份用于检验,一份备用。

贝类:将样品清洗后开壳剥离,收集全部的软组织和体液匀浆。试样量 700 g,共分为 2份,一份用于检验,一份备用。

龟鳖类产品:将样品清洗后,取可食部分,绞碎混合均匀后备用。试样量 400 g,共分为 2份,一份用于检验,一份备用。

虾类:清洗后,去虾头、虾皮、消化腺,得到整条虾肉绞碎混合均匀后备用。试样量 400 g,共分为 2 份,一份用于检验,一份备用。

蛙类:去掉内脏、骨头等,取可食部分经绞碎混合均匀后备用。试样量 400 g,共分为 2 份,一份用于检验,一份备用。

自然水体:采样时或采样后,用滤器(滤纸、聚四氟乙烯滤器、玻璃滤器等)过滤样品,除去其中的悬浮物、沉淀物、藻类及其他微生物,过滤后的水样低温(0℃~4℃)下存储备用。水样采集 2.0 L 备用。

底泥:底泥样品去除石块和动植物等杂质后,须经过干燥、粉碎、过筛和缩分 4 个过程。干燥采用真空冷冻干燥的方式。

7.3 空白试样的制备

动物样品选取不含被测物的动物样本作为空白试样,养殖水体以实验用水代替样品,底泥样品选取河沙作为空白试样。空白样品的制备过程按 7.2 步骤进行。

8 样品前处理

8.1 水产品前处理

准确称取(5.00±0.05)g 绞碎后的水产品到 50 mL 聚丙烯离心管中,加入 10 mL 乙腈,涡旋萃取 0.5 min,然后向每个管中加入 4.0 g 无水 $MgSO_4$ 和 1.0 g NaCl,立即涡旋样品 0.5 min,超声萃取 10 min(频率 40 kHz,功率 200 W),离心 5 min(8 601 g)。提取液在 −18℃下冷冻 2 h 后取 1.0 mL 上清液于 10 mL 玻璃离心管中,加入 50 mg PSA、6 mL 水和 40 μL 正十一醇后涡旋 0.5 min,离心 5 min(8 601 g),然后将玻璃管在冰浴中冷却 10 min 以固化有机萃取剂。将固化的提取液转移到 1.5 mL 塑料离心管中,在室温下快速熔化。随后将小管以离心(8 601 g)1 min,以从溶液中分离残留的水和杂质。最后,用微量注射器将 20.0 μL 萃取剂用 20.0 μL 丙酮稀释,然后将 0.50 μL 有机相注入气相色谱选择捕获检测器(GC-ECD)进行分析。

8.2 自然水样前处理

移取 10.0 mL 自然水样(精确至 0.1 mL)于 15 mL 锥形底螺纹盖玻璃离心管中,加入 60 μL 正十一醇作萃取剂,在涡旋混合器上混合 0.5 min。后在功率 200 W、频率 40 kHz 的超声器中超声萃取 4 min,取出后离心(3 823 g)4 min,然后将玻璃管在冰浴中冷却 10 min 以固化有机萃取剂。将固化的提取液转移到 1.5 mL 塑料离心管中,在室温下快速熔化。随后将小管离心(8 601 g)1 min,以从溶液中分离残留的水和杂质。最后,用微量注射器将 20.0 μL 萃取剂用 20.0 μL 丙酮稀释,然后将 0.50 μL 有机相注入气相色谱选择捕获检测器(GC-ECD)进行分析。

8.3　底泥/土壤样品前处理

准确称取土样(1.00±0.01)g 于 50 mL 离心管中,加入 2 mL 乙腈萃取 0.5 min,然后在 40 kHz 频率和 200 W 功率的超声浴中萃取 10 min。离心(8 601 g)5 min 后,收集上层溶液使用。将乙腈萃取液(1.0 mL)置于 10 mL 螺旋盖锥形玻璃试管中,将 6.25 mL 水、0.375 g NaCl 和 40 μL 正十一醇快速注入玻璃管中,涡旋萃取 0.5 min 后,将混合物离心(3 823 g)3 min。然后将玻璃管在冰浴中冷却 10 min 以固化有机萃取剂。将固化的提取液转移到 1.5 mL 塑料离心管中,在室温下快速熔化。随后将小管离心(8 601 g)1 min,以从溶液中分离残留的水和杂质。最后,用微量注射器将 20.0 μL 萃取剂用 20.0 μL 丙酮稀释,然后将 0.50 μL 有机相注入气相色谱选择捕获检测器(GC-ECD)进行分析。

9　测定

9.1　气相色谱参考条件

色谱柱:HP-5MS 熔融石英毛细管柱(60 m× 0.25 mm×0.25 μm);

载气:氮气(纯度≥99.999%),流速为 1.5 mL/min;

进样口温度:280℃;

检测器温度:300℃;

升温程序:初始温度 100℃维持 2 min,之后以 12℃/min 的速度升温至 180℃并保持 5 min,接着以 5℃/min 的速度升温至 238℃,最后以 10℃/min 的速度提高到 260℃并持续 10 min。

9.2　校准

9.2.1　标准工作曲线绘制

分别量取适量的多氯联苯和有机氯的混合标准工作溶液(5.13.2),加入到空白样品中,按第 8 章的步骤进行前处理。多氯联苯和有机氯的添加浓度分别为:0.5 μg/kg、1.0 μg/kg、2.0 μg/kg、5.0 μg/kg、10.0 μg/kg、20.0 μg/kg、50.0 μg/kg 和 100 μg/kg(水产品);1.0 μg/L、2.0 μg/L、5.0 μg/L、10.0 μg/L、20.0 μg/L、50.0 μg/L 和 100 μg/L(水);0.2 μg/kg、0.5 μg/kg、1.0 μg/kg、2.0 μg/kg、5.0 μg/kg、10.0 μg/kg 和 20.0 μg/kg(土壤或底泥)(此为参考浓度)。

按气相色谱参考条件(9.1)由低浓度到高浓度依次进行进样、检测,记录目标物的保留时间、峰高或峰面积。采用外标-校准工作曲线法定量测定。以标准系列溶液中目标物浓度为横坐标、以其对应的峰高或峰面积为纵坐标,建立标准工作曲线,用峰面积外标法定量得到试样提取液中被测组分的含量。

9.2.2　空白试验

空白试验必须与样品处理过程一样加入相同体积的所有试剂,用来评价样品制备过程中可能的污染和背景谱干扰。空白试样的制备过程必须与样品处理步骤完全相同,测定样品的分析结果应减去实验室试剂空白。

10　结果计算和表示

10.1　结果计算

试样中被测组分的含量按式(1)计算。

$$X = \frac{(C - C_0) \times V \times 1000}{m}$$ .... (1)

式中：

X ——试样中被测组分残留量，单位为毫克每千克（mg/kg）；

C ——由标准曲线或线性方程得到的试样提取液中被测组分浓度，单位为毫克每毫升（mg/mL）；

C_0 ——试剂空白液中被测组分浓度，单位为毫克每毫升（mg/mL）；

V ——试样定容体积，单位为毫升（mL）；

m ——试样取样量，单位为克（g）。

10.2 结果表示

计算结果保留 3 位有效数字。

11 精密度

在重复性条件下获得的 2 次独立测定结果的绝对差值不得超过算术平均值的 20%，对于多组分残留，绝对差值不得超过算术平均值的 30%。

12 质量保证和质量控制

12.1 在检测中，尽可能使用有证标准物质作为质量控制样品。如无适合的有证标准物质，也可采用加标回收试验进行质量控制。

12.2 加标回收试验空白样品中分别添加 5.00 μg/kg、10.0 μg/kg 和 20.0 μg/kg（水产品）；20.0 ng/L、50.0 ng/L 和 100 ng/L（自然水样）；2.00 μg/kg、5.00 μg/kg 和 10.0 μg/kg（土壤或底泥）的标准，分别做 6 份平行样。样品经前处理和定量测定，以回收率反映该方法的准确度、相对标准偏差（RSD）反映该方法的精密度。称取与样品量相同的样品，加入一定浓度的农药标准溶液，然后将其与样品同时提取、净化进行测定，计算加标回收率。

12.3 回收率：以空白样品进行加标回收实验，分别做 6 份平行样。结果显示，各有机氯和多氯联苯不同水平加标样品的回收率为 70%～120%，相对标准偏差＜20%，表明此方法准确度和精密度良好。全程序空白：每批样品应至少做一个全程序空白，所测目标物的空白值不得超过方法检出限。若超出则须查找原因，重新分析直至合格之后才能分析样品。

12.4 方法的检出限及定量限：选择未检出的样品作为基质空白，进行低水平添加平行实验（$n=7$），计算出测定浓度的标准偏差 SD，以此为基础计算方法的检出限和定量限。以 3 倍 SD 作为方法的检出限（LOD），以 10 倍 SD 作为方法的定量限（LOQ），不同基质下的定量限详见表 2。

表 2 不同基质下的方法定量限

序号	农药名称	基质种类		
		水产品（μg/kg）	自然水体（μg/L）	底泥/土壤（μg/kg）
1	α-六六六	1.97	0.034 9	0.05

（续）

序号	农药名称	基质种类		
		水产品（μg/kg）	自然水体（μg/L）	底泥/土壤（μg/kg）
2	β-六六六	3.05	0.043 1	0.27
3	γ-六六六	1.6	0.036 4	0.05
4	δ-六六六	1.87	0.033 8	0.64
5	2,4,4'-三氯联苯	2.39	0.006 83	0.17
6	七氯	2.79	0.035 2	0.28
7	2,2,5,5-四氯联苯	2.7	0.015 2	0.7
8	艾氏剂	2.14	0.028 2	0.09
9	环氧七氯	1.44	0.036 4	0.1
10	α-氯丹	3.38	0.050 8	0.1
11	2,2,4,5,5-五氯联苯	2.7	0.008 87	0.24
12	异狄氏剂	2.34	0.030 1	0.1
13	4,4'-滴滴滴	1.24	0.026 3	0.18
14	2,2',3,4,4',5'-六氯联苯	3.07	0.011 4	0.37
15	异狄氏剂酮	3.73	0.039 4	0.07
16	2,2',3,4,4',5,5'-七氯联苯	3.5	0.012 4	0.12

13　废弃物的处理

根据国家相应的固体废弃物处理法,交由有资质的处置单位进行统一处理。

14　注意事项

14.1　为最大限度地提高提取效率,试样都应进行完全的破碎。如果温度等因素对提取效率、被分析物稳定性或溶剂损失等有影响,则必须对这些因素加以控制。

14.2　样品提取溶剂应该是澄清,浑浊需要用无水硫酸镁脱水。

14.3　不同厂家生产的固相萃取小柱的性能不一致,因此需要预先用标准溶液加标做试验,同时建议不同批次的柱子先测试其性能。注意固相萃取柱有一定负载,超过负载净化效果不好。固相萃取柱洗脱时控制流速,让其自然下滴。

附录 A
（资料性附录）
色谱图示例

每种化合物浓度 10.0 μg/L 标准溶液的气相色谱图见图 A.1。

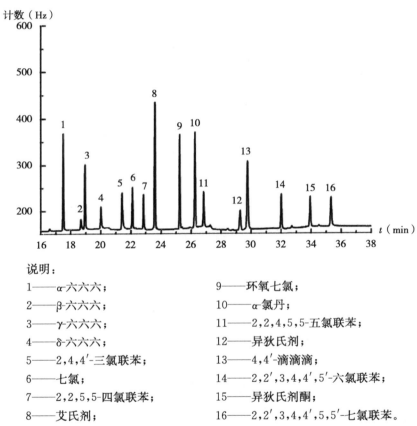

说明：

1——α-六六六；

2——β-六六六；

3——γ-六六六；

4——δ-六六六；

5——2,4,4′-三氯联苯；

6——七氯；

7——2,2,5,5-四氯联苯；

8——艾氏剂；

9——环氧七氯；

10——α-氯丹；

11——2,2,4,5,5-五氯联苯；

12——异狄氏剂；

13——4,4′-滴滴滴；

14——2,2′,3,4,4′,5′-六氯联苯；

15——异狄氏剂酮；

16——2,2′,3,4,4′,5,5′-七氯联苯。

图 A.1　每种化合物浓度 10.0 μg/L 标准溶液的气相色谱图

水产品中有机氯和多氯联苯的检测

1 适用范围

本规程规定了 11 种有机氯和 5 种多氯联苯的气相色谱测定方法。适用于自然水体、底泥/土壤及水生动物中有机氯和多氯联苯（见表 1）的测定。其他含氯化合物如果通过验证也可适用于本规程。

表 1　11 种有机氯和 5 种多氯联苯的中英文名称和 CAS 号

中文名称	英文名称	CAS 号
α-六六六	α-BHC	319-84-6
β-六六六	β-BHC	319-85-7
γ-六六六	γ-BHC	58-89-8
δ-六六六	δ-BHC	319-86-8
2,4,4′-三氯联苯	PCB 28	7012-37-5
七氯	Heptachlor	76-44-8
2,2,5,5-四氯联苯	PCB 52	35693-99-3
艾氏剂	Aldrin	309-00-2
环氧七氯	Heptachlor epoxide	1024-57-3
α-氯丹	α-Chlordane	5103-71-9
2,2,4,5,5-五氯联苯	PCB 101	37680-73-2
异狄氏剂	Endrin	72-20-8
4,4′-滴滴滴	4,4′-DDD	72-54-8
2,2′,3,4,4′,5′-六氯联苯	PCB 138	35065-28-2
异狄氏剂酮	Endrin ketone	53494-70-5
2,2′,3,4,4′,5,5′-七氯联苯	PCB 180	35065-29-3

2 规范性引用文件

本规程内容引用了下列文件或其中的条款。凡是不注明日期的引用文件，其有效版本适用于本规程。

GB 5009.190—2014　食品中指示性多氯联苯含量的测定

GB/T 6682　分析实验室用水规格和试验方法

GB 23200.88—2016　水产品中多种有机氯农药残留量的检测方法

GB/T 30891—2014　水产品抽样规范

HJ 699—2014　水质　有机氯农药和氯苯类化合物的测定　气相色谱-质谱法

HJ 715—2014　水质　多氯联苯的测定　气相色谱-质谱法

水产品及水环境中典型污染物检测操作规程

HJ 921—2017　土壤和沉积物　有机氯农药的测定　气相色谱法

HJ 922—2017　土壤和沉积物　多氯联苯的测定　气相色谱法

SC/T 3016—2004　水产品抽样方法

SC/T 9102.3—2007　渔业生态环境监测规范　第3部分：淡水

EPA Method 1657　Organo-phosphorus pesticides in waste water, soil, sludge, sediment, and tissue by GC/FPD

3　方法原理

样品经乙腈提取后，采用悬浮凝固有机液滴液相微萃取法或固相萃取法结合悬浮凝固有机液滴液相微萃取法对样品中的有机氯和多氯联苯进行浓缩和净化，后用配有电子捕获检测器的气相色谱仪进行测定。根据保留时间定性，外标法定量。为减少基质对定量测定的影响，定量采用标准工作曲线。

4　安全

4.1　许多有机氯和多氯联苯标准品均为剧毒致癌物质，切勿吸入或吞食，应避免与皮肤接触。配制标准溶液时，应最大可能保证操作的规范性，每次操作完成之后应仔细清洗双手。

4.2　乙腈、正己烷、丙酮等均具有化学毒性和刺激性，操作时应按照规定要求配备防护器具，并在通风橱中进行，避免溶剂挥发吸入呼吸道和接触皮肤、衣物。

5　试剂和材料

5.1　乙腈：色谱级。

5.2　正己烷：色谱纯。

5.3　甲醇：色谱纯。

5.4　超纯水：电阻率大于18.0 MΩ/cm，其余指标满足GB/T 6682中的一级标准。

5.5　丙酮：色谱级。

5.6　正十一醇。

5.7　正十五烷。

5.8　无水硫酸镁。

5.9　氯化钠。

5.10　酸性氧化铝固相萃取柱(3 mL/500 mg，美国Waters公司或相当者)。

5.11　50 mL塑料离心管。

5.12　10 mL玻璃离心管。

5.13　标准溶液

5.13.1　标准储备溶液

溶解在正己烷中的有机氯(200 mg/L)和多氯联苯(10 mg/L)的储备溶液，购买于上海安谱实验科技有限公司，并储存在−18℃冰箱中，可使用6个月。

5.13.2　混合标准工作溶液

用甲醇稀释储备溶液获得不同浓度的标准工作溶液,并储存在 4℃冰箱中。混合标准工作溶液每隔 2 周配制一次。实际操作中根据样品的含量范围确定工作曲线。

6　仪器和设备

6.1　气相色谱仪:配有电子捕获检测器,Agilent 或其他仪器公司的等效气相色谱仪。

6.2　气相色谱柱:HP-5 MS fused-silica capillary column (60 m×0.25 mm×0.25 μm)或其他公司等效色谱柱。

6.3　Millipore 超纯水制备仪。

6.4　过滤装置:孔径为 0.45 μm 的尼龙滤头。

6.5　微量注射器:2 mL。

6.6　玻璃烧杯:100 mL。

6.7　容量瓶:10 mL。

6.8　玻璃广口瓶:500 mL。

6.9　内切式匀浆机。

6.10　绞肉机。

6.11　一般实验室常用仪器设备。

7　样品

7.1　自然水体样品的采集与保存

鲜活水产品:将其杀死后放置于干净的玻璃容器中或者包覆于铝箔纸内。若样品可在 12 h 以内萃取,可以在 0℃～4℃保存;否则,动物样品应一直保存于低温冷冻状态(－10℃以下)。动物样品可在冷冻(－10℃以下)避光条件下保存一年。

7.2　样品的制备

鱼类:取养殖水体鱼清洗后,去头、骨、内脏等,取可食用部分绞碎混合均匀后备用。试样量 400 g,共分为 2 份,一份用于检验,一份备用。

蟹类:将蟹清洗后,取可食部分,绞碎混合均匀后备用。试样量 400 g,共分为 2 份,一份用于检验,一份备用。

贝类:将样品清洗后开壳剥离,收集全部的软组织和体液匀浆。试样量 700 g,共分为 2 份,一份用于检验,一份备用。

龟鳖类:将样品清洗后,取可食部分,绞碎混合均匀后备用。试样量 400 g,共分为 2 份,一份用于检验,一份备用。

虾类:清洗后,去虾头、虾皮、消化腺,得到整条虾肉绞碎混合均匀后备用。试样量 400 g,共分为 2 份,一份用于检验,一份备用。

蛙类:去掉内脏、骨头等,取可食部分经绞碎混合均匀后备用。试样量 400 g,共分为 2 份,一份用于检验,一份备用。

7.3　空白试样的制备

选取不含被测物的动物样本作为空白试样,按 7.2 步骤做空白试验。

8　样品前处理

水产品绞碎后,称取(5.00±0.05)g到50 mL聚丙烯离心管中,加入10 mL乙腈,涡旋萃取0.5 min,然后向每个管中加入4.0 g无水MgSO₄和1.0 g NaCl,立即涡旋样品0.5 min,超声(频率为40 kHz,功率为200 W)10 min。后离心(8 601 g,5 min),收集上层溶剂使用。

用3 mL乙腈活化酸性氧化铝柱。然后将3 mL上层溶液以1.0 mL/min的流速通过小柱并收集。另外取3 mL乙腈通过小柱,并将2次溶液收集。取1.0 mL收集的溶液转移至10 mL螺旋盖锥形玻璃试管中。加入5.0 mL水、0.375 g NaCl和40 μL正十五烷。涡旋萃取0.5 min后,将其离心(3 823 g)3 min。然后将玻璃管在冰浴中冷却10 min以固化有机萃取相。将固化的提取物转移到1.5 mL塑料离心管中,在室温下快速熔化。随后,将小管离心(8 601 g)1 min,以从溶液中分离残留的水和杂质。最后,用微量注射器将20.0 μL萃取剂用20.0 μL正己烷稀释,然后将0.50 μL有机相注入气相色谱选择捕获检测器(GC-ECD)进行分析。

9　测定

9.1　气相色谱参考条件

色谱柱:HP-5MS熔融石英毛细管柱(60 m×0.25 mm×0.25 μm);

载气:氮气(纯度≥99.999%),流速为1.5 mL/min;

进样口温度:280℃;

检测器温度:300℃;

升温程序为:初始温度100℃维持2 min,之后以12℃/min的速度升温至180℃并保持5 min,接着以5℃/min的速度升温至238℃,最后以10℃/min的速度提高到260℃并持续10 min。

9.2　校准

9.2.1　标准工作曲线绘制

分别量取适量的多氯联苯和有机氯的混合标准工作溶液(5.13.2),加入到空白样品中,按第8章的步骤进行前处理。多氯联苯和有机氯的添加浓度分别为:0.5 μg/kg、1.0 μg/kg、2.0 μg/kg、5.0 μg/kg、10.0 μg/kg、20.0 μg/kg、50.0 μg/kg和100 μg/kg(水产品);1.0 μg/L、2.0 μg/L、5.0 μg/L、10.0 μg/L、20.0 μg/L、50.0 μg/L和100 μg/L(水);0.2 μg/kg、0.5 μg/kg、1.0 μg/kg、2.0 μg/kg、5.0 μg/kg、10.0 μg/kg和20.0 μg/kg(土壤或底泥)(此为参考浓度)。

按气相色谱参考条件(9.1)由低浓度到高浓度依次进行进样、检测,记录目标物的保留时间、峰高或峰面积。采用外标-校准工作曲线法定量测定。以标准系列溶液中目标物浓度为横坐标、以其对应的峰高或峰面积为纵坐标,建立标准工作曲线,用峰面积外标法定量得到试样提取液中被测组分的含量。

9.2.2　空白试验

空白试验必须与样品处理过程一样加入相同体积的所有试剂,用来评价样品制备过程中可能的污染和背景谱干扰。空白试样的制备过程必须与样品处理步骤完全相同,测定样品的分析结果应减去实验室试剂空白。

10　结果计算和表示

10.1　结果计算

试样中被测组分的含量按式(1)计算。

$$X = \frac{(C - C_0) \times V \times 1000}{m}$$ ……………………………………… (1)

式中：

X ——试样中被测组分残留量，单位为毫克每千克(mg/kg)；

C ——由标准曲线或线性方程得到的试样提取液中被测组分浓度，单位为毫克每毫升(mg/mL)；

C_0 ——试剂空白液中被测组分浓度，单位为毫克每毫升(mg/mL)；

V ——试样定容体积，单位为毫升(mL)；

m ——试样取样量，单位为克(g)。

10.2　结果表示

计算结果保留 3 位有效数字。

11　精密度

在重复性条件下获得的 2 次独立测定结果的绝对差值不得超过算术平均值的 20%。对于多组分残留，绝对差值不得超过算术平均值的 30%。

12　质量保证和质量控制

12.1　在检测中，尽可能使用有证标准物质作为质量控制样品。如无适合的有证标准物质，也可采用加标回收试验进行质量控制。

12.2　加标回收试验空白样品中分别添加 5.00 μg/kg、10.0 μg/kg、20.0 μg/kg 水产品；20.0 ng/L、50.0 ng/L、100 ng/L 自然水样；2.00 μg/kg、5.00 μg/kg、10.0 μg/kg 土壤或底泥的标准，分别做 6 份平行样。样品经前处理和定量测定，以回收率反映该方法的准确度、相对标准偏差(RSD)反映该方法的精密度。称取与样品量相同的样品，加入一定浓度的农药标准溶液，然后将其与样品同时提取、净化进行测定，计算加标回收率。

12.3　回收率：以空白样品进行加标回收实验，分别做 6 份平行样。结果显示，各有机氯和多氯联苯不同水平加标样品的回收率为 70%～120%，相对标准偏差<20%，表明此方法准确度和精密度良好。全程序空白：每批样品应至少做一个全程序空白，所测目标物的空白值不得超过方法检出限。若超出则须查找原因，重新分析直至合格之后才能分析样品。

12.4　方法的检出限及定量限：选择未检出的样品作为基质空白，进行低水平添加平行实验($n=7$)，计算出测定浓度的标准偏差 SD，以此为基础计算方法的检出限和定量限。以 3 倍 SD 作为方法的检出限(LOD)，以 10 倍 SD 作为方法的定量限(LOQ)，不同基质下的定量限详见表 2。

表2 不同基质下的方法定量限

序号	农药名称	基质种类		
		水产品 （μg/kg）	自然水体 （μg/L）	底泥/土壤 （μg/kg）
1	α-六六六	1.97	0.034 9	0.05
2	β-六六六	3.05	0.043 1	0.27
3	γ-六六六	1.6	0.036 4	0.05
4	δ-六六六	1.87	0.033 8	0.64
5	2,4,4′-三氯联苯	2.39	0.006 83	0.17
6	七氯	2.79	0.035 2	0.28
7	2,2,5,5-四氯联苯	2.7	0.015 2	0.7
8	艾氏剂	2.14	0.028 2	0.09
9	环氧七氯	1.44	0.036 4	0.1
10	α氯丹	3.38	0.050 8	0.1
11	2,2,4,5,5-五氯联苯	2.7	0.008 87	0.24
12	异狄氏剂	2.34	0.030 1	0.1
13	4,4′-滴滴滴	1.24	0.026 3	0.18
14	2,2′,3,4,4′,5′-六氯联苯	3.07	0.011 4	0.37
15	异狄氏剂酮	3.73	0.039 4	0.07
16	2,2′,3,4,4′,5,5′-七氯联苯	3.5	0.012 4	0.12

13 废弃物的处理

根据国家相应的固体废弃物处理法，交由有资质的处置单位进行统一处理。

14 注意事项

14.1 为最大限度地提高提取效率，试样都应进行完全的破碎。如果温度等因素对提取效率、被分析物稳定性或溶剂损失等有影响，则必须对这些因素加以控制。

14.2 样品提取溶剂应该是澄清，浑浊需要用无水硫酸镁脱水。

14.3 不同厂家生产的固相萃取小柱的性能不一致，因此需要预先用标准溶液加标做试验，同时建议不同批次的柱子先测试其性能。注意固相萃取柱有一定负载，超过负载净化效果不好。固相萃取柱洗脱时控制流速，让其自然下滴。

淡水渔业环境及水产品中有机氯杀虫剂的测定 气相色谱法

1 适用范围

本规程规定了测定水产品、水、沉积物、饲料中 23 种有机氯杀虫剂的气相色谱法。适用于表 1 中有机氯的测定。其他物质如果通过验证也可适用于本规程。

本规程化合物的方法检出限为 0.2 μg/kg～1.0 μg/kg,测定下限为 0.3 μg/kg～2 μg/kg,详见表 2。

表 1 23 种有机氯杀虫剂的中英文名称和 CAS 号

中文名称	英文名称	CAS 号
艾氏剂	Aldrin	309-00-2
氯丹	Chlordane	57-74-9
狄氏剂	Dieldrin	60-57-1
异狄氏剂	Endrin	72-20-8
七氯	Heptachlor	76-44-8
六氯苯	Hexachlorobenzene	118-74-1
灭蚁灵	Mirex	2385-85-5
毒杀芬	Toxaphene	8001-35-2
PCB 28	2,4,4′-Trichlorobiphenyl	7012-37-5
PCB 52	2,2′,5,5′-Tetrachlorobiphenyl	35693-99-3
PCB 101	2,2′,4′,5,5′-Pentachlorobiphenyl	37680-73-2
PCB 118	2,4,5,3′,4′-Pentachlorobiphenyl	31508-00-6
PCB 153	2,2′,4,4′,5,5′-Hexachlorobiphenyl	35065-27-1
PCB 138	2,2′,3′,4,4′,5-Hexachlorobiphenyl	35065-28-2
PCB 180	2,2′,3,4,4′,5,5′-Heptachlorobiphenyl	35065-29-3
o,p′-滴滴涕	o,p′-DDT	789-02-6
p,p′-滴滴伊	p,p′-DDE	72-55-9
p,p′-滴滴滴	p,p′-DDD	72-54-8
p,p′-滴滴涕	p,p′-DDT	50-29-3
α-六六六	α-BHC	319-84-6
β-六六六	β-BHC	319-85-7
γ-六六六	γ-BHC	319-85-7
δ-六六六	δ-BHC	319-86-8

中国水产科学研究院东海水产研究所 编制

表 2　方法检出限和测定下限

单位为微克每千克

化合物	检出限	测定下限	化合物	检出限	测定下限
PCB 28	1.0	1.5	α-六六六	0.5	1.0
PCB 52	1.0	1.5	β-六六六	1.0	1.5
PCB 101	0.5	1.0	γ-六六六	0.5	1.0
PCB 118	0.3	0.5	δ-六六六	0.5	1.0
PCB 153	0.5	1.0	氯丹	0.2	0.3
PCB 138	0.5	1.0	狄氏剂	0.3	0.5
PCB 180	0.3	0.5	异狄氏剂	0.5	1.0
o,p′-滴滴涕	0.5	1.0	七氯	0.3	0.5
p,p′-滴滴伊	0.3	0.5	六氯苯	0.4	0.8
p,p′-滴滴滴	0.4	0.8	灭蚁灵	0.5	1.0
p,p′-滴滴涕	0.5	1.0	毒杀芬	1.0	2.0
艾氏剂	0.2	0.3			

2　规范性引用文件

本规程内容引用了下列文件或其中的条款。凡是不注明日期的引用文件,其有效版本适用于本规程。

GB/T 5009.19—2008　食品中有机氯农药多组分残留量的测定

GB/T 5009.162—2008　动物性食品中有机氯农药和拟除虫菊酯农药多组分残留量的测定

GB 5009.190—2014　食品安全国家标准　食品中指示性多氯联苯含量的测定

GB/T 22331—2008　水产品中多氯联苯残留量的测定　气相色谱法

3　方法原理

样品采用正己烷-二氯甲烷混合溶液振荡超声提取,浓硫酸净化后,采用配有电子捕获器的气相色谱仪测定,外标法定量。

4　干扰及消除

气相色谱法测定时如果存在干扰,可通过调节升温程序和气体流速来改变目标物与干扰物的出峰时间以消除干扰。如果不能消除干扰,则要通过计算时减去干扰峰面积或对样品进一步净化以达到消除干扰的目的。

5　安全

5.1　有机氯进入人体会引起神经系统、肝、肾及心脏等的病理变化,切勿吸入或吞食,应避免与皮肤接触。配制标准溶液时,应最大可能保证操作的规范性,每次操作完成之后应仔细清洗双手。

5.2　浓硫酸具有强烈的化学腐蚀性,操作时应按照规定要求配备防护器具,避免酸接触皮肤、衣物。

5.3 正己烷和二氯甲烷都为易挥发性有机试剂,正己烷长期接触可致周围神经炎,二氯甲烷可能有致癌性,应尽量在可靠的通风橱中进行样品提取和试剂转移。

6 试剂和材料

6.1 氮气:纯度不低于 99.99%。

6.2 正己烷:色谱纯。

6.3 二氯甲烷:色谱纯。

6.4 浓硫酸:$\rho(H_2SO_4) = 1.836$ g/mL,优级纯。

6.5 正己烷/二氯甲烷溶液:等体积混合。

6.6 PCB28、PCB52、PCB101、PCB118、PCB138、PCB153、PCB180、α-六六六、β-六六六、γ-六六六、δ-六六六、六氯苯、七氯、艾氏剂、反氯丹、顺氯丹、4,4′-DDE、4,4′-DDD、2,4′-DDT、4,4′-DDT、狄氏剂、异狄氏剂、毒杀芬、灭蚁灵标准物质:纯度≥98%。

6.7 标准溶液

6.7.1 单化合物标准储备溶液($\rho = 100$ μg/mL)

各分析化合物标准物质用正己烷配制成浓度为 100 μg/mL 的标准储备溶液,4℃冰箱保存,可使用 6 个月。

6.7.2 混合标准工作溶液

24 种有机氯杀虫剂的混合标准工作溶液每隔一个月配制一次或现用现配。不同化合物的工作曲线线性范围不同,实际操作中根据实际情况确定工作曲线。

注:β-六六六在配制标准溶液时加入适量丙酮有助于其溶解。

6.8 无水硫酸钠:600℃灼烧 4 h 以上,冷却后密封保存,有效期 1 个月。

6.9 无水硫酸钠溶液(20 g/L):将 20 g 无水硫酸钠溶于水中,稀释至 1 000 mL。

6.10 丙酮:色谱纯。

7 仪器和设备

7.1 气相色谱仪,配有电子捕获检测器。

7.2 冷冻离心机。

7.3 自动氮吹浓缩仪。

7.4 电子分析天平。

7.5 旋转蒸发仪。

7.6 一般实验室常用仪器设备。

8 样品

8.1 样品的采集与保存

参照 SC/T 7103—2008 和 GB 17378.3—2007 的相关规定进行。

8.2 样品的制备

8.2.1 提取

水产品、饲料及水生植物样品中有机氯提取:准确称取 5.00 g 试样于 50 mL 离心管中,加入 20 mL 正己烷/二氯甲烷(6.5),超声 15 min,4 000 r/min 离心 8 min,上清液转移入鸡心瓶中,再加入 20 mL 正己烷/二氯甲烷(6.5)超声提取一次,合并上清液。

水中有机氯提取:量取 500 mL 水样于锥形分液漏斗中,加入 10.0 mL 正己烷,剧烈振荡 2 min,静置分层后弃去水层,收集正己烷层。

沉积物中有机氯的提取:称取 10.0 g 风干的沉积物样品于 100 mL 离心管中,加入 1 g～2 g 铜粉,混匀,加 40 mL 正己烷＋丙酮(1＋1,体积比)溶剂,超声 15 min,4 000 r/min 离心 8 min,上清液转移入鸡心瓶中,再加 40 mL 正己烷＋丙酮(1＋1,体积比)溶剂超声提取一次,合并上清液,加入旋转蒸发浓缩至 5.0 mL,待净化。

8.2.2 净化

水产品、饲料及植物中有机氯提取液净化:在常温下将提取液旋转蒸发至干,用 3.5 mL 正己烷溶解残渣,将溶解液转移入 10 mL 玻璃管中,加 1 mL 浓硫酸(6.4)充分振荡,2 000 r/min 离心 5 min,将正己烷移至另一玻璃管中,下层浓硫酸加 2 mL 正己烷振荡,离心,合并上清液于玻璃管中;在上清正己烷中再加入 1 mL 浓硫酸(6.4)净化一次,离心后将正己烷转移入一刻度玻璃管中,氮气浓缩至 1 mL,气相色谱法测定。

水中有机氯提取液净化:正己烷相用硫酸净化 2 次,每次 5 mL,剧烈振荡 1 min。再用硫酸钠溶液洗涤 2 次,每次 10 mL,振荡 1 min。正己烷相经无水硫酸钠柱脱水。用 10 mL 正己烷分 2 次洗涤分液漏斗并经脱水柱。最后用 5 mL 正己烷冲洗脱水柱。所有流经脱水柱的正己烷均收集于鸡心瓶中,浓缩,用正己烷定容至 1 mL,气相色谱法测定。

沉积物中有机氯提取液净化:在浓缩液中加入 1 mL 浓硫酸,充分振荡,2 000 r/min 离心 5 min,向正己烷层中加入 1 mL 浓硫酸重复净化一次,将正己烷层转移至分液漏斗中,加入 20 mL 20%的无水硫酸钠溶液,充分振荡,将正己烷洗至中性,过无水硫酸钠柱,收集正己烷,于氮气下浓缩至 0.5 mL,加正己烷定容至 1 mL,气相色谱法测定。

8.3 空白试样的制备

除不加试样外,均按照 8.2 步骤制备空白试样。

9 分析步骤

9.1 仪器操作

色谱柱:HP-5MS 熔融石英毛细管柱(60 m×0.25 mm×0.25 μm);

载气:氮气(纯度≥99.999%),流速为 1.5 mL/min;

进样口温度:280℃;

检测器温度:300℃;

升温程序:初始温度 100℃维持 2 min,之后以 12℃/min 的速度升温至 180℃并保持 5 min,接着以 5℃/min 的速度升温至 238℃,最后以 10℃/min 的速度提高到 260℃并持续 10 min。

9.2 分析测定

9.2.1 校准曲线绘制

在容量瓶中依次配置一系列待测化合物标准溶液。多氯联苯浓度为 5 μg/L、10 μg/L、25

$\mu g/L$、50 $\mu g/L$、100 $\mu g/L$、200 $\mu g/L$、500 $\mu g/L$,其余化合物浓度 0.5 $\mu g/L$、1 $\mu g/L$、5 $\mu g/L$、10 $\mu g/L$、20 $\mu g/L$、50 $\mu g/L$、150 $\mu g/L$。标准曲线的浓度范围可根据测量需要和每种化合物的线性范围进行调整。

9.2.2　测定

若样品中待测化合物浓度超出校准曲线范围,需经稀释后重新测定。

按照设定的分析程序,依次分析校准空白溶液、多化合物校正标准溶液和样品,绘制标准曲线、计算回归方程,扣除背景,由计算机打印分析结果。

9.3　空白溶液

实验室试剂空白,必须与样品处理过程一样加入相同体积的所有试剂,用来评价样品制备过程中可能的污染和背景干扰。实验室试剂空白的制备过程必须与样品处理步骤完全相同,测定样品的分析结果应减去实验室试剂空白。

清洗空白采用正己烷溶液,在测定样品过程中用来清洗仪器,以降低记忆效应干扰。

10　结果计算与表示

10.1　结果计算

样品中有机氯含量($\mu g/kg$)按式(1)计算。

$$X = \frac{C \times V \times f}{m} \quad\cdots\cdots (1)$$

式中:

X ——样品中有机氯的残留量,单位为微克每千克($\mu g/kg$);

C ——从标准曲线上得到的试样溶液中有机氯的浓度,单位为纳克每毫升(ng/mL);

V ——最终样品溶液定容体积,单位为毫升(mL);

f ——稀释倍数;

m ——试样质量,单位为克(g)。

10.2　结果表示

有机氯浓度值<10,保留 2 位有效数字;浓度值≥10,保留 3 位有效数字。

11　精密度和准确度

本方法的批内相对偏差≤15%,批间相对标准偏差≤15%;本方法在 2 $\mu g/kg$～20 $\mu g/kg$ 添加浓度范围内,回收率为 70%～110%。

12　质量保证和质量控制

12.1　试剂纯度:为了减少杂质对气相色谱检测的干扰,建议在标准溶液配制和样品前处理时均必须使用高纯度试剂,以降低测定空白值。

12.2　标准曲线:每次分析均应绘制校准曲线。通常情况下,校准曲线的相关系数应达到 0.99 以上。

12.3　全程序空白:每批样品应至少做一个全程序空白,所测化合物的空白值不得超过方法检出限。若超出则须查找原因,重新分析直至合格之后才能分析样品。

12.4　实验室控制样品：在处理的每批样品中，应在空白样品中加入每种分析物质，其浓度应与校准曲线中间浓度相当，然后按照整个步骤进行预处理和测定，其加标回收率应为 70%～120%。也可以使用有证标准样品代替加标，其测定值应在标准要求的范围内。

12.5　连续校准：每分析 10 个样品，应分析一次校准曲线中间浓度点。其测定结果与实际浓度值相对偏差应≤10%；否则，应查找原因或重新建立校准曲线。每批样品分析完毕后，应进行一次曲线最低点的分析，其测定结果与实际浓度值相对偏差应≤30%。

13　废弃物的处理

　　根据国家相应的固体废弃物处理法，交由有资质的处置单位进行统一处理。

14　注意事项

14.1　浓硫酸具有腐蚀性，操作时应佩戴手套和防护器具，避免接触皮肤和衣物。

14.2　正己烷、二氯甲烷等有机试剂具有一定的毒性，操作时应按规定要求配备防护器具，并在通风橱中进行，避免吸入呼吸道和接触皮肤。

第四部分

有机磷杀虫剂的检测方法

水、底泥、水生动物样品中有机磷
杀虫剂残留量测定的样品
采集、保存及分析

1 适用范围

本规程规定了27种有机磷农药的三重四级杆液质联用测定方法。适用于养殖水体、底泥/土壤及水生动植物中农药(见表1)的测定。其他农药如果通过验证也可适用于本规程。

表1 27种有机磷农药的中英文名称和CAS号

中文名称	英文名称	CAS号
乐果	Dimethoate	60-51-5
马拉硫磷	Malathion	121-75-1
乙酰甲胺磷	Acephate	30560-19-1
敌百虫	Trichlorphos	52-68-6
甲胺磷	Methamidophos	10265-92-6
磷胺	Phosphamidon	13171-21-6
甲拌磷	Phorate	298-02-2
氧乐果	Omethoate	1113-02-6
特丁硫磷砜	Terbufos sulfone	56070-16-7
甲基硫环磷	Phosfolan-methyl	5120-23-0
治螟磷	Sulfotep	3689-24-5
甲基异柳磷	Isofenphos-methyl	99675-03-3
甲基内吸磷	Demeton-methyl	867-27-6
灭线磷	Ethoprophos	13194-48-4
硫环磷	Phosfolan	947-02-4
蝇毒磷	Coumaphos	56-72-4
地虫硫磷	Fonofos	994-22-9
苯线磷	Fenamiphos	994-22-9
硫线磷	Phosfolan	95465-99-9
毒死蜱	Chlorpyrifos	2921-88-2
三唑磷	Triazophos	24017-47-8
敌敌畏	Dichlorvos	62-73-7
杀螟硫磷	Fenitrothion	122-14-5
倍硫磷砜	Fenthion sulfone	3761-42-0
二嗪磷	Diazinon	333-41-5
亚胺硫磷	Phosmet	732-11-6
乙嘧硫磷	Etrimfos	38260-54-7

中国科学院大连化学物理研究所 编制

水产品及水环境中典型污染物检测操作规程

2 规范性引用文件

本规程内容引用了下列文件或其中的条款。凡是不注明日期的引用文件，其有效版本适用于本规程。

GB/T 6682 分析实验室用水规格和试验方法

GB/T 20269—2008 水果和蔬菜中 450 种农药及相关化学品残留量的测定 液相色谱-串联质谱法

GB/T 23208—2008 河豚鱼、鳗鱼和对虾中 450 种农药及相关化学品残留量的测定 液相色谱-串联质谱

GB/T 23214—2008 饮用水中 450 种农药及相关化学品残留量的测定 液相色谱-串联质谱法

GB/T 30891—2014 水产品抽样规范

SC/T 3016—2004 水产品抽样方法

SC/T 9102.3—2007 渔业生态环境监测规范 第 3 部分：淡水

EPA Method 1657 Organo-phosphorus pesticides in waste water, soil, sludge, sediment and tissue by GC/FPD

3 方法原理

本规程采用液相色谱分离-串联质谱检测。有机磷农药可以通过气质联用法和液质联用法测定，由于部分有机磷农药采用气质联用测定时热不稳定性，导致测定结果重复性差。液质联用法测定强极性、受热易分解的物质时，相比于气质联用法，可以获得较佳的结果。定性采用复合定性法，定量采用外标-校准曲线法。为减少基质对定量测定的影响，定量采用基质混合标准工作溶液绘制标准曲线。

4 安全

4.1 许多农药标准品均为剧毒致癌物质，切勿吸入或吞食，应避免与皮肤接触。配制标准溶液时，应最大可能保证操作的规范性，每次操作完成之后应仔细清洗双手。

4.2 乙腈、甲醇、二氯甲烷、乙酸乙酯均具有强烈的化学腐蚀性和刺激性，操作时应按照规定要求配备防护器具，并在通风橱中进行，避免溶剂挥发吸入呼吸道和接触皮肤、衣物。

5 试剂和材料

5.1 乙腈：质谱级。

5.2 乙酸乙酯：色谱纯。

5.3 甲醇：色谱纯。

5.4 水：质谱级。

5.5 超纯水：电阻率大于 18.0 MΩ/cm，其余指标满足 GB/T 6682 中的一级标准。

5.6 无水硫酸钠：色谱纯。

5.7 二氯甲烷：色谱纯。

5.8 甲酸:质谱级。

5.9 Sep-Pak Vac 氨基固相萃取柱(6 mL/1 g)。

5.10 50 mL 塑料离心管。

5.11 10 mL、100 mL 玻璃离心管。

5.12 液质联用校准液。

5.13 醋酸:色谱级。

5.14 标准溶液

5.14.1 **标准储备溶液**(500 mg/L)

准确称取 5 mg(精确至 0.1 mg)各种农药标准品(纯度≥98%)分别放入 10 mL 棕色容量瓶中,选用甲醇溶解并定容至刻度。标准储备溶液避光-7℃储存,可使用一年。

5.14.2 **混合标准工作溶液**

用甲醇将上述标准储备液逐级稀释成需要浓度的混合标准使用溶液。混合标准使用溶液每隔 2 周配制一次。实际操作中,根据样品的含量范围确定工作曲线。

6 仪器和设备

6.1 液相色谱-串联质谱仪:配有电喷雾离子源,Therm TSQ Quantum access Max 或其他仪器公司的等效液质联用仪。

6.2 C$_{18}$ 液相色谱柱:Ufavour HPLC columns 150 mm×2.1 mm×3 μm 或其他公司等效 C$_{18}$ 液相色谱柱。

6.3 凝胶渗透色谱仪:净化柱 450 mm×25 mm (IR),内填 75 g 的 SX-3 Biobeads。

6.4 Millipore 超纯水制备仪。

6.5 过滤装置:孔径为 0.22 μm 的尼龙滤头、5 mL 一次性注射器和 1 mL 一次性注射器。

6.6 玻璃烧杯:100 mL。

6.7 棕色容量瓶:10 mL。

6.8 玻璃广口瓶:500 mL。

6.9 内切式匀浆机。

6.10 绞肉机。

6.11 一般实验室常用仪器设备。

7 样品

7.1 淡水养殖水体样品的采集与保存

依据 EPA Method 1657,同时参照 SC/T 3016—2004、HJ 493—2009、SC/T 9102.3—2007 的相关规定进行。储样容器材质化学稳定性要好,不会溶出待测组分,且在储存期内不会与样品发生物理化学反应。所有样品经萃取后,要在 40 d 内完成目标物的分析检测。

7.1.1 **水生动植物样品**

将鲜活水产品杀死后放置于干净的玻璃容器中或者包覆于铝箔纸内。水生植物样品先用养殖水冲洗干净,然后放置于干净的玻璃容器中或者包覆于铝箔纸内。若样品可在 12 h 以内萃取,可以在0℃~4℃保存;否则,动植物样品应一直保存于低温冷冻状态(-10℃以下)。动植物样品可在冷冻(-10℃以下)避光条件下保存一年。

7.1.2 水样

方法一:水样采集储存采用干净的棕色玻璃瓶,采取措施使样品一直保持在0℃~4℃下避光保存直到提取。水样若在采集后72 h之内不能进行萃取,则须向水样里加入适量NaOH或H_2SO_4调节pH至5.0~9.0(记录加入NaOH或H_2SO_4的体积),并记录加入的酸或碱的量。如果水中含有余氯,应在每升水中加入80 mg硫代硫酸钠。水样应在采集后7 d内开始萃取。

方法二:考虑到水样在0℃~4℃下无法长期保存,且运输具有极大的不便利性,可以将水样用SPE柱进行预处理后低温存储。具体要求:取500 mg、6 mL规格的C_{18}固相萃取柱至于固相萃取架上,用9 mL色谱纯甲醇、9 mL去离子水依次活化C_{18}柱,流速控制在2 mL/min。在去离子水未流干之前,400 mL水样开始上样,流速控制在5 mL/min左右。上样完毕后,负压抽干C_{18}柱里残留的水样,然后将C_{18}柱置于密闭的宽口棕色磨口瓶中或密封袋中低温避光保存(-10℃以下),可保存长达15 d。

方法三:将方法二中C_{18}柱里残留的水样负压抽干后,接着用9 mL色谱纯甲醇洗脱,甲醇洗脱速度控制在1 mL/min。收集洗脱液,放置于密封样品瓶中,低温避光保存(-10℃以下)可长达40 d。

7.1.3 底泥样品

采集养殖环境的底泥/土壤样品后,剔除掺杂的石块、贝壳、动植物残体等杂质后放入宽口棕色玻璃瓶中。保持样品0℃~4℃避光储存直到萃取,最多可储存7 d。样品在-10℃以下避光冷冻可保存一年。

7.2 样品的制备

鱼类:取养殖水体鱼清洗后,去头、骨、内脏等,取可食用部分绞碎混合均匀后备用。试样量400 g,共分为2份,一份用于检验,一份备用。

蟹类:将蟹清洗后,取可食部分,绞碎混合均匀后备用。试样量400 g,共分为2份,一份用于检验,一份备用。

贝类:将样品清洗后开壳剥离,收集全部的软组织和体液匀浆。试样量700 g,分为2份,一份用于检验,一份备用。

龟鳖类:将样品清洗后,取可食部分,绞碎混合均匀后备用。试样量400 g,共分为2份,一份用于检验,一份备用。

虾类:清洗后,去虾头、虾皮、消化腺,得到整条虾肉绞碎混合均匀后备用。试样量400 g,共分为2份,一份用于检验,一份备用。

蛙类:去掉内脏、骨头等,取可食部分经绞碎混合均匀后备用。试样量400 g,共分为2份,一份用于检验,一份备用。

养殖水体:采样时或采样后,用滤器(滤纸、聚四氟乙烯滤器、玻璃滤器等)过滤样品,除去其中的悬浮物、沉淀物、藻类及其他微生物,过滤后的水样低温(0℃~4℃下)存储备用。水样采集2.0 L备用。

底泥:底泥样品去除石块和动植物等杂质后,须经过干燥、粉碎、过筛和缩分4个过程。干燥采用真空冷冻干燥的方式。

藻类等水生植物:将样品去除杂质后,匀质。试样量 400 g,共分为 2 份,一份用于检验,一份备用。

7.3　空白试样的制备

动植物样品选取玉米油作为空白试样,养殖水体以实验用水代替样品,底泥样品选取河沙作为空白试样。

8　分析步骤

8.1　仪器操作

根据 30 种农药的电离性质,采用流动注射泵直接进样方式分别进行质谱条件优化。首先,在正离子和负离子模式下进行全扫描,选择适合该 30 种农药的电离方式和分子离子峰。在确定 ESI 离子监测模式后,分别对 30 种药物的分子离子峰进行二级质谱分析(子离子扫描),得到碎片离子信息。然后,针对不同目标化合物对其二级质谱的源内碎裂电压(Fragmentor)、碰撞气能量(CE)等参数进行优化。为保证每种药物的灵敏度,按照每组需要监测离子的出峰顺序,分时段分别监测,同时控制每个时间段内监测的离子数目和驻留时间,使每个色谱峰具有恒定的循环扫描时间,并保证所有监测的化合物都有足够的数据采集点。所有目标物监测离子对、碰撞气能量、源内碎裂电压和保留时间信息详见表2,液相流动相条件详见表3。

表 2　有机磷农药的保留时间和质谱信息

序号	中文名	英文名	保留时间（min）	母离子、碎片离子	源内碎电压（V）	碰撞气能量（V）
1	乐果	Dimethoate	5.13	229.85/198.9 229.85/125.0	40	7;23
2	马拉硫磷	Malathion	13.33	330.85/99.2 330.85/127.1	90	26;20
3	乙酰甲胺磷	Acephate	0.741	183.8/143.0 183.8/124.9	65	5;20
4	敌百虫	Trichlorphos	4.69	257.0/221.0 257.0/209.0	80	10;20
5	甲胺磷	Methamidophos	0.767	142.1/94.0 142.1/125.0	65	15;10
6	磷胺	Phosphamidon	5.59	300.1/174.1 300.1/127.0	80	10;20
7	甲拌磷	Phorate	16.58	261.0/75.0 261.0/199.0	60	15;5
8	氧乐果	Omethoate	3.51	213.9/155.0 213.9/109.0	57	16;27
9	特丁硫磷砜	Terbufos sulfone	12.57	321.2/171.1 321.2/143.0	60	25;10
10	甲基硫环磷	Phosfolan-methyl	5.85	227.9/167.9 227.9/109.0	60	14;27
11	治螟磷	Sulfotep	17.85	323.0/171.1 323.0/143.0	80	10;20
12	甲基异柳磷	Isofenphos-methyl	15.91	332.0/230.8 332.0/162.1	60	15;20

表2（续）

序号	中文名	英文名	保留时间（min）	母离子、碎片离子	源内碎电压（V）	碰撞气能量（V）
13	甲基内吸磷	Demeton-methyl	7.33	253.0/89.0 253.0/61.0	65	20;35
14	灭线磷	Ethoprophos	11.85	242.9/130.9 242.9/97.1	68	20;28
15	硫环磷	Phosfolan	5.78	256.2/140.0 256.2/228.0	77	25;10
16	蝇毒磷	Coumaphos	17.67	363.1/227.2 363.1/307.1	85	20;15
17	地虫硫磷	Fonofos	17.60	247.1/109.0 247.1/137.1	65	15;10
18	苯线磷	Fenamiphos	9.10	303.9/233.9 303.9/216.9	65	13;21
19	硫线磷	Cadusafos	15.33	271.1/159.1 271.1/131.0	65	10;15
20	毒死蜱	Chlorpyrifos	18.32	350.0/198.0 350.0/79.0	80	20;35
21	三唑磷	Triazophos	13.72	314.0/162.0 314.0/119.0	58	18;32
22	敌敌畏	Dichlorvos	7.23	227.7/127.0 227.7/109.0	75	15;19
23	杀螟硫磷	Fenitrothion	15.52	278.0/125.0 278.0/246.2	70	19;17
24	倍硫磷砜	Fenthion sulfone	8.71	311.1/125 311.1/109	65	18;26
25	二嗪磷	Diazinon	17.40	305.0/153.0 305.0/169.0	75	20;20
26	亚胺硫磷	Phosmet	18.64	318.0/160.0 318.0/133.3	50	17;32
27	乙嘧硫磷	Etrimfos	6.16	293.0/265.1 293.0/125.1	72	16;26

表3 液质联用仪测定农残的液相条件

序号	时间（min）	A(%)	B(%)	D(%)	流速（μL/min）
0	0	5	85	10	200
1	15.00	5	0	95	200
2	20.00	5	0	95	200
3	20.50	0	0	100	200
4	26.00	0	0	100	200
5	26.20	5	85	10	200
6	35.00	5	85	10	200
A 为1%甲酸，B 为水，D 为乙腈。					

Therm TSQ Quantum access Max 液质联用仪测定时的参数条件：

柱温：30℃；

进样量：10 μm；

电离源模式：电喷雾离子化；

电离源极性：正离子；

雾化气：氮气；

离子源喷雾电压：3 500 V；

雾化温度：300℃；

鞘气压力：10 psi；

辅助气压力：5 psi。

8.2　标准曲线绘制

在 10 mL 棕色玻璃容量瓶中用空白基质配制一系列 6 个不同浓度梯度的基质混合标准工作溶液来绘制标准曲线。标准溶液的浓度分别为 0.1 ng/mL、0.5 ng/mL、1 ng/mL、10 ng/mL、100 ng/mL、1 000 ng/mL。标准曲线的浓度范围可根据实际情况进行调整。

8.3　样品前处理

鱼样：取鱼肉 10.0 g 绞碎转移到 100 mL 烧杯中，向烧杯中加入 20 mL 乙腈＋乙酸乙酯混合溶剂(1＋1，体积比)后用内切式匀浆机匀浆，匀浆后加入 10 g 无水硫酸钠(可根据含水量酌情增减)干燥，静置 30 min 后，将烧杯中的固液混合物转移到离心管离心(转速 7 500 r/min，10 min)，离心后的上清液过滤到 250 mL 平底烧瓶中，残渣用 20 mL 乙腈＋乙酸乙酯混合溶剂(1＋1，体积比)提取，重复以上步骤，合并萃取液。得到的萃取液 35℃旋蒸浓缩至 3 mL 左右，浓缩液用 0.22 μm 滤膜过滤后，采用 GPC 净化(CH_2Cl_2 流速 5 mL/min)收集 22 min～40 min 的馏分。馏分在 35℃旋蒸浓缩至 1.0 mL 左右，转移到色谱瓶中，氮吹后乙腈定容至 1.0 mL，0.22 μm 滤膜过滤后上样检测。GPC 馏分收集时间确定：将 3 mL 标准混合溶液各物质浓度均为 1 mg/L 注射进 GPC，混合标准溶液的出峰时间定为馏分收集时间。

水样：移取 25.0 mL 养殖水样(精确至 0.1 mL)于 100 mL 具塞离心管中，加入 40 mL 1‰醋酸乙腈溶液，在涡旋混合器上混合 2 min。向具塞离心管中加入 4 g 无水醋酸钠，再振荡 1 min，再向离心管中加入 15 g 无水硫酸镁，振荡 5 min，4 200 r/min 离心 5 min，准确移取 20 mL 上清液至 100 mL 圆底烧瓶中，在 40℃水浴中旋转浓缩至约 2 mL 待净化。在 Sep-Pak Vac 柱中加入约 2 cm 高无水硫酸钠，并将柱子放入下接玻璃离心管的固定架上。加样前，先用 5 mL 乙腈＋甲苯(3＋1，体积比)预洗柱，当液面到达硫酸钠的顶部时，迅速将样品提取液转移至净化柱上，并更换玻璃离心管接收。再以 2 mL 乙腈＋甲苯(3＋1，体积比)分 3 次洗涤样液瓶，并将洗涤液移入柱中。在净化柱上加上 50 mL 储液器，用 25 mL 乙腈＋甲苯(3＋1，体积比)洗脱农药及相关化学品，合并于 100 mL 圆底烧瓶中，并在 40℃水浴中旋转浓缩至约 0.5 mL，于 35℃下氮气吹干，用 1 mL 乙腈定容，经 0.2 μm 微孔滤膜过滤后供液相色谱-串联质谱分析。

土壤：准确称取土样 5.0 g 于 50 mL 离心管中，加入 20 mL 乙腈＋乙酸乙酯(1＋1，体积比)于离心管中，超声萃取 15 min 后，用 7 000 r/min 的转速离心 10 min，将上清液过滤到 250 mL 平底烧瓶中，残渣用 20 mL 乙腈＋乙酸乙酯(1＋1，体积比)超声萃取，用上述同样条件离心，过滤上清液于上述 250 mL 平底烧瓶中。合并萃取液，35℃旋蒸浓缩至约 3 mL，浓缩液用

0.22 μm 滤膜过滤后,采用 GPC 净化(CH₂Cl₂ 5 mL/min)收集 22 min~40 min 的馏分。馏分用 35℃旋蒸浓缩至 1.0 mL 左右,转移到色谱瓶中,氮吹后乙腈定容至 1.0 mL,0.22 μm 滤膜过滤后供液相色谱-串联质谱分析。

水生植物:称取 20.0 g 试样(精确至 0.01 g)于 80 mL 离心管中,加入 40 mL 乙腈,用内切式匀浆机在 10 000 r/min,匀浆提取 1 min,然后加入 5 g 氯化钠,再匀浆提取 1 min,在 3 800 r/min离心 5 min,取上清液 20 mL,在 40℃水浴中旋蒸浓缩至约 1 mL,待净化。在 Sep-Pak Vac 柱中加入约 2 cm 高无水硫酸钠,并放入下接玻璃离心管的固定架上。加样前,先用 4 mL 乙腈+甲苯(3+1,体积比)预洗柱,当液面到达硫酸钠的顶部时,迅速将样品浓缩液转移至净化柱上,并更新离心管接收。再每次用 2 mL 乙腈+甲苯(3+1,体积比)洗样液瓶 3 次,洗脱液合并于平底烧瓶中再以 2 mL 乙腈+甲苯(3+1,体积比)分 3 次洗涤样液瓶,并将洗涤液移入柱中。在净化柱上加上 50 mL 储液器,用 25 mL 乙腈+甲苯(3+1,体积比)洗脱农药及相关化学品,合并于 100 mL 圆底烧瓶中,并在 40℃水浴中旋转浓缩至约 0.5 mL,于 35℃下氮气吹干,迅速加入 1 mL 的乙腈混匀,经 0.2 μm 滤膜过滤后进行液相色谱-串联质谱测定。

9 测定

采用复合定性法。在相同实验条件下进行样品测定,如果检出的色谱峰的保留时间与标准样品相一致,并且在扣除背景后的样品质谱图中,所选择的离子均出现,而且所选择的离子丰度比与标准样品的离子丰度相一致(相对丰度>50%,允许±20%偏差;相对丰度>20%~50%,允许±25%偏差;相对丰度>10%~20%,允许±30%偏差;相对丰度≤10%,允许±50%偏差),则可判断样品中存在这种农药或相关化学品。

采用外标-校准曲线法定量测定。取混合标准储备液,用空白基质溶液逐级稀释后,注入仪器进行分析,以系列标准溶液中目标化合物的浓度为横坐标、相对应的峰面积为纵坐标绘制标准曲线,用峰面积外标法定量得到试样提取液中被测组分的含量。

空白试验:空白试验必须与样品处理过程一样加入相同体积的所有试剂,用来评价样品制备过程中可能的污染和背景谱干扰。空白试样的制备过程必须与样品处理步骤完全相同,测定样品的分析结果应减去实验室试剂空白。

10 结果计算和表示

10.1 结果计算
试样中被测组分的含量按式(1)计算。

$$X = \frac{(C-C_0) \times V \times 1000}{m} \quad \cdots\cdots (1)$$

式中:
X ——试样中被测组分残留量,单位为毫克每千克(mg/kg);
C ——由标准曲线或线性方程得到的试样提取液中被测组分浓度,单位为毫克每毫升(mg/mL);
C_0 ——试剂空白液中被测组分浓度,单位为毫克每毫升(mg/mL);
V ——试样定容体积,单位为毫升(mL);

m ——试样取样量,单位为克(g)。

10.2　结果表示

计算结果保留 3 位有效数字。

11　精密度

在重复性条件下获得的 2 次独立测定结果的绝对差值不得超过算术平均值的 20%。对于多组分残留,绝对差值不得超过算术平均值的 30%。

12　质量保证和质量控制

12.1　在检测中,尽可能使用有证标准物质作为质量控制样品。如无适合的有证标准物质,也可采用加标回收试验进行质量控制。

12.2　加标回收试验空白样品中分别添加 0.01 mg/kg、0.02 mg/kg 和 0.1 mg/kg 的标准,分别做 6 份平行。样品经前处理和定量测定,以回收率反映该方法的准确度、相对标准偏差(RSD)反映该方法的精密度。称取与样品量相同的样品,加入一定浓度的农药标准溶液,然后将其与样品同时提取、净化进行测定,计算加标回收率。

12.3　回收率:以空白样品进行加标回收实验,分别做 6 份平行。结果显示,各有机磷类农药不同水平加标样品的回收率为 70%～120%,相对标准偏差为 2.0%～20%,表明此方法准确度和精密度良好。全程序空白:每批样品应至少做一个全程序空白,所测目标物的空白值不得超过方法检出限。若超出则须查找原因,重新分析直至合格之后才能分析样品。

12.4　方法的检出限及定量限:选择未检出的样品作为基质空白,进行低水平添加实验,以此为基础计算方法的检出限和定量限。以信噪比(S/N)为 3 的含量作为方法的检出限(LOD),以信噪比为 10 的含量作为方法的定量限(LOQ),不同基质的定量限详见表 4。

表 4　不同基质下的方法定量限

序号	农药名称	基质种类			
		鱼类等动物 (μg/kg)	养殖水体 (μg/L)	底泥/土壤 (μg/kg)	水生植物 (μg/kg)
1	乐果	3.04	1.52	0.41	1.90
2	马拉硫磷	2.26	1.22	0.53	1.41
3	乙酰甲胺磷	5.34	2.66	3.35	3.05
4	敌百虫	2.45	1.39	1.67	1.28
5	甲胺磷	1.97	0.98	1.46	1.23
6	磷胺	0.85	0.39	0.033	0.65
7	甲拌磷	125.6	62.8	96.3	78.50
8	氧乐果	3.86	1.94	2.84	2.41
9	水胺硫磷	2.78	1.45	1.60	1.96
10	特丁硫磷砜	35.44	17.72	25.38	22.15
11	甲基硫环磷	0.19	0.12	0.88	0.12
12	治螟磷	1.04	0.52	0.83	0.65
13	甲基异柳磷	87.47	21.87	73.55	54.67

表 4（续）

序号	农药名称	基质种类			
		鱼类等动物（μg/kg）	养殖水体（μg/L）	底泥/土壤（μg/kg）	水生植物（μg/kg）
14	甲基内吸磷	2.12	1.06	0.13	1.69
15	灭线磷	1.11	0.56	0.25	0.69
16	硫环磷	0.19	0.11	0.15	0.12
17	蝇毒磷	0.84	0.42	0.69	0.53
18	地虫硫磷	2.98	1.50	2.05	1.86
19	苯线磷	0.08	0.10	0.03	0.05
20	硫线磷	0.46	0.24	0.35	0.29
21	毒死蜱	21.52	10.8	14.0	13.45
22	三唑磷	0.27	0.14	0.06	0.17
23	杀螟硫磷	10.72	5.4	7.76	6.70
24	倍硫磷砜	6.98	3.50	3.95	4.37
25	二嗪磷	0.29	0.14	0.024	0.18
26	亚胺硫磷	7.09	3.58	5.28	4.43
27	乙嘧硫磷	4.70	3.76	0.085	4.69

13 废弃物的处理

根据国家相应的固体废弃物处理法,交由有资质的处置单位进行统一处理。

14 注意事项

14.1 为最大限度地提高提取效率,试样都应进行完全的破碎。如果温度等因素对提取效率、被分析物稳定性或溶剂损失等有影响,则必须对这些因素加以控制。

14.2 样品提取溶剂应该是澄清,浑浊需要用无水硫酸钠脱水。提取液旋转蒸发时须非常小心,避免蒸干导致稳定性差的有机磷农药的损失,可加入少量高沸点溶剂作为"保护剂",并把蒸发温度控制得尽可能低。氮吹过程中,注意气流不应太大,以免造成目标物挥发损失。氮吹气流过大、时间过长均会导致加标回收率大幅度降低。

14.3 不同厂家生产的固相萃取小柱的性能不一致,因此需要预先用标准溶液加标做试验,同时建议不同批次的柱子先测试其性能。注意固相萃取柱有一定负载,超过负载净化效果不好固相萃取柱洗脱时控制流速,让其自然下滴。

第五部分

氨基甲酸酯类杀虫剂 的检测方法

水、底泥、动植物样品中氨基甲酸酯类农药残留量的测定液相色谱-串联质谱法

1 适用范围

本规程规定了测定水、底泥、动植物样品中氨基甲酸酯类农药残留量液相色谱-串联质谱测定方法。

本规程适用于水、底泥、动植物样品中涕灭威、克百威、速灭威、异丙威、灭多威、杀线威、甲萘威单个或多个混合物残留量的液相色谱-串联质谱检测。

2 规范性引用文件

本规程内容引用了下列文件或其中的条款。凡是不注明日期的引用文件,其有效版本适用于本规程。

GB/T 5009.145—2003 植物性食品中有机磷和氨基甲酸酯类农药多种残留的测定

GB/T 5009.163—2003 动物性食品中氨基甲酸酯类农药多组分残留高效液相色谱测定

GB/T 6682 分析实验室用水规格和试验方法

GB 23200.90—2016 食品安全国家标准 乳及乳制品中多种氨基甲酸酯类农药残留量的测定 液相色谱-质谱法

SC/T 3016—2004 水产品抽样方法

3 方法原理

样品经萃取液提取、浓缩富集、固相萃取柱净化后,用液相色谱-串联质谱仪测定,色谱保留时间和质谱特征离子共同定性,外标法定量。

4 干扰及消除

液相色谱-串联质谱法测定水、底泥、动植物样品中氨基甲酸酯类农药残留量时存在的干扰主要为基质干扰。通常来说,基质效应是由于与被分析物一起流出的其他内源性物质造成的(如盐类、胺类、脂肪酸、甘油酸酯等)。这些物质与分析物共同流出喷雾针可影响待分析物的雾化、挥发、裂分、化学反应及带电过程,导致进入质谱的离子减少(离子抑制)或增多(离子增强),从而影响定量结果的可靠性和准确性。可以通过优化提取方法,改变色谱分析条件,添加内标或空白加标等方式消除基质干扰。

4.1 提取方法

常用的样品的提取方法包括液液萃取(LLE)和固相萃取(SPE)等。通常利用 LLE 或

SPE 制备的样品内源性杂质较少,有助于降低绝对基质效应。但样品前处理过程复杂会降低分析检测的效率,增加污染的风险,并可能带来待测组分的损失,也直接影响待测组分的提取回收率。在样品制备方法的选择中,要兼顾基质效应和提取回收率两方面的因素。

4.2 液相色谱分离条件

尝试不同的色谱柱,不同的流动相-有机相、缓冲盐、有机相比例,改变洗脱方式等,避免基质和待测组分共流出,即可有效抑制离子效应,降低基质干扰。

4.3 内标选择

采用添加内标的方式也可有效消除基质干扰,基于色谱行为、质谱规律、提取性质等因素考虑,首选同位素内标(本方法可选 D7-甲萘威作为内标);如没有同位素内标,也可选择结构类似物。

4.4 空白加标

用空白提取液配制标准品,或在空白样品中加入标准品进行提取,制作标准工作曲线,可以有效排除样品前处理过程的干扰因素。

5 安全

5.1 检测人员进入实验区要严格遵守实验室相关规定。

5.2 实验操作时,穿工作服、戴口罩和手套;提取和净化操作应在通风橱中进行,避免化学试剂与皮肤接触或吸入有害气体,废弃的化学试剂分类收集至专用容器中集中处理。

5.3 实验区域内严禁明火。

6 试剂和材料

以下所用试剂除另有指定外,均为分析纯。

6.1 氮气:液氮或由氮气发生器提供。

6.2 超纯水:电阻率大于 18.0 MΩ/cm,其余指标满足 GB/T 6682 中的一级标准。

6.3 乙腈:色谱纯。

6.4 甲醇:色谱纯。

6.5 正己烷:色谱纯。

6.6 丙酮:色谱纯。

6.7 乙酸乙酯:色谱纯。

6.8 二氯甲烷:色谱纯。

6.9 磷酸。

6.10 氯化铵。

6.11 硅藻土。

6.12 助滤剂:celite545。

6.13 氯化钠。

6.14 无水硫酸钠:640℃烘干 4 h,干燥保存。

6.15　甲酸:优级纯。

6.16　标准溶液

6.16.1　单组分标准储备溶液($\rho=100.00\ \mu g/mL$)

涕灭威、克百威、速灭威、异丙威、灭多威、杀线威、甲萘威标准储备溶液可用标准物质(纯度≥96.0%)配制成浓度为 100.00 $\mu g/mL$ 的标准储备溶液,储备溶液用乙腈配制。也可购买有证标准溶液。

6.16.2　混合标准储备溶液($\rho=10.00\ \mu g/mL$)

准确吸取单组分标准储备溶液各 1.00 mL,用乙腈定容至 10.00 mL,稀释成浓度为 10.00 $\mu g/mL$ 混合标准储备溶液,4℃暂时存放。

6.16.3　混合标准使用溶液

7 组分混合标准使用溶液现用现配。用初始流动相逐级稀释,7 种氨基甲酸酯类农药的浓度为 0.1 ng/mL、0.5 ng/mL、1 ng/mL、2 ng/mL、5 ng/mL、10 ng/mL、20 ng/mL、50 ng/mL。

6.16.4　内标标准溶液($\rho=200\ ng/mL$)

配置 100 $\mu g/mL$ 内标标准溶液。用初始流动相稀释,最终内标溶液浓度为 200 ng/mL。4℃暂时存放。

7　仪器和设备

7.1　液相色谱-串联质谱仪,配电喷雾(ESI)离子源。

7.2　分析天平:感量为 0.000 01 g。

7.3　天平:感量为 0.01 g。

7.4　超纯水制备仪。

7.5　涡旋混合器。

7.6　均质机。

7.7　冷冻干燥机。

7.8　分样筛:0.15 mm(100 目)。

7.9　旋转蒸发仪。

7.10　氮吹仪。

7.11　超声波清洗器。

7.12　离心机:4 500 r/min。

7.13　固相萃取装置。

7.14　固相萃取柱:石墨化炭黑/N-丙基乙二胺复合填料(GCB/PSA)固相萃取柱(500 mg/6 mL)。

7.15　一般实验室常用仪器设备。

8　样品

8.1　样品的采集与保存

　　水样:用采水器采取液面下 0.5 m 处水样于 1 L 聚四氟乙烯塑料瓶中,用 1 mol/L 的盐酸调节 pH 至 3.0,加入甲醇 50 mL,密封,标记,装入保温采样箱中。

　　鱼样:每样 2 尾~3 尾。用不锈钢刀具取鱼体脊背肌肉共约 400 g,装入聚四氟乙烯塑料袋中,密封,标记,装入保温采样箱中。

　　底泥:用采泥器采取底泥样品约 1 000 g 于聚四氟乙烯塑料袋中,密封,标记,装入保温采样箱中。

　　植物样品:摘取植物茎叶约 200 g 于聚四氟乙烯塑料袋中,密封,标记,装入保温采样箱中。

　　样品在储运过程中加冰保存。带回试验室后,水样、底泥和植物样品应保存于 4℃左右冰箱内,鱼样保存于-20℃冰柜中。

8.2　样品的制备

8.2.1　样品预处理

　　水样:用 0.45 μm 滤膜过滤,去除杂质。

　　鱼样:用组织捣碎机将样品捣碎,混合均匀。

　　底泥:样品冻干或风干,过 0.15 mm(100)目筛,混匀。

　　植物样品:用组织捣碎机将样品捣碎,混合均匀。

8.2.2　样品提取与净化

　　水样:取水样 200 mL,向其加入 100 μL 内标溶液。依次用 10 mL 二氯甲烷、10 mL 甲醇和 10 mL 水活化 C_{18} 固相萃取柱,水样以 10 mL/min 的速率经过固相萃取柱。上样完成后,用 10 mL 水淋洗小柱,抽至近干,再用 10 mL 二氯甲烷以 1 mL/min 的流速洗脱,收集洗脱液于 15 mL 离心管中,氮吹浓缩至近干。用 1.0 mL 甲醇/水(1+19,体积比)溶解残渣。经 0.22 μm 滤膜过滤后上机检测。

　　鱼肉样品:称取 5 g(精确至 0.01 g)样品于 50 mL 离心管中,向其加入 100 μL 内标溶液,加入 3.0 mL 水、2.0 g 氯化钠和 10 mL 乙腈,在涡旋混合器上混匀 3 min,于 5 000 r/min 离心 5 min,将上清液转移至另一支离心管。在用 5.0 mL 乙腈重复以上提取过程,合并提取液。于 40℃下氮吹浓缩至约 2 mL,待净化。在 C_{18} 固相萃取小柱上端装入 1 cm 高的无水硫酸钠,先用 5.0 mL 乙腈淋洗小柱,弃去淋洗液后将所得到的 2.0 mL 乙腈提取液过柱,并用 8.0 mL 乙腈洗脱,控制流速为 0.5 mL/min,收集所有流出液,在 40℃下氮吹浓缩至近干。用 1.0 mL 甲醇/水(1+19,体积比)溶解残渣。经 0.22 μm 滤膜过滤后上机检测。

　　底泥样品:称取 10.0 g 干燥后的样品入 50 mL 离心管中,向其加入 100 μL 内标溶液,加入硅藻土 2 g,二氯甲烷/甲醇(1+1)混合液 20 mL,超声波萃取 10 min 后,4 500 r/min 离心 5 min,称取上清液于梨形瓶中,再分别用 20 mL 混合溶液重复提取 2 次,合并上清液,于 45℃水浴旋转蒸发至约 1.0 mL,通过预先用 6.0 mL 二氯甲烷/甲醇(9+1,体积比)活化的石墨化炭黑/N-丙基乙二胺复合填料(GCB/PSA)固相萃取柱,然后用 6.0 mL 二氯甲烷/甲醇(9+1,体积比)洗脱小柱,收集洗脱液,用氮吹仪吹至近干。用 1.0 mL 甲醇/水(1+19,体积比)溶解残渣。经 0.22 μm 滤膜过滤后上机检测。

　　植物样品:先称取 10 g 样品 2 份,于 60℃下烘干至恒重,测定样品含水量。然后称取 10 g 样品于三角瓶中,向其加入 100 μL 内标溶液,加入 20 mL 丙酮和一定量的纯水,使试样总含水量为 10 g。振荡 30 min,抽滤,取 20 mL 于分液漏斗中。向分液漏斗中分别加入 40 mL 凝结液(20 g 氯化铵和 85％磷酸 40 mL,溶于 400 mL 纯水中,用纯水定容至 2 000 mL)和 1 g 助滤剂 celite545,轻摇后放置 5 min,经双层滤纸的布氏漏斗抽滤,并用少量凝结液洗涤分液漏斗和布氏漏斗。将滤液转移至分液漏斗中,加入 3 g 氯化钠,依次用 50 mL、30 mL、20 mL 二氯甲烷提取,合并 3 次二氯甲烷提取液,经无水硫酸钠过滤至梨形瓶中,在 35℃水浴的旋转蒸发仪上浓缩至少量,取下梨形瓶,氮吹至近干,加入 2 mL 正己烷。以少许脱脂棉塞住过滤柱出口,加入少量无水硫酸钠,1 g 硅胶以正己烷湿法装柱,再加入少量无水硫酸钠,敲实,将梨形瓶中液体倒入,再用 2 mL 正己烷/二氯甲烷(9＋1,体积比)洗涤梨形瓶,倒入柱中。依次以 4 mL 正己烷/丙酮(7＋3,体积比)、4 mL 乙酸乙酯、8 mL 丙酮/乙酸乙酯(1＋1,体积比)、4 mL 丙酮/甲醇(1＋1)洗柱,汇集全部洗脱液,经旋转蒸发仪浓缩至近干。用 1.0 mL 甲醇/水(1＋19,体积比)溶解残渣。经 0.22 μm 滤膜过滤后上机检测。

8.3　空白试样的制备

水样:以实验用水代替样品,按照 8.2 步骤制备空白试样。

鱼样:以鳕代替样品,按照 8.2 步骤制备空白试样。

底泥:取环境土壤,650℃烘 2 h 后,冷却,按照 8.2 步骤制备空白试样。

植物样品:取室内花草(确认未用药)代替样品,按照 8.2 步骤制备空白试样。

9　分析步骤

9.1　色谱参考条件

a)　色谱柱:C$_{18}$柱(2.1 mm×100 mm×2.7 μm)。

b)　流动相:A 相为 0.01％甲酸水溶液;B 相为乙腈。梯度洗脱程序见表 1。

c)　流速:0.35 mL/min。

d)　柱温:35℃。

e)　进样量:2 μL。

表 1　流动相梯度洗脱程序

时间(min)	流速(mL/min)	A 相(％)	B 相(％)
0	0.35	95	5
3	0.35	95	5
6.5	0.35	1	99
8	0.35	1	99
8.1	0.35	95	5
10	0.35	95	5

9.2　质谱参考条件

a)　离子源:电喷雾离子源;

b)　扫描方式:正离子;

c)　检测方式:多反应监测(MRM);

d)　电力电压:3.0 kV;

e)　离子源温度:150℃;

f)　雾化温度:600℃;

g) 雾化气流速:600 L/h;

h) 锥孔气流速:150 L/h;

i) 保留时间、定性离子对、定量离子对、锥孔电压和碰撞能量见表2。

表2 氨基甲酸酯类农药保留时间、定性离子对、定量离子对和碰撞能量

药物名称	保留时间 (min)	定性离子对 (m/z)	定量离子对 (m/z)	碰撞能量 (eV)
涕灭威	5.14	213.1>116.0 231.1>89.0	213.1>116.0	11 11
克百威	5.45	222.1>165.0 222.1>123.0	222.0>165.0	12 21
速灭威	5.28	166.1>109.1 166.1>91.1	166.1>109.1	11 25
异丙威	5.70	194.1>95.1 194.1>137.1	194.1>95.1	13 7
灭多威	4.20	163.0>88.0 163.0>106.0	163.0>88.0	8 8
杀线威	4.14	242.0>72.1 242.0>121.0	242.0>72.1	18 13
甲萘威	5.53	202.1>145.1 202.1>127.1	202.1>145.1	10 28
甲萘威-D7	5.51	209.1>152.1	209.1>152.1	12

9.3 定性依据

在相同实验条件下,样液中被测物的色谱保留时间与标准工作液相同,并且在扣除背景后的样品色谱图中,所选择的离子对均出现,各定性离子的相对丰度与标准品离子的对丰度相比,偏差不超过表3规定的范围内,则可判断样品中存在相应的被测物。

表3 定性确证时相对离子丰度的最大允许偏差

单位为百分号

相对离子丰度	>50	20～50(含)	10～20(含)	≤10
允许的相对偏差	±20	±25	±30	±50

9.4 定量测定

根据9.1和9.2设定的仪器条件,待仪器稳定后,取样品制备液和混合标准工作溶液进行测定,做单点或多点校准,外标法计算样品中氨基甲酸酯农药的残留量,定量离子采用丰度最大的二级特征离子碎片。样品溶液及空白添加混合标准工作溶液中涕灭威、克百威、速灭威、异丙威、灭多威、杀线威、甲萘威的峰面积均在仪器检测的线性范围之内。

按照设定的分析程序,依次分析校准空白溶液、混合标准使用溶液和样品,绘制标准曲线、计算回归方程,扣除背景或以干扰系数法修正干扰,由计算机打印分析结果。

9.5 空白溶液

9.5.1 校准空白,初始流动相,用来建立分析校准曲线。

9.5.2 实验室试剂空白,必须与样品处理过程一样加入相同体积的所有试剂,用来评价样品制备过程中可能的污染和背景谱干扰。实验室试剂空白的制备过程必须与样品处理步骤完全

相同,测定样品的分析结果应减去实验室试剂空白。

10　结果计算与表示

10.1　结果计算

样品中氨基甲酸酯残留含量按式(1)计算。

$$X = \frac{C \times V}{m} \quad\cdots\cdots\cdots\cdots\cdots\cdots\cdots\cdots\cdots\cdots\cdots\cdots\cdots\cdots\cdots\cdots \quad (1)$$

式中:

X——样品中待测组分含量,单位为微克每千克($\mu g/kg$)或微克每升($\mu g/L$);

C——样品溶液中待测组分浓度,单位为纳克每毫升(ng/mL);

V——样品提取液最终定容体积,单位为毫升(mL);

m——样品质量或体积,单位为克(g)或毫升(mL)。

10.2　结果表示

测定结果扣除空白值。组分浓度值<10,保留2位有效数字;浓度值≥10,保留3位有效数字。

11　精密度和准确度

11.1　灵敏度

本方法氨基甲酸酯类农药的测定低限见表4。

表4　不同基质氨基甲酸酯农药的检出限和定量下限

待测物质	基质							
	水 (ng/L)		鱼肉 ($\mu g/kg$)		底泥 ($\mu g/kg$)		植物 ($\mu g/kg$)	
	LOD	LOQ	LOD	LOQ	LOD	LOQ	LOD	LOQ
涕灭威	0.15	0.5	0.01	0.02	0.003	0.01	0.003	0.01
克百威	0.15	0.5	0.01	0.02	0.003	0.01	0.003	0.01
速灭威	7.6	25.0	0.30	1.0	0.15	0.5	0.15	0.5
异丙威	0.76	2.5	0.03	0.1	0.02	0.05	0.02	0.05
灭多威	7.6	25.0	0.30	1.0	0.15	0.5	0.15	0.5
杀线威	0.15	0.5	0.01	0.02	0.003	0.01	0.003	0.01
甲萘威	1.52	5.0	0.06	0.2	0.03	0.1	0.03	0.1

11.2　线性范围

涕灭威、克百威和杀线威:0.1 ng/mL～10.0 ng/mL;速灭威和灭多威:5.0 ng/g～50.0 ng/g;异丙威:0.5 ng/mL～10.0 ng/mL;甲萘威:1.0 ng/mL～10.0 ng/mL。

11.3　准确度

本方法氨基甲酸酯加标浓度见表5,在不同基质中涕灭威、克百威和杀线威回收率为80.0%～120.1%;速灭威和灭多威回收率为52.0%～113.6%;异丙威回收率为84.0%～102.3%;甲萘威回收率为80.0%～98.0%。

表5 不同基质氨基甲酸酯农药的加标量

农药	基质								
	水 (ng/L)			鱼肉 (μg/kg)			底泥 (μg/kg)		
涕灭威	0.5	2.5	5.0	0.02	0.1	0.2	0.01	0.05	0.1
克百威	0.5	2.5	5.0	0.02	0.1	0.2	0.01	0.05	0.1
速灭威	25.0	125.0	250.0	1.0	5.0	10.0	0.5	2.5	5.0
异丙威	2.5	12.5	25.0	0.1	0.5	1.0	0.05	0.25	0.5
灭多威	25.0	125.0	250.0	1.0	5.0	10.0	0.5	2.5	5.0
杀线威	0.5	2.5	5.0	0.02	0.1	0.2	0.01	0.05	0.1
甲萘威	5.0	25.0	50.0	0.2	1.0	2.0	0.1	0.5	1.0

11.4 精密度

本方法批内相对标准偏差≤15%，批间相对标准偏差≤20%。

12 质量保证和质量控制

12.1 试剂纯度：由于LC-MS/MS检出限极低，因此建议在标准溶液配制和样品前处理时均必须使用高纯度试剂，以降低测定空白值。

12.2 标准曲线：每次分析均应绘制校准曲线。通常情况下，校准曲线的相关系数应达到0.995以上。

12.3 全程序空白：每批样品应至少做一个全程序空白，所测组分的空白值不得超过方法检出限。若超出则须查找原因，重新分析直至合格之后才能分析样品。

12.4 实验室控制样品：在处理的每批样品中，应在试剂空白中加入每种分析物质，其浓度应与校准曲线中间浓度相当，然后按照整个步骤进行预处理和测定，其加标回收率应为80%~120%。也可以使用有证标准样品代替加标，其测定值应在标准要求的范围内。

12.5 基体加标：每批样品应至少测定10%的加标样品，样品数量少于10时，应至少测定一个加标样品，测定的加标回收率应为80%~120%。

12.6 连续校准：每分析10个样品，应分析一次校准曲线中间浓度点。其测定结果与实际浓度值相对偏差应≤10%；否则，应查找原因或重新建立校准曲线。每批样品分析完毕后，应进行一次曲线最低点的分析，其测定结果与实际浓度值相对偏差应≤30%。

13 废弃物的处理

根据国家相应的固体废弃物处理法，交由有资质的处置单位进行统一处理。

14 注意事项

14.1 流动A相(0.01%甲酸水溶液)相现用现配，防止变质。

14.2 乙腈、二氯甲烷、甲醇等溶剂对身体有一定危害，故需要在通风橱进行操作。如有必要，需配备防护器具。

14.3 为提高回收率，样品浓缩时旋转蒸发速度不宜过快，氮吹时气流不宜过大。

附　录　A
（资料性附录）

基质（鱼肉）加标总离子流色谱图见图 A.1。

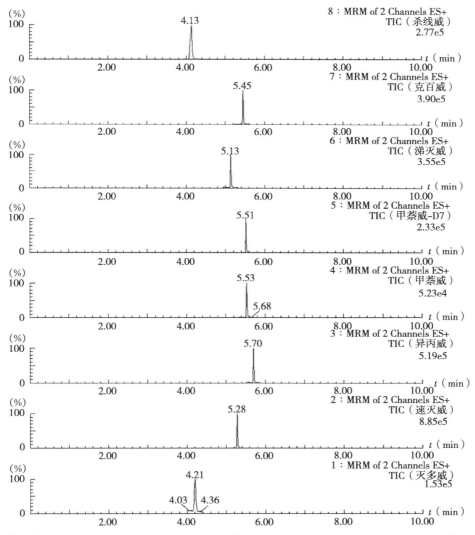

注：涕灭威（0.1 μg/kg）、克百威（0.1 μg/kg）、杀线威（0.1 μg/kg）、异丙威（0.5 μg/kg）、甲萘威（1.0 μg/kg）、速灭威（5.0 μg/kg）、灭多威（5.0 μg/kg）、甲萘威-D7（4.0 μg/kg）。

图 A.1　基质（鱼肉）加标总离子流色谱图

第六部分

菊酯类杀虫剂的检测方法

水体中百菌清、甲氰菊酯、氯氰菊酯、氰戊菊酯、溴氰菊酯测定 气相色谱法

1 适用范围

本规程规定了测定水中百菌清及 4 种拟除虫菊酯农药（甲氰菊酯、氯氰菊酯、氰戊菊酯和溴氰菊酯）。适用于地表水、地下水、生活污水中百菌清及 4 种拟除虫菊酯农药（见表 1）的测定。其他拟除虫菊酯类农药如果通过验证也可适用于本规程。

本规程百菌清、甲氰菊酯、氯氰菊酯、氰戊菊酯和溴氰菊酯的检出限分别为 0.016 μg/L、0.080 μg/L、0.080 μg/L、0.080 μg/L、0.080 μg/L，定量限分别为 0.0 2μg/L、0.10 μg/L、0.10 μg/L、0.10 μg/L、0.10 μg/L。

表 1　百菌清与 4 种拟除虫菊酯农药的中英文名称、分子式和 CAS 号

中文名称	英文名称	分子式	CAS 号
百菌清	Chlorothalonil	$C_8 Cl_4 N_2$	1897-45-6
甲氰菊酯	Fenpropathrin	$C_{22} H_{23} NO_3$	64257-84-7
氯氰菊酯	Cypermethrin	$C_{22} H_{19} Cl_2 NO_3$	52315-07-8
氰戊菊酯	Phenvalerate	$C_{25} H_{22} ClNO_3$	51630-58-1
溴氰菊酯	Deltamethrin	$C_{22} H_{19} Br_2 NO_3$	52918-63-5

2 规范性引用文件

本规程内容引用了下列文件或其中的条款。凡是不注明日期的引用文件，其有效版本适用于本规程。

GB/T 6682　分析实验室用水规格和试验方法

HJ 494—2009　水质　采样技术指导

SL 187—1996　水质采样技术规程

3 方法原理

水样中百菌清、甲氰菊酯、氯氰菊酯、氰戊菊酯和溴氰菊酯采用正己烷提取，提取液经净化、浓缩后，气相色谱-电子捕获检测器（GC-ECD）分析。

4. 干扰及消除

经本方法处理的水体样品经本分析方法分析，杂质少且对目标物无干扰。

中国水产科学研究院长江水产研究所　编制

5. 安全

5.1 安全要求

检测人员进入实验区要严格遵守实验室相关规定。实验操作时,要穿工作服、戴口罩和手套;提取和净化操作都应在通风橱内进行,避免溶剂气体吸入以及与皮肤接触。旋转蒸发仪加热槽通电前必须加水,不允许无水干烧。使用氮吹仪对样品进行浓缩时也应在通风橱内进行。马弗炉和控制器必须在相对湿度不超过85%、没有导电尘埃、爆炸性气体或腐蚀性气体的场所工作,实验操作附近严禁明火。废弃的化学试剂收集至专用容器中集中处理。

5.2 急救措施

皮肤接触到有机溶剂或酸、碱溶液后立即用清水清洗,若不慎烫伤或烧伤,经大量清水冲洗后,可在伤处涂上玉树油或75%酒精后涂蓝油烃。如果伤面较大,深度达真皮,应小心用75%酒精处理,并涂上烫伤油膏后包扎,及时送往医院。有机溶剂或酸、碱溶液溅入眼中立即用清水灌洗,严重时立即送往医院。玻璃仪器割伤皮肤后,用消毒棉棒或纱布把伤口清理干净,小心取出伤口中的玻璃或固体物,然后将红药水涂在伤口的创面上。若伤口较脏,可用3%双氧水擦洗或用碘酒涂在伤口的周围,再用消炎粉敷上,包扎上纱布或用创可贴直接敷贴。严重时,采取止血措施,立即送往医院。

6 试剂和材料

6.1 高纯氮气:纯度不低于 99.999%。

6.2 试验用水符合 GB/T 6682 一级水标准。

6.3 正己烷:农残级或色谱纯。

6.4 氯化钠:优级纯,650℃灼烧 4 h,冷却后置于干燥器中备用。

6.5 硫酸钠:优级纯,650℃灼烧 4 h,冷却后置于干燥器中备用。

6.6 标准溶液

6.6.1 百菌清、甲氰菊酯、氯氰菊酯、氰戊菊酯和溴氰菊酯标准储备溶液(100.0 μg/mL)

各化合物标准储备溶液可用农残级或色谱纯正己烷配制成浓度为 100.0 μg/mL 的标准储备溶液。也可购买有证标准溶液。标准储备溶液储存在带螺纹瓶盖的棕色储液瓶中,−18℃冰箱中保存。有效期 1 年。

6.6.2 混合标准储备溶液(百菌清浓度为 2.00 μg/mL,甲氰菊酯、氯氰菊酯、氰戊菊酯和溴氰菊酯浓度分别为 10.0 μg/mL)

准确移取百菌清标准储备溶液(100.0 μg/mL)1 mL,甲氰菊酯、氯氰菊酯、氰戊菊酯和溴氰菊酯标准储备溶液(100.0 μg/mL)各 5 mL,于 50 mL 容量瓶中,用正己烷稀释并定容至刻度,配制成百菌清浓度为 2.00 μg/mL,甲氰菊酯、氯氰菊酯、氰戊菊酯和溴氰菊酯浓度分别为 10.0 μg/mL 的混合标准储备溶液。混合标准储备溶液储存在带螺纹瓶盖的棕色储液瓶中,4℃冰箱中保存。有效期 3 个月。

6.6.3 混合标准使用溶液

混合标准使用溶液用正己烷将混合标准储备溶液稀释至所需的使用浓度(如百菌清、甲氰菊酯、氯氰菊酯、氰戊菊酯和溴氰菊酯浓度分别为 1 μg/L、5 μg/L、5 μg/L、5 μg/L、5 μg/L,

2 μg/L、10 μg/L、10 μg/L、10 μg/L、10 μg/L、5 μg/L、25 μg/L、25 μg/L、25 μg/L、25 μg/L、10 μg/L、50 μg/L、50 μg/L、50 μg/L、50 μg/L、50 μg/L、250 μg/L、250 μg/L、250 μg/L、250 μg/L），现用现配。百菌清、甲氰菊酯、氯氰菊酯、氰戊菊酯和溴氰菊酯浓度分别为 100 μg/L、500 μg/L、500 μg/L、500 μg/L、500 μg/L 时在 ECD 检测器上的信号已饱和(信号满度为 1 V)，样品中百菌清、甲氰菊酯、氯氰菊酯、氰戊菊酯和溴氰菊酯浓度出现饱和现象时，稀释后再分析。

7　仪器和设备

7.1　气相色谱仪:配 63Ni 电子捕获检测器。

7.2　分析天平:感量 0.000 1 g。

7.3　天平:感量 0.01 g。

7.4　涡旋振荡器。

7.5　旋转蒸发仪。

7.6　氮吹仪。

7.7　具塞玻璃分液漏斗:500 mL。

7.8　砂芯玻璃层析柱:10×200 mm。

7.9　鸡心瓶:200 mL。

7.10　具塞玻璃三角瓶:150 mL。

7.11　A 级玻璃量器。

7.12　一般实验室常用仪器设备。

8　样品

8.1　样品的采集与保存

参照 SL 187—1996、HJ 494—2009 和《水和废水监测分析方法》(第四版)进行。将样品用玻璃棒搅拌混合均匀，如不能立即测定，应放置于－4℃低温冰箱中，7 d 内完成萃取。

8.2　样品的制备

8.2.1　样品提取

采集的水样静置 20 min(4℃保存的水样先放置至室温)，用量筒量取 250 mL 静置后的上层水样于 500 mL 具塞分液漏斗中，加入 15 g 氯化钠，振荡摇匀，再加入 40 mL 正己烷，振荡 3 min，静置 1 h。待分层后，收集正己烷相于 150 mL 具塞玻璃三角瓶中，重复提取一次，合并提取液于三角瓶中。

8.2.2　样品净化

将上述提取液转移到填充无水硫酸钠的砂芯层析柱(无水硫酸柱为 8 cm，干法填充)中，使其缓慢通过无水硫酸柱，收集于 200 mL 鸡心瓶中，再用正己烷淋洗 2 次，每次 20 mL，一并收集于 200 mL 鸡心瓶中，置 35℃水浴，真空度为 0.07 MPa 的旋转蒸发仪上浓缩至 2 mL～3 mL，转移至 15 mL 刻度玻璃试管中，用 8 mL 正己烷分 2 次洗鸡心瓶，合并于玻璃试管中，置 40℃氮吹仪上吹至近干，用正己烷定容至 1 mL，涡旋振荡 30 s，最后转移到 2 mL 进样瓶中，上气相色谱分析。按照样品的制备相同操作步骤，制备空白试样。

8.3 空白试样的制备

以实验用水代替样品,按照8.2步骤制备空白试样。

9 分析步骤

9.1 气相色谱条件

气相色谱柱:DB-5MS 30 m×0.25 mm×0.25 μm(5%苯基和95%聚二甲基硅氧烷)或性能相当者;进样方式:不分流进样;载气:氮气,纯度99.999%;柱流速:1 mL/min;检测器(ECD)温度:300℃;进样口温度:260℃;进样量:1 μL;柱温程序:初始柱温80℃,维持0.5 min,15℃/min,升至170℃,维持1 min,10℃/min,升至250℃,维持4 min,5℃/min,升至280℃,维持11.5 min。

9.2 分析测定

9.2.1 校准曲线绘制

按照6.6.3配制的混合标准使用溶液的浓度进GC-ECD分析,以各化合物的浓度为横坐标、峰面积为纵坐标(其中氯氰菊酯峰面积为氯氰菊酯在DB-5MS气相色谱柱上的4个峰面积的和,氰戊菊酯峰面积为氰戊菊酯在DB-5MS气相色谱柱上的2个峰面积的和)绘制标准曲线,外标法定量。标准曲线的浓度范围可根据测量需要进行调整。

注:在确定了曲线的线性范围后,每天可使用溶剂正己烷做空白和3个浓度点建立校准曲线,曲线的浓度应涵盖样品测定范围。

9.2.2 测定

根据样品中百菌清、甲氰菊酯、氯氰菊酯、氰戊菊酯和溴氰菊酯残留量,选定标准使用溶液浓度范围。标准使用溶液和样品中百菌清、甲氰菊酯、氯氰菊酯、氰戊菊酯和溴氰菊酯响应值均应在仪器检测线性范围内。取1.0 μL样品溶液和混合标液使用液进样测定,外标法定量。

按照设定的分析程序,依次分析空白溶液、标准溶液和样品,绘制标准曲线、计算回归方程,由计算机打印分析结果。

9.3 空白实验

水样空白,以实验用水代替样品,按照8.2步骤制备空白试样,按照9步骤分析空白试样。

实验室试剂空白,必须与样品处理过程一样加入相同体积的所有试剂,用来评价样品制备过程中可能的污染和背景干扰。实验室试剂空白的制备过程必须与样品处理步骤和分析步骤完全相同。

10 结果判定、计算与表示

10.1 结果判定

在相同的实验条件下测定试样溶液和标准溶液,试样溶液中被测组分的保留时间应与标准溶液的保留时间相一致,否则,认定出峰物质为非被测组分;试样中被测组分的含量低于方法定量限时,则判定为未检出。

10.2 结果计算

样品中百菌清、甲氰菊酯、氯氰菊酯、氰戊菊酯和溴氰菊酯含量按式(1)计算。

$$x = \frac{c \times v_1 \times 1000}{v_2 \times 1000} \quad \cdots\cdots\cdots\cdots\cdots\cdots\cdots\cdots\cdots\cdots\cdots\cdots\cdots \quad (1)$$

式中：

x ——样品中百菌清、甲氰菊酯、氯氰菊酯、氰戊菊酯和溴氰菊酯的浓度，单位为微克每升(μg/L)；

c ——从标准工作曲线得到的试样溶液中百菌清、甲氰菊酯、氯氰菊酯、氰戊菊酯和溴氰菊酯的浓度，单位为微克每升(μg/L)；

v_1 ——定容体积，单位为毫升(mL)；

v_2 ——量取水样的体积，单位为毫升(mL)。

10.3 结果表示

百菌清、甲氰菊酯、氯氰菊酯、氰戊菊酯和溴氰菊酯浓度值<10，保留 2 位有效数字；浓度值≥10，保留 3 位有效数字。

11 方法检出限、定量限、精密度和准确度

本方法百菌清、甲氰菊酯、氯氰菊酯、氰戊菊酯和溴氰菊酯的检出限分别为 0.016 μg/L、0.080 μg/L、0.080 μg/L、0.080 μg/L、0.080 μg/L，定量限分别为 0.02 μg/L、0.10 μg/L、0.10 μg/L、0.10 μg/L、0.10 μg/L。高于定量限的样品，必要时应进行复检或质谱确证，以复检或确证结果为准。本方法精密度的批内变异系数≤15%，批间变异系数≤20%。本方法准确度为 70%~120%。

12 质量保证和质量控制

12.1 标准曲线：每次分析均应绘制校准曲线。通常情况下，校准曲线的相关系数应达到 0.995 以上。

12.2 全程序空白：每批样品应至少做一个全程序空白，所测的百菌清、甲氰菊酯、氯氰菊酯、氰戊菊酯和溴氰菊酯空白值不得超过方法检出限。若超出则须查找原因，重新分析直至合格之后才能分析样品。

12.3 实验室控制样品：在处理的每批样品中，应在试剂空白中加入每种分析物质，其浓度应与校准曲线中间浓度相当，然后按照整个步骤进行预处理和测定，其加标回收率应为 70%~120%。

12.4 基体加标：每批样品应至少测定 10% 的加标样品，样品数量少于 10 时，应至少测定一个加标样品，测定的加标回收率应为 70%~120%。

12.5 连续校准：每分析 10 个样品，应分析一次校准曲线中间浓度点。其测定结果与实际浓度值相对偏差应≤10%；否则，应查找原因或重新建立校准曲线。每批样品分析完毕后，应进行一次曲线最低点的分析，其测定结果与实际浓度值相对偏差应≤30%。

13 废弃物的处理

根据国家相应的固体废弃物和液体废弃物处理法，交由有资质的处置单位进行统一处理。

14 注意事项

14.1 样品前处理过程中使用的氯化钠和无水硫酸钠需经 650℃灼烧 4 h,冷却后置于干燥器中备用。

14.2 样品经正己烷提取后,提取液的浓缩过程应在温和的条件下进行,减少样品中氯氰菊酯、氰戊菊酯和溴氰菊酯在样品前处理过程中的损失。

附 录 A

(资料性附录)

色谱图示例

百菌清、甲氰菊酯、氯氰菊酯、氰戊菊酯、溴氰菊酯标准溶液 GC-ECD 色谱图见图 A.1。

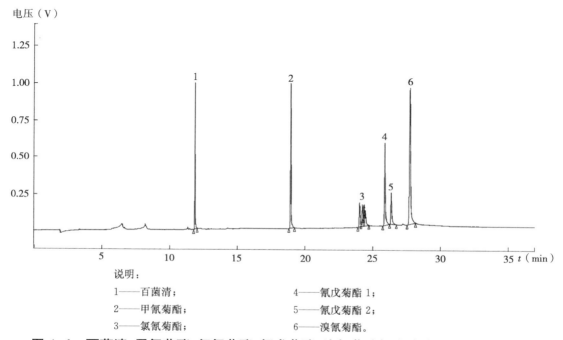

说明：

1——百菌清；　　　　　　　　4——氰戊菊酯 1；

2——甲氰菊酯；　　　　　　　5——氰戊菊酯 2；

3——氯氰菊酯；　　　　　　　6——溴氰菊酯。

图 A.1　百菌清、甲氰菊酯、氯氰菊酯、氰戊菊酯、溴氰菊酯标准溶液 GC-ECD 色谱图

水体中百菌清、甲氰菊酯、氯氰菊酯、氰戊菊酯、溴氰菊酯测定气相色谱-串联质谱法

1 适用范围

本规程规定了测定水中百菌清及 4 种拟除虫菊酯农药（甲氰菊酯、氯氰菊酯、氰戊菊酯和溴氰菊酯）。适用于地表水、地下水、生活污水中百菌清及 4 种拟除虫菊酯农药（见表 1）的测定。其他拟除虫菊酯类农药如果通过验证也可适用于本规程。

本规程百菌清、甲氰菊酯、氯氰菊酯、氰戊菊酯和溴氰菊酯的检出限分别为 0.016 μg/L、0.080 μg/L、0.080 μg/L、0.080 μg/L、0.080 μg/L，定量限分别为 0.02 μg/L、0.10 μg/L、0.10 μg/L、0.10 μg/L、0.10 μg/L。

表 1 百菌清及 4 种拟除虫菊酯农药的中英文名称、分子式和 CAS 号

中文名称	英文名称	分子式	CAS 号
百菌清	Chlorothalonil	$C_8 Cl_4 N_2$	1897-45-6
甲氰菊酯	Fenpropathrin	$C_{22} H_{23} NO_3$	64257-84-7
氯氰菊酯	Cypermethrin	$C_{22} H_{19} Cl_2 NO_3$	52315-07-8
氰戊菊酯	Phenvalerate	$C_{25} H_{22} ClNO_3$	51630-58-1
溴氰菊酯	Deltamethrin	$C_{22} H_{19} Br_2 NO_3$	52918-63-5

2 规范性引用文件

本规程内容引用了下列文件或其中的条款。凡是不注明日期的引用文件，其有效版本适用于本规程。

GB 6682　分析实验室用水规格和试验方法

HJ 494—2009　水质　采样技术指导

HJ 753—2015　水质　百菌清及拟除虫菊酯类农药的测定　气相色谱-质谱法

SL 187—1996　水质采样技术规程

3 方法原理

采用液液萃取或固相萃取法，萃取水样中百菌清及拟除虫菊酯类农药，萃取液经脱水、浓缩、净化、定容后，用气相色谱分离，质谱检测。根据保留时间、碎片离子质荷比及其丰度比定性，内标法定量。

中国水产科学研究院长江水产研究所　编制

4 干扰及消除

采用本方法处理的水体样品经本分析方法分析,杂质少且对目标物无干扰。

5 安全

5.1 安全要求

检测人员进入实验区要严格遵守实验室相关规定。实验操作时,要穿工作服、戴口罩和手套;提取和净化操作都应在通风橱内进行,避免溶剂气体吸入和与皮肤接触。旋转蒸发仪加热槽通电前必须加水,不允许无水干烧。使用氮吹仪对样品进行浓缩时,也应在通风橱内进行。马弗炉和控制器必须在相对湿度不超过 85%、没有导电尘埃、爆炸性气体或腐蚀性气体的场所工作,实验操作附近严禁明火。废弃的化学试剂收集至专用容器中集中处理。

5.2 急救措施

皮肤接触到有机溶剂或酸、碱溶液后立即用清水清洗,若不慎烫伤或烧伤,经大量清水冲洗后,可在伤处涂上玉树油或 75%酒精后涂蓝油烃。如果伤面较大,深度达真皮,应小心用 75%酒精处理,并涂上烫伤油膏后包扎,及时送往医院。有机溶剂或酸、碱溶液溅入眼中立即用清水灌洗,严重时立即送往医院。玻璃仪器割伤皮肤后,用消毒棉棍或纱布把伤口清理干净,小心取出伤口中的玻璃或固体物,然后将红药水涂在伤口的创面上。若伤口较脏,可用 3%双氧水擦洗或用碘酒涂在伤口的周围,再用消炎粉敷上,包扎上纱布或用创可贴直接敷贴。严重时,采取止血措施,立即送往医院。

6 试剂和材料

6.1 高纯氮气:纯度不低于 99.999%。

6.2 试验用水符合 GB/T 6682 一级水标准。

6.3 二氯甲烷:农残级。

6.4 正己烷:农残级或色谱纯。

6.5 正己烷丙酮溶液(19+1,体积比)。

6.6 丙酮:农残级或色谱纯。

6.7 甲醇:农残级或色谱纯。

6.8 硅酸镁柱:填料为硅酸镁,500 mg,柱体积为 6 mL。

6.9 固相萃取柱:填料为亲脂性二乙烯苯和亲水性 N-乙烯基吡咯烷酮两种单体按一定比例聚合成的大孔共聚物或等效类型填料,1 000 mg,柱体积为 6 mL。

6.10 硫酸钠:优级纯,650℃灼烧 4 h,冷却后置于干燥器中备用。

6.11 标准溶液

百菌清、甲氰菊酯、氯氰菊酯、氰戊菊酯和溴氰菊酯标准储备溶液(100.0 μg/mL):各化合物标准储备溶液可用农残级或色谱纯正己烷配制成浓度为 100.0 μg/mL 的标准储备溶液。也可购买有证标准溶液。标准储备溶液储存在带螺纹瓶盖的棕色储液瓶中,−18℃冰箱中保存。有效期 1 年。

混合标准储备溶液:百菌清浓度为 2.00 μg/mL,甲氰菊酯、氯氰菊酯、氰戊菊酯和溴氰菊酯浓度分别为 10.0 μg/mL。

内标储备液:包括氘代菲、氘代苊和氘代䓛,用正己烷配制成浓度为 100 mg/L 的内标储备液,4℃以下密封避光保存。

内标使用液:分别移取 1.0 mL 内标储备液至 10 mL 容量瓶中,用正己烷定容至标线,混匀,配制成 10 mg/L 的内标使用液。

7 仪器和设备

7.1 气相色谱质谱仪。

7.2 分析天平:感量 0.000 1 g。

7.3 天平:感量 0.01 g。

7.4 涡旋振荡器。

7.5 旋转蒸发仪。

7.6 氮吹仪。

7.7 具塞玻璃分液漏斗:2 L。

7.8 鸡心瓶:200 mL。

7.9 具塞玻璃三角瓶:150 mL。

7.10 A 级玻璃量器。

7.11 一般实验室常用仪器设备。

8 样品

8.1 样品的采集与保存

参照 SL 187—1996、HJ 494—2009 和《水和废水监测分析方法》(第四版)进行。将样品用玻璃棒搅拌混合均匀,如不能立即测定,应放置于—4℃低温冰箱中,7 d 内完成萃取。

8.2 样品的制备

8.2.1 样品提取(液液萃取法)

采集的水样静置 20 min(4℃保存的水样先放置至室温),准确量取 1 000 mL 水样于 2 L 分液漏斗中。加入 30 mL 二氯甲烷,摇动萃取 5 min(注意放气),静置 5 min,待两相分层,收集下层有机相。重复操作 2 次。合并萃取液,将萃取液通过无水硫酸钠脱水。萃取液浓缩过程中转换溶剂为正己烷,浓缩至约 1 mL 待净化。

8.2.2 样品净化

背景干扰低的地表水等样品的萃取可不经净化,直接分析。

硅酸镁柱对萃取液进行净化:依次用 10 mL 正己烷丙酮溶液和 10 mL 正己烷预淋洗收集瓶,洗涤液一并上柱;用 10 mL 正己烷丙酮溶液洗脱,收集洗脱液于浓缩瓶中,置 40℃氮吹仪上浓缩至 1 mL,加入 10.0 μL 内标使用液,转移至小瓶中,供 GC-MS 分析。

8.2.3 固相萃取法

固相萃取柱的活化:依次用 10 mL 二氯甲烷、10 mL 甲醇、10 mL 水预淋洗小柱,准确量取水样 500 mL,过固相萃取小柱进行富集,用泵抽干。用 12 mL 二氯甲烷冲洗上样瓶洗脱固相萃取柱,过无水硫酸钠干燥收集于接收管中。用氮吹仪浓缩后,转换溶剂为正己烷,继续浓缩至 1.0 mL,加入 10.0 μL 内标使用液,转移至进样小瓶中,供 GC-MS 分析。

8.3 空白试样的制备

以实验用水代替样品,按照8.2步骤制备空白试样。

9 分析步骤

9.1 气相色谱质谱条件

气相色谱柱:DB-5MS 30 m×0.25 mm×0.25 μm(5%苯基和95%聚二甲基硅氧烷)或性能相当者;进样方式:不分流进样;载气:氦气,纯度 99.999%;柱流速:1 mL/min;进样口温度:260℃;进样量:1 μL;柱温程序:初始柱温 70℃,维持 2 min,30℃/min,升至 220℃,维持 3 min,5℃/min,升至 280℃,维持 5 min,20℃/min,升至 300℃,维持 5 min。

质谱条件:四级杆温度:150℃;离子源温度:230℃;传输线温度:300℃;离子化能量:70 eV。数据采集方式:选择离子扫描。目标化合物的出峰顺序、保留时间及主要选择离子等质谱参考条件参见表2。

表2　质谱参考条件

序号	化合物名称	保留时间(min)	定量离子	辅助离子	定量内标
1	百菌清	8.57	266	264,268	氘代菲
2	甲氰菊酯	15.86	181	265,209	氘代䓛
3	氯氰菊酯 1	20.43	181	165,127	^{13}C-PCB209
	氯氰菊酯 2	20.62	181	165,127	^{13}C-PCB209
	氯氰菊酯 3	20.75	181	165,127	^{13}C-PCB209
	氯氰菊酯 4	20.82	181	165,127	^{13}C-PCB209
4	氰戊菊酯 1	22.15	167	225,419	^{13}C-PCB209
	氰戊菊酯 2	22.55	167	225,419	^{13}C-PCB209
5	溴氰菊酯 1	23.24	181	253,251	^{13}C-PCB209
	溴氰菊酯 2	23.70	181	253,251	^{13}C-PCB209

9.2 分析测定

9.2.1 校准曲线绘制

按照第 9 章的规定,由低浓度到高浓度依次进行 GC-MS 测定。以标准系列中目标物的质量浓度与内标质量浓度比值为横坐标、以对应的色谱峰峰面积与内标物峰面积的比值与内标物浓度的乘积为纵坐标,建立内标法校准曲线。

注:在确定了曲线的线性范围后,每天可使用溶剂正己烷做空白和 3 个浓度点建立校准曲线,曲线的浓度应涵盖样品测定范围。

9.2.2 测定

根据样品中百菌清、甲氰菊酯、氯氰菊酯、氰戊菊酯和溴氰菊酯残留量,选定标准使用溶液浓度范围。标准使用溶液和样品中百菌清、甲氰菊酯、氯氰菊酯、氰戊菊酯和溴氰菊酯响应值均应在仪器检测线性范围内。取 1.0 μL 样品溶液和混合标液使用液进样测定,内标法定量。

按照设定的分析程序,依次分析空白溶液、标准溶液和样品,绘制标准曲线、计算回归方程,由计算机打印分析结果。

9.3 空白实验

水样空白,以实验用水代替样品,按照8.3步骤制备空白试样,按照9步骤分析空白试样。

实验室试剂空白,必须与样品处理过程一样加入相同体积的所有试剂,用来评价样品制备过程中可能的污染和背景干扰。实验室试剂空白的制备过程必须与样品处理步骤和分析步骤完全相同。

10 结果判定、计算与表示

10.1 结果判定

在相同的实验条件下测定试样溶液和标准溶液,试样溶液中被测组分的保留时间应与标准溶液的保留时间相一致,否则认定出峰物质为非被测组分;试样中被测组分的含量低于方法定量限时,则判定为未检出。

10.2 结果计算

样品中百菌清、甲氰菊酯、氯氰菊酯、氰戊菊酯和溴氰菊酯含量(μg/L)按式(1)计算。

$$x = \frac{c \times v_1 \times 1000}{v_2 \times 1000} \quad\cdots\cdots\cdots\cdots\cdots\cdots\cdots\cdots\cdots (1)$$

式中:

x ——样品中百菌清、甲氰菊酯、氯氰菊酯、氰戊菊酯和溴氰菊酯的浓度,单位为微克每升(μg/L);

c ——从标准工作曲线得到的试样溶液中百菌清、甲氰菊酯、氯氰菊酯、氰戊菊酯和溴氰菊酯的浓度,单位为微克每升(μg/L);

v_1 ——定容体积,单位为毫升(mL);

v_2 ——量取水样的体积,单位为毫升(mL)。

10.3 结果表示

百菌清、甲氰菊酯、氯氰菊酯、氰戊菊酯和溴氰菊酯浓度值<10,保留2位有效数字;浓度值≥10,保留3位有效数字。

11 方法检出限、定量限、精密度和准确度

本方法液液萃取样量为1 L时,百菌清、甲氰菊酯、氯氰菊酯、氰戊菊酯和溴氰菊酯的检出限分别为0.005 μg/L、0.005 μg/L、0.04 μg/L、0.05 μg/L、0.04 μg/L,定量限分别为0.02 μg/L、0.02 μg/L、0.16 μg/L、0.20 μg/L、0.16 μg/L,加标回收率范围为79.5%~110%,标准偏差范围分别为2.6%~12%;固相萃取法取样量为500 mL时,百菌清、甲氰菊酯、氯氰菊酯、氰戊菊酯和溴氰菊酯的检出限分别为0.008 μg/L、0.007 μg/L、0.07 μg/L、0.07 μg/L、0.08 μg/L,定量限分别为0.032 μg/L、0.028 μg/L、0.28 μg/L、0.28 μg/L、0.32 μg/L,加标回收率范围为78.3%~94.5%,标准偏差范围为2.9%~11%。

12 质量保证和质量控制

12.1 标准曲线:每次分析均应绘制校准曲线。通常情况下,校准曲线的相关系数应达到0.995以上。

12.2　全程序空白:每批样品应至少做一个全程序空白,所测的百菌清、甲氰菊酯、氯氰菊酯、氰戊菊酯和溴氰菊酯空白值不得超过方法检出限。若超出则须查找原因,重新分析直至合格之后才能分析样品。

12.3　实验室控制样品:在处理的每批样品中,应在试剂空白中加入每种分析物质,其浓度应与校准曲线中间浓度相当,然后按照整个步骤进行预处理和测定,其加标回收率应为70%~120%。

12.4　基体加标:每批样品应至少测定10%的加标样品,样品数量少于10时,应至少测定一个加标样品,测定的加标回收率应为70%~120%。

12.5　连续校准:每分析10个样品,应分析一次校准曲线中间浓度点,其测定结果与实际浓度值相对偏差应≤10%,否则应查找原因或重新建立校准曲线。每批样品分析完毕后,应进行一次曲线最低点的分析,其测定结果与实际浓度值相对偏差应≤30%。

13　废弃物的处理

根据国家相应的固体废弃物和液体废弃物处理法,交由有资质的处置单位进行统一处理。

14　注意事项

14.1　样品前处理过程中使用的氯化钠和无水硫酸钠需经650℃灼烧4 h,冷却后置于干燥器中备用。

14.2　样品经正己烷提取后,提取液的浓缩过程应在温和的条件下进行,减少样品中氯氰菊酯、氰戊菊酯和溴氰菊酯在样品前处理过程中的损失。

14.3　用二氯甲烷萃取时注意放气;若萃取时出现乳化现象,可采用盐析、搅动、冷冻或用玻璃棉过滤等方法破乳。

14.4　百菌清易发生降解,标准溶液注意避光保存。

14.5　拟除虫菊酯类农药易吸附于玻璃器皿,实验操作中注意对玻璃器皿内壁的淋洗。

14.6　测定百菌清时,气相色谱气化室中应不放或放极少量的玻璃毛。

底泥中甲氰菊酯、氯氰菊酯、氰戊菊酯、溴氰菊酯测定　气相色谱法

1　适用范围

本规程规定了测定底泥中 4 种拟除虫菊酯农药(甲氰菊酯、氯氰菊酯、氰戊菊酯和溴氰菊酯)。适用于淡水水体底泥中 4 种拟除虫菊酯农药(见表 1)的测定。其他拟除虫菊酯类农药如果通过验证也可适用于本规程。

本规程的甲氰菊酯、氯氰菊酯、氰戊菊酯和溴氰菊酯的方法检出限为 1.0 μg/kg,定量限均为 2.0 μg/kg。

表 1　4 种拟除虫菊酯农药的中英文名称、分子式和 CAS 号

中文名称	英文名称	分子式	CAS 号
甲氰菊酯	Fenpropathrin	$C_{22}H_{23}NO_3$	64257-84-7
氯氰菊酯	Cypermethrin	$C_{22}H_{19}Cl_2NO_3$	52315-07-8
氰戊菊酯	Phenvalerate	$C_{25}H_{22}ClNO_3$	51630-58-1
溴氰菊酯	Deltamethrin	$C_{22}H_{19}Br_2NO_3$	52918-63-5

2　规范性引用文件

本规程内容引用了下列文件或其中的条款。凡是不注明日期的引用文件,其有效版本适用于本规程。

GB/T 6682　分析实验室用水规格和试验方法

GB 17378.3—2007　海洋监测规范　第 3 部分:样品采集、储存与运输

GB 17378.5—2007　海洋监测规范　第 5 部分:沉积物分析

3　方法原理

用石油醚和丙酮的混合溶剂提取底泥中甲氰菊酯、氯氰菊酯、氰戊菊酯和溴氰菊酯,提取液经浓缩、净化后,气相色谱-电子捕获检测器(GC-ECD)分析。

4　干扰及消除

经本方法处理和分析的底泥样品,杂质峰对目标物无干扰。

5　安全

5.1　安全要求

中国水产科学研究院长江水产研究所　编制

检测人员进入实验区要严格遵守实验室相关规定。实验操作时,要穿工作服、戴口罩和手套;提取和净化操作都应在通风橱内进行,避免溶剂气体吸入和与皮肤接触。旋转蒸发仪加热槽通电前必须加水,不允许无水干烧。使用氮吹仪对样品进行浓缩时,也应在通风橱内进行。马弗炉和控制器必须在相对湿度不超过 85% ,没有导电尘埃、爆炸性气体或腐蚀性气体的场所工作,实验操作附近严禁明火。废弃的化学试剂收集至专用容器中集中处理。

5.2 急救措施

皮肤接触到有机溶剂或酸、碱溶液后立即用清水清洗,若不慎烫伤或烧伤,经大量清水冲洗后,可在伤处涂上玉树油或 75% 酒精后涂蓝油烃。如果伤面较大,深度达真皮,应小心用 75% 酒精处理,并涂上烫伤油膏后包扎,及时送往医院。有机溶剂或酸、碱溶液溅入眼中立即用清水灌洗,严重时立即送往医院。玻璃仪器割伤皮肤后,用消毒棉棍或纱布把伤口清理干净,小心取出伤口中的玻璃或固体物,然后将红药水涂在伤口的创面上。若伤口较脏,可用 3% 双氧水擦洗或用碘酒涂在伤口的周围,再用消炎粉敷上,包扎上纱布或用创可贴直接敷贴。严重时,采取止血措施,立即送往医院。

6 试剂和材料

6.1 高纯氮气:纯度不低于 99.999% 。

6.2 试验用水符合 GB/T 6682 一级水标准。

6.3 正己烷:农残级或色谱纯。

6.4 石油醚(沸点 35℃~60℃):农残级或色谱纯。

6.5 浓盐酸:优级纯。

6.6 浓硫酸:优级纯。

6.7 铜粉:0.075 mm(200 目),纯度 99.6% ,用盐酸溶液(1+1,体积比)浸泡 0.5 min,将酸移除,用去离子水洗至中性,再用丙酮洗涤去除水,用氮气将残余在铜粉上的丙酮吹干,将处理好的铜粉充氮气保存在具塞玻璃瓶中。

6.8 石墨化炭黑填料:0.125 mm(120 目)~0.037 mm(400 目)。

6.9 氯化钠:优级纯,650℃灼烧 4 h,冷却后置于干燥器中备用。

6.10 硫酸钠:优级纯,650℃灼烧 4 h,冷却后置于干燥器中备用。

6.11 标准溶液

甲氰菊酯、氯氰菊酯、氰戊菊酯和溴氰菊酯标准储备溶液(100.0 μg/mL):各化合物标准储备溶液可用农残级或色谱纯正己烷配制成浓度为 100.0 μg/mL 的标准储备溶液。也可购买有证标准溶液。标准储备溶液储存在带螺纹瓶盖的棕色储液瓶中,-18℃冰箱中保存。有效期 1 年。

混合标准储备溶液:甲氰菊酯、氯氰菊酯、氰戊菊酯和溴氰菊酯浓度分别为 10.0 μg/mL。准确移取甲氰菊酯、氯氰菊酯、氰戊菊酯和溴氰菊酯标准储备液(100.0 μg/mL)各 5 mL,于 50 mL 容量瓶中,用正己烷稀释并定容至刻度,配制成甲氰菊酯、氯氰菊酯、氰戊菊酯和溴氰菊酯浓度分别为 10.0 μg/mL 的混合标准储备溶液。混合标准储备溶液储存在带螺纹瓶盖的棕色储液瓶中,4℃冰箱中保存。有效期 3 个月。

混合标准使用溶液:混合标准使用溶液用正己烷将混合标准储备溶液稀释至所需的使用

浓度(甲氰菊酯、氯氰菊酯、氰戊菊酯和溴氰菊酯浓度分别为 5 μg/L、5 μg/L、5 μg/L、5 μg/L、10 μg/L、10 μg/L、10 μg/L、10 μg/L，25 μg/L、25 μg/L、25 μg/L、25 μg/L，50 μg/L、50 μg/L、50 μg/L、50 μg/L，250 μg/L、250 μg/L、250 μg/L、250 μg/L，500 μg/L、500 μg/L、500 μg/L、500 μg/L)，现用现配。样品中甲氰菊酯、氯氰菊酯、氰戊菊酯和溴氰菊酯浓度出现饱和现象时,稀释后再分析。

7 仪器和设备

7.1 气相色谱仪:配 63Ni 电子捕获检测器。

7.2 分析天平:感量 0.000 1 g。

7.3 天平:感量 0.01 g。

7.4 涡旋振荡器。

7.5 超声波清洗器。

7.6 旋转蒸发仪。

7.7 离心机:转速 5 000 r/min。

7.8 氮吹仪。

7.9 具塞玻璃分液漏斗:500 mL。

7.10 砂芯玻璃层析柱:10 mm×200 mm。

7.11 鸡心瓶:200 mL。

7.12 具塞玻璃三角瓶:150 mL。

7.13 A 级玻璃量器。

7.14 一般实验室常用仪器设备。

8 样品

8.1 样品的采集与保存

参照 GB 17378.3—2007 的规定进行。将样品用玻璃棒搅拌混合均匀,12 h 内测定;如不能立即测定,应放置于 −18℃低温冰箱中,48 h 内测定。

8.2 样品中含水率的测定,按照 GB 17378.5—2007 的规定进行。

8.3 样品的制备
8.3.1 样品提取

待样品解冻混匀后,弃除石块、动植物残体等杂物,准确称取 5 g(精确至 0.1 g)于 50 mL 具塞离心管中,加入 5 mL 水,加入 2 g 氯化钠,涡旋振荡 30 s,再加入 30 mL 石油醚/丙酮(3+1,体积比)混合提取剂,涡旋振荡 30 s,超声提取 30 min,5 000 r/min 离心 5 min,将上层有机相转移到三角瓶中,再加入 20 mL 混合提取剂重复提取一次,合并有机相于同一三角瓶中。

8.3.2 样品净化

将上述提取液转移到填充无水硫酸钠的砂芯层析柱(无水硫酸柱为 8 cm,干法填充)中,使其缓慢通过无水硫酸柱,收集于 200 mL 鸡心瓶中,再用混合提取剂淋洗 2 次,每次 20 mL,

一并收集于 200 mL 鸡心瓶中,置 35℃水浴,真空度为 0.07 MPa 的旋转蒸发仪上浓缩至 2 mL~3 mL,转移至 15 mL 刻度玻璃试管中,用 8 mL 分 2 次每次 4 mL 混合提取剂洗鸡心瓶,合并于玻璃试管中,加入 1.5 g 经过预处理的铜粉,涡旋振荡 1 min,3 000 r/min 离心 5 min,将有机相转移到另一 15 mL 刻度玻璃试管中,再用 3 mL 混合提取剂洗铜粉,将混合提取剂取出合并于另一支 15 mL 刻度玻璃试管中,置 40℃氮吹仪上吹至近干,用正己烷定容至 1 mL,涡旋振荡 30 s,最后转移到 2 mL 进样瓶中,上气相色谱分析。按照试样的制备相同操作步骤,制备空白试样。

> 注:如果样品定容后含杂质和色素较多可以用硫酸溶液(1+10,体积比)磺化后取正己烷层上气相色谱分析。还可以用 20 mg 石墨化炭黑净化定容后的样品,取正己烷层上气相色谱分析。

8.4　空白试样的制备

以空白底泥代替样品,按照8.3步骤制备空白试样。

9　分析步骤

9.1　气相色谱条件

气相色谱柱:DB-5MS 30 m×0.25 mm×0.25 μm(5%苯基和95%聚二甲基硅氧烷)或性能相当者;进样方式:不分流进样;载气:氮气,纯度 99.999%;柱流速:1 mL/min;检测器(ECD)温度:300℃;进样口温度:260℃;进样量:1 μL;柱温程序:初始柱温80℃,维持 0.5 min,15℃/min,升至170℃,维持 1 min,10℃/min,升至 250℃,维持 4 min,5℃/min,升至280℃,维持 11.5 min。

9.2　分析测定

9.2.1　校准曲线绘制

按照6.11配制的混合标准使用溶液的浓度进 GC-ECD 分析,以各化合物的浓度为横坐标、峰面积为纵坐标(其中氯氰菊酯峰面积为氯氰菊酯在 DB-5MS 气相色谱柱上的 4 个峰面积的和,氰戊菊酯峰面积为氰戊菊酯在 DB-5MS 气相色谱柱上的 2 个峰面积的和)绘制标准曲线,外标法定量。标准曲线的浓度范围可根据测量需要进行调整。

> 注:在确定了曲线的线性范围后,每天可使用溶剂正己烷做空白和 3 个浓度点建立校准曲线,曲线的浓度应涵盖样品测定范围。

9.2.2　测定

根据样品中甲氰菊酯、氯氰菊酯、氰戊菊酯和溴氰菊酯残留量,选定标准使用溶液浓度范围。标准使用溶液和样品中甲氰菊酯、氯氰菊酯、氰戊菊酯和溴氰菊酯响应值均应在仪器检测线性范围内。取 1.0 μL 样品溶液和混合标液使用液进样测定,外标法定量。

按照设定的分析程序,依次分析空白溶液、标准溶液和样品,绘制标准曲线、计算回归方程,由计算机打印分析结果。

9.3　空白实验

底泥空白,以空白底泥代替样品,按照8.3步骤制备空白试样,按照9步骤分析空白试样。

实验室试剂空白,必须与样品处理过程一样加入相同体积的所有试剂,用来评价样品制备过程中可能的污染和背景干扰。实验室试剂空白的制备过程必须与样品处理步骤和分析步骤完全相同。

10 结果判定、计算与表示

10.1 结果判定

在相同的实验条件下测定试样溶液和标准溶液,试样溶液中被测组分的保留时间应与标准溶液的保留时间相一致,否则认定出峰物质为非被测组分;试样中被测组分的含量低于方法定量限时,则判定为未检出。

10.2 结果计算

样品中甲氰菊酯、氯氰菊酯、氰戊菊酯和溴氰菊酯含量(μg/kg)按式(1)计算。

$$x = \frac{c \times v \times 100 \times 1000}{m \times (100 - W) \times 1000} \quad\cdots\cdots\cdots\cdots\cdots\cdots\cdots\cdots\cdots\cdots\cdots (1)$$

式中:

x ——样品中甲氰菊酯、氯氰菊酯、氰戊菊酯和溴氰菊酯的浓度,单位为微克每千克(μg/kg);

c ——从标准工作曲线得到的试样溶液中甲氰菊酯、氯氰菊酯、氰戊菊酯和溴氰菊酯的浓度,单位为微克每升(μg/L);

v ——定容体积,单位为毫升(mL);

m ——样品质量,单位为克(g);

W——含水率,单位为百分号(%)。

10.3 结果表示

甲氰菊酯、氯氰菊酯、氰戊菊酯和溴氰菊酯浓度值<10,保留 2 位有效数字;浓度值≥10,保留 3 位有效数字。

11 方法检出限、定量限、精密度和准确度

本方法甲氰菊酯、氯氰菊酯、氰戊菊酯和溴氰菊酯的检出限均为 1.0 μg/kg,定量限均为 2.0 μg/kg,高于定量限的样品,必要时应进行复检或质谱确证,以复检或确证结果为准。本方法精密度的批内变异系数≤15%,批间变异系数≤20%。本方法准确度为 70%~120%。

12 质量保证和质量控制

12.1 标准曲线:每次分析均应绘制校准曲线。通常情况下,校准曲线的相关系数应达到 0.995 以上。

12.2 全程序空白:每批样品应至少做一个全程序空白,所测的甲氰菊酯、氯氰菊酯、氰戊菊酯和溴氰菊酯空白值不得超过方法检出限。若超出则须查找原因,重新分析直至合格之后才能分析样品。

12.3 实验室控制样品:在处理的每批样品中,应在试剂空白中加入每种分析物质,其浓度应与校准曲线中间浓度相当,然后按照整个步骤进行预处理和测定,其加标回收率应为 70%~120%。

12.4 基体加标:每批样品应至少测定 10%的加标样品,样品数量少于 10 时,应至少测定一个加标样品,测定的加标回收率应为 70%~120%。

12.5　连续校准:每分析 10 个样品,应分析一次校准曲线中间浓度点,其测定结果与实际浓度值相对偏差应≤10％,否则应查找原因或重新建立校准曲线。每批样品分析完毕后,应进行一次曲线最低点的分析,其测定结果与实际浓度值相对偏差应≤30％。

13　废弃物的处理

根据国家相应的固体废弃物和液体废弃物处理法,交由有资质的处置单位进行统一处理。

14　注意事项

14.1　样品前处理过程中使用的氯化钠和无水硫酸钠需经 650℃灼烧 4 h,冷却后置于干燥器中备用。

14.2　样品经正己烷提取后,提取液的浓缩过程应在温和的条件下进行,减少样品中甲氰菊酯、氯氰菊酯、氰戊菊酯和溴氰菊酯在样品前处理过程中的损失。

14.3　铜粉需要进行处理后才能使用,保存在充氮气的瓶子里。

14.4　浓缩样品时,不宜将提取剂浓缩干,以免造成较多的待测物损失。

水生植物中百菌清、甲氰菊酯、氯氰菊酯、氰戊菊酯、溴氰菊酯测定 气相色谱法

1 适用范围

本规程适用于淡水水生植物中百菌清和 4 种拟除虫菊酯农药(见表 1)的测定。其他拟除虫菊酯类农药如果通过验证也可适用于本规程。

本规程百菌清检出限均为 0.2 μg/kg,定量限为 1 μg/kg,甲氰菊酯、氯氰菊酯、氰戊菊酯和溴氰菊酯的检出限均为 1.0 μg/kg,定量限均为 2.0 μg/kg。

表 1 百菌清和 4 种拟除虫菊酯农药的中英文名称、分子式和 CAS 号

中文名称	英文名称	分子式	CAS 号
百菌清	Chlorothalonil	$C_8 Cl_4 N_2$	1897-45-6
甲氰菊酯	Fenpropathrin	$C_{22} H_{23} NO_3$	64257-84-7
氯氰菊酯	Cypermethrin	$C_{22} H_{19} Cl_2 NO_3$	52315-07-8
氰戊菊酯	Phenvalerate	$C_{25} H_{22} ClNO_3$	51630-58-1
溴氰菊酯	Deltamethrin	$C_{22} H_{19} Br_2 NO_3$	52918-63-5

2 规范性引用文件

本规程内容引用了下列文件或其中的条款。凡是不注明日期的引用文件,其有效版本适用于本规程。

GB/T 6682 分析实验室用水规格和试验方法

GB/T 8855 新鲜水果和蔬菜的取样方法

NY/T 761—2008 蔬菜和水果中有机磷、有机氯、拟除虫菊酯和氨基甲酸酯类农药多残留的测定

3 方法原理

试样中百菌清、甲氰菊酯、氯氰菊酯、氰戊菊酯和溴氰菊酯用乙腈提取,提取液经过滤、浓缩后,采用固相萃取柱分离、净化,淋洗液经浓缩后,用气相色谱-电子捕获检测器(GC-ECD)分析。

4 干扰及消除

经本方法处理和分析的水生植物样品,杂质峰对目标物无干扰。

中国水产科学研究院长江水产研究所 编制

5　安全

5.1　安全要求

检测人员进入实验区要严格遵守实验室相关规定。实验操作时,要穿工作服、戴口罩和手套;提取和净化操作都应在通风橱内进行,避免溶剂气体吸入和与皮肤接触。旋转蒸发仪加热槽通电前必须加水,不允许无水干烧。使用氮吹仪对样品进行浓缩时,也应在通风橱内进行。马弗炉和控制器必须在相对湿度不超过85%、没有导电尘埃、爆炸性气体或腐蚀性气体的场所工作,实验操作附近严禁明火。废弃的化学试剂收集至专用容器中集中处理。

5.2　急救措施

皮肤接触到有机溶剂或酸、碱溶液后立即用清水清洗,若不慎烫伤或烧伤,经大量清水冲洗后,可在伤处涂上玉树油或75%酒精后涂蓝油烃。如果伤面较大,深度达真皮,应小心用75%酒精处理,并涂上烫伤油膏后包扎,及时送往医院。有机溶剂或酸、碱溶液溅入眼中立即用清水灌洗,严重时立即送往医院。玻璃仪器割伤皮肤后,用消毒棉棍或纱布把伤口清理干净,小心取出伤口中的玻璃或固体物,然后将红药水涂在伤口的创面上。若伤口较脏,可用3%双氧水擦洗或用碘酒涂在伤口的周围,再用消炎粉敷上,包扎上纱布或用创可贴直接敷贴。严重时,采取止血措施,立即送往医院。

6　试剂和材料

6.1　高纯氮气:纯度不低于99.999%。

6.2　试验用水符合GB/T 6682一级水标准。

6.3　正己烷:农残级或色谱纯。

6.4　乙腈:农残级或色谱纯。

6.5　丙酮:农残级或色谱纯。

6.6　氯化钠:优级纯,650℃灼烧4 h,冷却后置于干燥器中备用。

6.7　固相萃取柱:弗罗里硅土柱(3 mL/500 mg)。

6.8　标准溶液

百菌清、甲氰菊酯、氯氰菊酯、氰戊菊酯和溴氰菊酯标准储备溶液(100.0 μg/mL):各化合物标准储备溶液可用农残级或色谱纯正己烷配制成浓度为100.0 μg/mL的标准储备溶液。也可购买有证标准溶液。标准储备溶液储存在带螺纹瓶盖的棕色储液瓶中,-18℃冰箱中保存。有效期1年。

混合标准储备溶液:百菌清浓度为2.00 μg/mL,甲氰菊酯、氯氰菊酯、氰戊菊酯和溴氰菊酯浓度分别为10.0 μg/mL。准确移取百菌清标准储备溶液(100.0 μg/mL)1 mL、甲氰菊酯、氯氰菊酯、氰戊菊酯和溴氰菊酯标准储备溶液(100.0 μg/mL)各5 mL,于50 mL容量瓶中,用正己烷稀释并定容至刻度,配制成百菌清浓度为2.00 μg/mL,甲氰菊酯、氯氰菊酯、氰戊菊酯和溴氰菊酯浓度分别为10.0 μg/mL的混合标准储备溶液。混合标准储备溶液储存在带螺纹瓶盖的棕色储液瓶中,4℃冰箱中保存。有效期3个月。

混合标准使用溶液:混合标准使用溶液用正己烷将混合标准储备溶液稀释至所需的使用

浓度(如百菌清、甲氰菊酯、氯氰菊酯、氰戊菊酯和溴氰菊酯浓度分别为 1 μg/L、5 μg/L、5 μg/L、5 μg/L、5 μg/L、2 μg/L、10 μg/L、10 μg/L、10 μg/L、10 μg/L、5 μg/L、25 μg/L、25 μg/L、25 μg/L、25 μg/L、10 μg/L、50 μg/L、50 μg/L、50 μg/L、50 μg/L、50 μg/L、250 μg/L、250 μg/L、250 μg/L、250 μg/L),现用现配。百菌清、甲氰菊酯、氯氰菊酯、氰戊菊酯和溴氰菊酯浓度分别为 100 μg/L、500 μg/L、500 μg/L、500 μg/L、500 μg/L 时在 ECD 检测器上的信号已饱和(信号满度为 1 V),样品中百菌清、甲氰菊酯、氯氰菊酯、氰戊菊酯和溴氰菊酯浓度出现饱和现象时,稀释后再分析。

7 仪器和设备

7.1 气相色谱仪:配 63Ni 电子捕获检测器。

7.2 分析天平:感量 0.000 1 g。

7.3 天平:感量 0.01 g。

7.4 涡旋振荡器。

7.5 超声波清洗器。

7.6 旋转蒸发仪。

7.7 离心机:转速 5 000 r/min。

7.8 氮吹仪。

7.9 鸡心瓶:150 mL。

7.10 A 级玻璃量器。

7.11 一般实验室常用仪器设备。

8 样品

8.1 样品的采集与保存

参照 GB/T 8855 的规定进行。将样品缩分后,将其切碎,充分混匀放入粉碎机中粉碎,制成待测样。放入分装容器中,于−20℃～−16℃条件下保存,备用。

8.2 样品的制备

8.2.1 样品提取

准确称取 15.0 g 试样于 50 mL 离心管中,加入 30 mL 乙腈,涡旋振荡 1 min,用滤纸过滤,滤液收集到装有 5 g 氯化钠的 50 mL 具塞离心管中,剧烈震荡 1 min,在室温下静置 30 min,使乙腈和水相分层。

8.2.2 样品净化

将乙腈提取液转移到 150 mL 鸡心瓶中,置 45℃旋转蒸发仪上蒸发至近干,加入 2.0 mL 正己烷,将弗罗里硅土柱用 5.0 mL 丙酮＋正己烷(1＋9,体积比)、5.0 mL 正己烷预淋洗。当溶剂液面到达柱吸附层表面时,立即倒入上述净化溶液,用 15 mL 刻度离心管接收洗脱液,用 5 mL 丙酮＋正己烷(1＋9,体积比)将其转移到 15 mL 离心管中。再用约 3 mL 丙酮分 3 次洗鸡心瓶,合并于 15 mL 离心管中,置 50℃氮吹仪上,氮吹至 2.5 mL。用正己烷定容至 3 mL,涡旋振荡 30 s,取适量转入 2 mL 进样瓶中,GC-ECD 分析。

8.3 空白试样的制备

以空白水生植物代替样品,按照8.2步骤制备空白试样。

9 分析步骤

9.1 气相色谱条件

气相色谱柱:DB-5MS 30 m×0.25 mm×0.25 μm(5%苯基和95%聚二甲基硅氧烷)或性能相当者;进样方式:不分流进样;载气:氮气,纯度99.999%;柱流速:1 mL/min;检测器(ECD)温度:300℃;进样口温度:260℃;进样量:1 μL;柱温程序:初始柱温80℃,维持0.5 min,15℃/min,升至170℃,维持1 min,10℃/min,升至250℃,维持4 min,5℃/min,升至280℃,维持11.5 min。

9.2 分析测定

9.2.1 校准曲线绘制

按照6.8配制的混合标准使用溶液的浓度进GC-ECD分析,以各化合物的浓度为横坐标、峰面积为纵坐标(其中氯氰菊酯峰面积为氯氰菊酯在DB-5MS气相色谱柱上的4个峰面积的和,氰戊菊酯峰面积为氰戊菊酯在DB-5MS气相色谱柱上的2个峰面积的和)绘制标准曲线,外标法定量。标准曲线的浓度范围可根据测量需要进行调整。

注:在确定了曲线的线性范围后,每天可使用溶剂正己烷做空白和3个浓度点建立校准曲线,曲线的浓度应涵盖样品测定范围。

9.2.2 测定

根据样品中百菌清、甲氰菊酯、氯氰菊酯、氰戊菊酯和溴氰菊酯残留量,选定标准使用溶液浓度范围。标准使用溶液和样品中百菌清、甲氰菊酯、氯氰菊酯、氰戊菊酯和溴氰菊酯响应值均应在仪器检测线性范围内。取1.0 μL样品溶液和混合标液使用液进样测定,外标法定量。

按照设定的分析程序,依次分析空白溶液、标准溶液和样品,绘制标准曲线、计算回归方程,由计算机打印分析结果。

9.3 空白实验

水生植物空白:以空白水生植物代替样品,按照8.3步骤制备空白试样,按照9步骤分析空白试样。

实验室试剂空白:必须与样品处理过程一样加入相同体积的所有试剂,用来评价样品制备过程中可能的污染和背景干扰。实验室试剂空白的制备过程必须与样品处理步骤和分析步骤完全相同。

10 结果判定、计算与表示

10.1 结果判定

在相同的实验条件下测定试样溶液和标准溶液,试样溶液中被测组分的保留时间应与标准溶液的保留时间相一致,否则认定出峰物质为非被测组分;试样中被测组分的含量低于方法定量限时,则判定为未检出。

10.2 结果计算

样品中百菌清、甲氰菊酯、氯氰菊酯、氰戊菊酯和溴氰菊酯含量(μg/kg)按式(1)计算。

$$x = \frac{c \times v \times 1000}{m \times 1000} \quad \cdots\cdots\cdots\cdots\cdots\cdots\cdots\cdots\cdots\cdots\cdots\cdots \quad (1)$$

式中：

x——样品中百菌清、氯氰菊酯、氰戊菊酯和溴氰菊酯的残留量,单位为微克每千克(μg/kg)；

c——从标准工作曲线得到的试样溶液中氯氰菊酯、氰戊菊酯和溴氰菊酯的浓度,单位为微克每升(μg/L)；

v——定容体积,单位为毫升(mL)；

m——试样质量,单位为克(g)。

10.3 结果表示

百菌清、甲氰菊酯、氯氰菊酯、氰戊菊酯和溴氰菊酯浓度值＜10,保留 2 位有效数字；浓度值≥10,保留 3 位有效数字。

11 方法检出限、定量限、精密度和准确度

本方法百菌清检出限均为 0.2 μg/kg,定量限为 1 μg/kg,甲氰菊酯、氯氰菊酯、氰戊菊酯和溴氰菊酯的检出限均为 1.0 μg/kg,定量限均为 2.0 μg/kg,高于定量限的样品,必要时应进行复检或质谱确证,以复检或确证结果为准。本方法精密度的批内变异系数≤15％,批间变异系数≤20％。本方法准确度为 70％～120％。

12 质量保证和质量控制

12.1 标准曲线:每次分析均应绘制校准曲线。通常情况下,校准曲线的相关系数应达到 0.995 以上。

12.2 全程序空白:每批样品应至少做一个全程序空白,所测的百菌清、甲氰菊酯、氯氰菊酯、氰戊菊酯和溴氰菊酯空白值不得超过方法检出限。若超出则须查找原因,重新分析直至合格之后才能分析样品。

12.3 实验室控制样品:在处理的每批样品中,应在试剂空白中加入每种分析物质,其浓度应与校准曲线中间浓度相当,然后按照整个步骤进行预处理和测定,其加标回收率应为 70％～120％。

12.4 基体加标:每批样品应至少测定 10％的加标样品,样品数量少于 10 时,应至少测定一个加标样品,测定的加标回收率应为 70％～120％。

12.5 连续校准:每分析 10 个样品,应分析一次校准曲线中间浓度点,其测定结果与实际浓度值相对偏差应≤10％,否则应查找原因或重新建立校准曲线。每批样品分析完毕后,应进行一次曲线最低点的分析,其测定结果与实际浓度值相对偏差应≤30％。

13 废弃物的处理

根据国家相应的固体废弃物和液体废弃物处理法,交由有资质的处置单位进行统一处理。

14　注意事项

14.1　样品前处理过程中使用的氯化钠需经 650℃灼烧 4 h,冷却后置于干燥器中备用。

14.2　样品经正己烷提取后,提取液的浓缩过程应在温和的条件下进行,减少样品中百菌清、甲氰菊酯、氯氰菊酯、氰戊菊酯和溴氰菊酯在样品前处理过程中的损失。

14.3　浓缩样品时,不宜将提取剂浓缩干,以免造成较多的待测物损失。

水产品中氯氰菊酯、氰戊菊酯、溴氰菊酯残留量测定　气相色谱法

1　适用范围

本规程适用于鱼虾可食部分中氯氰菊酯、氰戊菊酯、溴氰菊酯（见表1）残留量的测定。其他拟除虫菊酯类农药如果通过验证也可适用于本规程。

本规程氯氰菊酯、氰戊菊酯和溴氰菊酯的方法检出限均为 1.0 μg/kg，定量限均为 2.0 μg/kg。

表 1　3 种拟除虫菊酯农药的中英文名称、分子式及 CAS 号

中文名称	英文名称	分子式	CAS 号
氯氰菊酯	Cypermethrin	$C_{22}H_{19}Cl_2NO_3$	52315-07-8
氰戊菊酯	Phenvalerate	$C_{25}H_{22}ClNO_3$	51630-58-1
溴氰菊酯	Deltamethrin	$C_{22}H_{19}Br_2NO_3$	52918-63-5

2　规范性引用文件

本规程内容引用了下列文件或其中的条款。凡是不注明日期的引用文件，其有效版本适用于本规程。

GB/T 6682　分析实验室用水规格和试验方法

GB 29705—2013　食品安全国家标准　水产品中氯氰菊酯、氰戊菊酯和溴氰菊酯多残留的测定　气相色谱法

SC/T 3016—2004　水产品抽样方法

3　方法原理

样品经氯化钠脱水，乙腈提取后，用正己烷脱脂，浓缩，经固相萃取柱净化后，用配有电子捕获检测器的气相色谱仪测定，外标法定量。

4　干扰及消除

采用本方法处理的水产品经本方法分析，杂质少且对目标物无干扰。

5　安全

5.1　安全要求

检测人员进入实验区要严格遵守实验室相关规定。实验操作时要穿工作服、戴口罩和

中国水产科学研究院长江水产研究所　编制

手套;提取和净化操作都应在通风橱内进行,避免溶剂气体吸入以及与皮肤接触。旋转蒸发仪加热槽通电前必须加水,不允许无水干烧。使用氮吹仪对样品进行浓缩时也应在通风橱内进行。马弗炉和控制器必须在相对湿度不超过85%,没有导电尘埃、爆炸性气体或腐蚀性气体的场所工作,实验操作附近严禁明火。废弃的化学试剂收集到专用容器中集中处理。

5.2 急救措施

皮肤接触到有机溶剂或酸、碱溶液后立即用清水清洗,若不慎烫伤或烧伤,经大量清水冲洗后,可在伤处涂上玉树油或75%酒精后涂蓝油烃。如果伤面较大,深度达真皮,应小心用75%酒精处理,并涂上烫伤油膏后包扎,及时送往医院。有机溶剂或酸、碱溶液溅入眼中立即用清水灌洗,严重时立即送往医院。玻璃仪器割伤皮肤后,用消毒棉棍或纱布把伤口清理干净,小心取出伤口中的玻璃或固体物,然后将红药水涂在伤口的创面上。若伤口较脏,可用3%双氧水擦洗或用碘酒涂在伤口的周围,再用消炎粉敷上,包扎上纱布或用创可贴直接敷贴,严重时采取止血措施,立即送往医院。

6 试剂和材料

6.1 高纯氮气:纯度不低于99.999%。

6.2 试验用水符合GB/T 6682一级水标准。

6.3 正己烷:农残级或色谱纯。

6.4 乙腈:色谱纯。

6.5 甲醇:色谱纯。

6.6 氯化钠:优级纯,65℃灼烧4 h,冷却后置于干燥器中备用。

6.7 氯仿:农残级或色谱纯。

6.8 甲醇水溶液:取甲醇100 mL,用水溶解并稀释至300 mL。

6.9 乙腈正己烷溶液:取乙腈10 mL,用正己烷溶解并稀释至110 mL。

6.10 C_{18}固相萃取柱:200 mg/3 mL,或相当者。

6.11 中性氧化铝固相萃取柱:200 mg/3 mL,或相当者。

6.12 标准溶液

氯氰菊酯、氰戊菊酯和溴氰菊酯标准储备溶液(100.0 μg/mL):各化合物标准储备溶液可用农残级或色谱纯苯配制成浓度为100.0 μg/mL的标准储备溶液。也可购买有证标准溶液。标准储备液装在带螺纹瓶盖的棕色储液瓶中,-18℃冰箱中保存。有效期1年。

混合标准储备溶液:氯氰菊酯、氰戊菊酯和溴氰菊酯浓度分别为10.0 μg/mL:准确移取氯氰菊酯、氰戊菊酯和溴氰菊酯标准储备液(100.0 μg/mL)各5 mL,于50 mL容量瓶中,用苯稀释并定容至刻度,配制成氯氰菊酯、氰戊菊酯和溴氰菊酯浓度分别为10.0 μg/mL的混合标准储备溶液。混合标准储备液装在带螺纹瓶盖的棕色储液瓶中,4℃冰箱中保存。有效期3个月。

混合标准使用溶液:将混合标准储备液稀释至所需的使用浓度(如氯氰菊酯、氰戊菊酯和溴氰菊酯浓度均为5 μg/L、5 μg/L、5 μg/L、10 μg/L、10 μg/L、10 μg/L、25 μg/L、25 μg/L、25 μg/L、50 μg/L、50 μg/L、50 μg/L、250 μg/L、250 μg/L、250 μg/L、500 μg/L、500 μg/L、500 μg/L),现用现配。样品中氯氰菊酯、氰戊菊酯和溴氰菊酯浓度出现饱和现象时,稀释后再分析。

7 仪器和设备

7.1 气相色谱仪:配 63Ni 电子捕获检测器。

7.2 分析天平:感量 0.000 1 g。

7.3 天平:感量 0.01 g。

7.4 涡旋振荡器。

7.5 固相萃取装置。

7.6 离心机:转速 5 000 r/min。

7.7 旋转蒸发仪。

7.8 高速匀浆机。

7.9 氮吹仪。

7.10 鸡心瓶:125 mL。

7.11 具塞离心管:10 mL、50 mL。

7.12 A 级玻璃量器。

7.13 一般实验室常用仪器设备。

8 样品

8.1 样品的采集与保存

参照 SC/T 3016—2004 进行。

8.2 样品的制备

鱼,去鳞,沿脊背取肌肉和皮;虾,去头、去壳、去附肢,取可食部分;蟹、甲鱼等,取可食肌肉部分。样品切为不大于 0.5 cm×0.5 cm×0.5 cm 的小块后混匀,高速匀浆机充分匀浆,密封并标记,−18℃以下冷冻保存备用。

8.3 样品提取

准确称取 5 g 试样置于 50 mL 具塞玻璃离心管中。加入 15 mL 乙腈,振荡 5 min 后,加 1.5 g NaCl 再振荡 2 min。4 000 r/min 离心 5 min,将乙腈转移至 50 mL 具塞玻璃离心管中。再向试样中加入 15 mL 乙腈,重复上述提取步骤。合并乙腈提取液,加入 10 mL 正己烷-乙腈溶液(10+1,体积比),盖塞振荡混合 2 min,充分混合,5 000 r/min 离心 5 min,除去上层正己烷。再向乙腈相中加 10 mL 正己烷-乙腈溶液(10+1,体积比),重复提取 1 次,弃去上层正己烷。将乙腈相转移至 125 mL 梨形瓶中,于 4℃水浴旋转蒸发至干。

8.4 样品净化

C$_{18}$柱使用前依次用 5 mL 甲醇、5 mL 氯仿、5 mL 甲醇和 5 mL 甲醇/水(1+2,体积比)淋洗,弃掉洗涤液。用 2 mL 甲醇溶解蒸干的提取物,再加入 4 mL 蒸馏水混匀,过柱,弃掉流出液。保持每秒一滴的洗脱速度。用 5 mL 甲醇/水(1∶2)淋洗 C$_{18}$柱,让洗涤液完全流出 C$_{18}$柱。然后用 4 mL 苯洗脱 C$_{18}$柱中的氯氰菊酯、氰戊菊酯、溴氰菊酯。

118

用 5 mL 乙腈预洗中性氧化铝柱,弃掉洗涤液。吸取苯洗脱液装入中性氧化铝柱,让其自然滴下。用 1 mL 苯淋洗中性氧化铝柱,共洗 3 次。合并淋洗液于 5 mL 具塞离心管中,定容至 5 mL,供气相色谱分析用。按照试样的制备相同操作步骤,制备空白试样。

8.5　空白试样的制备

取匀浆后的空白水产品肌肉样,作为空白试料。

8.6　质控试样的制备

准确称取匀浆后的空白水产品肌肉样 5 g,添加适宜浓度的氯氰菊酯、氰戊菊酯和溴氰菊酯,作为加标质控样。

9　分析步骤

9.1　气相色谱条件

气相色谱柱:DB-5MS 30 m × 0.25 mm × 0.25 μm(5％苯基和95％聚二甲基硅氧烷)或性能相当者;进样方式:不分流进样;载气:氮气,纯度 99.999％;柱流速:2.5 mL/min;检测器(ECD)温度:300℃;进样口温度:260℃;进样量:1 μL;柱温程序:初始柱温160℃,维持 1 min,30℃/min升至250℃,维持 2 min,5℃/min升至280℃,维持 10 min。

9.2　分析测定

9.2.1　校准曲线绘制

按照 6.12 配制的混合标准使用溶液的浓度进 GC-ECD 分析,以各化合物的浓度为横坐标、以峰面积为纵坐标(其中氯氰菊酯峰面积为氯氰菊酯在 DB-5MS 气相色谱柱上的 4 个峰面积的和,氰戊菊酯峰面积为氰戊菊酯在 DB-5MS 气相色谱柱上的 2 个峰面积的和)绘制标准曲线,外标法定量。标准曲线的浓度范围可根据测量需要进行调整。

注:在确定了曲线的线性范围后,每天可使用溶剂苯做空白和 3 个浓度点建立校准曲线,曲线的浓度应涵盖样品测定范围。

9.2.2　测定

根据样品中氯氰菊酯、氰戊菊酯和溴氰菊酯残留量,选定标准使用溶液浓度范围。标准使用溶液和样品中氯氰菊酯、氰戊菊酯和溴氰菊酯响应值均应在仪器检测线性范围内。取 1.0 μL 样品溶液和混合标液使用液进样测定,外标法定量。

按照设定的分析程序,依次分析空白样品、标准溶液和样品,绘制标准曲线、计算回归方程,由计算机打印分析结果。

9.3　空白实验

9.3.1　水产品空白样品,按照8.5制备空白试样,按照第9章分析空白试样。

9.3.2　实验室试剂空白,必须与样品处理过程一样加入相同体积的所有试剂,用来评价样品制备过程中可能的污染和背景干扰。实验室试剂空白的制备过程必须与样品处理步骤和分析步骤完全相同。

10　结果判定、计算与表示

10.1　结果判定

在相同的实验条件下测定试样溶液和标准溶液,试样溶液中被测组分的保留时间应与标准溶液的保留时间相一致,否则认定出峰物质为非被测组分;试样中被测组分的含量低于方法定量限时,则判定为未检出。

10.2 结果计算

样品中氯氰菊酯、氰戊菊酯和溴氰菊酯含量(μg/kg)按照式(1)计算。

$$x = \frac{c \times v \times 1000}{m \times 1000} \quad \cdots\cdots\cdots\cdots\cdots\cdots\cdots\cdots\cdots\cdots\cdots\cdots\cdots\cdots \quad (1)$$

式中:

x——样品中氯氰菊酯、氰戊菊酯和溴氰菊酯的残留量,单位为微克每千克(μg/kg);

c——从标准工作曲线得到的试样溶液中氯氰菊酯、氰戊菊酯和溴氰菊酯的浓度,单位为微克每升(μg/L);

v——定容体积,单位为毫升(mL);

m——试样质量,单位为克(g)。

10.3 结果表示

氯氰菊酯、氰戊菊酯和溴氰菊酯浓度值<10,保留2位有效数字;浓度值≥10,保留3位有效数字。

11 方法检出限、定量限、精密度和准确度

本方法氯氰菊酯、氰戊菊酯和溴氰菊酯的检出限分别为均为1.0 μg/kg,定量限均为2 μg/kg。高于定量限的样品,必要时应进行复检或质谱验证,以复检或确证结果为准。本方法精密度的批内变异系数≤15%,批间变异系数≤20%。本方法准确度为70%~120%。

12 质量保证和质量控制

12.1 标准曲线:每次分析均应绘制校准曲线。通常情况下,校准曲线的相关系数应达到0.995以上。

12.2 全程序空白:每批样品应至少做一个全程序空白,所测的氯氰菊酯、氰戊菊酯和溴氰菊酯空白值不得超过方法检出限。若超出则须查找原因,重新分析直至合格之后才能分析样品。

12.3 实验室控制样品:在处理的每批样品中,应在试剂空白中加入每种分析物质,其浓度应与校准曲线中间浓度相当,然后按照整个步骤进行预处理和测定,其加标回收率应为70%~120%。

12.4 基体加标:每批样品应至少测定10%的加标样品,样品数量少于10时,应至少测定一个加标样品,测定的加标回收率应为70%~120%。

12.5 连续校准:每分析10个样品,应分析一次校准曲线中间浓度点,其测定结果与实际浓度值相对偏差应≤10%,否则应查找原因或重新建立校准曲线。每批样品分析完毕后,应进行一次曲线最低点的分析,其测定结果与实际浓度值相对偏差应≤30%。

13 废弃物的处理

根据国家相应的固体和液体废物处理法,交由有资质的处置单位进行统一处理。

14　注意事项

14.1　样品净化过程中采用两种固相萃取小柱 C_{18} 小柱和中性氧化铝柱,且样品溶液过柱净化的顺序不能颠倒。

14.2　样品提取液过固相萃取柱净化时的流速保持约每秒一滴。

14.3　在用甲醇水溶液淋洗 C_{18} 固相萃取小柱后,要将 C_{18} 小柱抽干,再用苯洗脱待测物。

第七部分

除草剂的检测方法

水、鱼肉、水生植物和底泥中莠去津、乙草胺和除草醚3种除草剂残留量的测定 气相色谱-质谱联用法

1 适用范围

本规程规定了测定水、鱼肉、水生植物和底泥中3种除草剂的气相色谱-质谱联用测定方法。

本规程适用于水、鱼肉、水生植物和底泥中莠去津、乙草胺和除草醚单个或多个混合物残留量的气相色谱-质谱联用法。

2 规范性引用文件

本规程内容引用了下列文件或其中的条款。凡是不注明日期的引用文件，其有效版本适用于本规程。

GB/T 5009.218—2008 水果和蔬菜中多种农药残留量的测定

GB/T 6682 分析实验室用水规格和试验方法

GB/T 23207—2008 河豚鱼、鳗鱼和对虾中485种农药及相关化学品残留量的测定 气相色谱-质谱法

3 方法原理

样品经有机溶剂提取、浓缩富集后，固相萃取柱净化，用气相色谱-质谱联用仪测定，色谱保留时间和质谱特征离子共同定性，内标法定量。

4 干扰及消除

气相色谱-质谱联用法测定水、鱼肉、水生植物和底泥中除草剂残留量时存在的干扰主要为基质干扰。通常来说，基质效应是与被分析物一起流出的其他内源性物质造成的（如盐类、胺类、脂肪酸、甘油酸酯等）。这些物质与分析物共同流出色谱柱可影响待分析物，导致进入质谱的离子减少（离子抑制）或增多（离子增强），从而影响定量结果的可靠性和准确性。可以通过优化提取方法，改变色谱分析条件，添加内标或空白加标等方式消除基质干扰。

4.1 提取方法

常用的样品提取方法包括液液萃取（LLE）和固相萃取（SPE）等。通常利用LLE或SPE制备的样品内源性杂质较少，有助于降低绝对基质效应。但样品前处理过程复杂会降低分析检测的效率，增加污染的风险，并可能带来待测组分的损失，也直接影响待测组分的提取回收率。在样品制备方法的选择中，要兼顾基质效应和提取回收率两方面的因素。

<hr />

中国水产科学研究院 编制

4.2 气相色谱分离条件

尝试不同的色谱柱、升温程序等,避免基质和待测组分共流出,即可有效抑制离子效应,降低基质干扰。

4.3 内标选择

采用添加内标的方式也可有效消除基质干扰,基于色谱行为、质谱规律、提取性质等因素考虑首选同位素内标;如没有同位素内标,也可选择结构类似物(本方法选择外环氧七氯为内标)。

5 安全

5.1 检测人员进入实验区要严格遵守实验室相关规定。

5.2 实验操作时,穿工作服、戴口罩和手套;提取和净化操作应在通风橱中进行,避免化学试剂与皮肤接触或吸入有害气体,废弃的化学试剂分类收集至专用容器中集中处理。

5.3 实验区域内严禁明火。

6 试剂和材料

以下所用试剂除另有指定外,均为分析纯。

6.1 氦气:纯度不低于 99.999%。

6.2 超纯水:电阻率大于 18.0 MΩ/cm,其余指标满足 GB/T 6682 中的一级标准。

6.3 乙腈:色谱纯。

6.4 甲醇:色谱纯。

6.5 正己烷:色谱纯。

6.6 二氯甲烷:色谱纯。

6.7 乙酸乙酯:色谱纯。

6.8 HLB 小柱:3 mg/3 mL。

6.9 CARBON/NH$_2$ 小柱:5 mg/6 mL。

6.10 无水硫酸钠:640℃烘干 4 h,干燥保存。

6.11 标准溶液

6.11.1 单组分标准储备溶液(ρ＝100.00 μg/mL)

莠去津、乙草胺和除草醚标准储备溶液可用标准物质(纯度 ≥ 96.0%)配制成浓度为 100 μg/mL 的标准储备溶液,储备溶液用乙酸乙酯配制。也可购买有证标准溶液。

6.11.2 混合标准储备溶液(ρ ＝10.00 μg/mL)

准确吸取单组分标准储备溶液各 1.00 mL,用乙酸乙酯定容至 10.00 mL,稀释成浓度为 10.00 μg/mL 混合标准储备溶液,4℃暂时存放。

6.11.3 混合标准使用溶液

7 组分混合标准使用溶液现用现配。用乙酸乙酯逐级稀释,3 种氨基甲酸酯类农药的浓度为 5.0 ng/mL、10.0 ng/mL、20.0 ng/mL、50.0 ng/mL、100 ng/mL。

6.11.4 标准内标溶液(ρ＝200 ng/mL)

将外环氧七氯配制成浓度为 100 μg/mL 的内标标准储备溶液。用乙酸乙酯稀释,最终内标溶液浓度为 200 ng/mL。4℃暂时存放。

7　仪器和设备

气相色谱-质谱联用仪,配电子轰击电离(EI)离子源。

分析天平:感量为 0.000 1 g。

天平:感量为 0.001 g。

超纯水制备仪。

涡旋混合器。

均质机。

冷冻干燥机。

分样筛:0.15 mm(100 目)。

旋转蒸发仪。

氮吹仪。

超声波清洗器。

离心机:4 500 r/min。

全自动固相萃取仪。

一般实验室常用仪器设备。

8　样品

8.1　样品的采集与保存

水样:用采水器采取水面下 0.5 m 处水样于 1 L 聚乙烯塑料瓶中,加入甲醇 50 mL,密封,标记,装入保温采样箱中。

鱼样:每样 2 尾～3 尾。用不锈钢刀具取鱼体脊背肌肉共约 400 g,装入聚乙烯塑料袋中,密封,标记,装入保温采样箱中。

植物样品:摘取植物茎叶约 200 g 于聚乙烯塑料袋中,密封,标记,装入保温采样箱中。

底泥:用采泥器采取底泥样品约 1 000 g 于聚乙烯塑料袋中,密封,标记,装入保温采样箱中。

样品在储运过程中加冰保存。带回实验室后,水样、底泥和植物样品应保存于 4℃左右冰箱内,鱼样保存于－20℃冰柜中。

8.2　样品的制备

8.2.1　样品预处理

水样:用 0.45 μm 滤膜过滤,去除杂质。

鱼样:用组织捣碎机将样品捣碎,混合均匀。

植物样品:用组织捣碎机将样品捣碎,混合均匀。

底泥:样品风干或使用冷冻干燥机冻干,过 0.15 mm(100 目)筛,混匀。

8.2.2　样品提取与净化

水样:量取 500 mL 水样过 0.45 μm 滤膜抽滤,加入标准内标溶液(6.11.4)混匀,使用全自动固相萃取仪过 HLB 小柱(3 mL 甲醇＋10 mL 纯水活化,10 mL 水淋洗,8 mL 乙酸乙酯洗脱),用 10 mL 玻璃试管收集洗脱液,于 40℃氮吹浓缩至近干后,加入 1 mL 乙酸乙酯复溶,加入 0.5 g 无水硫酸钠涡旋除水,过 0.22 μm 滤膜,待测。

鱼肉:称取 5.0 g(精确至 0.001 g)样品于 50 mL 离心管中,加入标准内标溶液(6.11.4)混匀,加入 25 mL 乙酸乙酯,涡旋 2 min,超声提取 20 min,4 500 r/min 离心 10 min,移取上清液于鸡心瓶中,重复提取一次合并上清液,置于旋转蒸发仪 40℃蒸干,加入 5 mL 正己烷复溶,过 CARBON/NH₂小柱[3 mL 丙酮＋10 mL 正己烷活化,5 mL 正己烷淋洗,10 mL 正己烷＋丙酮(1＋1,体积比)溶液洗脱],用 10 mL 玻璃试管收集洗脱液,于 40℃氮吹浓缩至近干后,加入 1 mL 乙酸乙酯复溶(过 0.22 μm 滤膜)待测。

水生植物:称取 5.0 g(精确至 0.001 g)样品于 50 mL 离心管中,加入标准内标溶液(6.11.4)混匀,加入 25 mL 乙酸乙酯,涡旋 2 min,超声提取 20 min,4 500 r/min 离心 10 min,移取上清液于鸡心瓶中,重复提取一次合并上清液,置于旋转蒸发仪 40℃蒸干,加入 5 mL 正己烷复溶,过 CARBON/NH₂小柱[3mL 丙酮＋10 mL 正己烷活化,5 mL 正己烷淋洗,10 mL 正己烷＋丙酮(1＋1,体积比)溶液洗脱],用 10 mL 玻璃试管收集洗脱液,于 40℃氮吹浓缩至近干后,加入 1 mL 乙酸乙酯复溶(过 0.2 μm 滤膜)待测。

底泥样品:称取 5.0 g(精确至 0.001 g)干燥后的样品于 50 mL 离心管中,加入标准内标溶液(6.11.4)混匀,加入 25 mL 乙酸乙酯:二氯甲烷(3＋2,体积比)混合溶液,涡旋 2 min,超声提取 20 min,4 500 r/min 离心 10 min,移取上清液于鸡心瓶中,重复提取一次合并上清液,置于旋转蒸发仪 40℃蒸干,加入 1 mL 甲醇复溶,再加入 20 mL 纯水混匀,过 HLB 小柱(3 mL 甲醇＋10 mL 纯水活化,10 mL 水淋洗,8 mL 乙酸乙酯洗脱),用 10 mL 玻璃试管收集洗脱液,于 40℃氮吹浓缩至近干后,加入 1 mL 乙酸乙酯复溶,加入 0.5 g 无水硫酸钠涡旋除水,过 0.22 μm 滤膜,待测。

8.3 空白试样的制备

水样:以实验用水代替样品,按照 8.2.1 步骤制备空白试样。

鱼样:以鲤鱼代替样品,按照 8.2.1 步骤制备空白试样。

植物样品:取藻类代替样品,按照 8.2.1 步骤制备空白试样。

底泥:取环境土壤,于马弗炉 650℃烘 2 h,冷却后按照 8.2.1 步骤制备空白试样。

9 分析步骤

9.1 色谱参考条件

a) 色谱柱:毛细管柱,填料:(5％-苯基)甲基聚硅氧烷,如 HP-5ms,规格:30 m×250 μm×0.25 μm,或相当者。

b) 进样方式:不分流进样。

c) 载气:氦气,纯度 99.999％,流速 1.0 mL/min。

d) 进样量:1 μL。

e) 柱温:起始温度 70℃,保持 1 min;以 30℃/min 升温至 250℃,保持 5 min;以 15℃/min 升温至 280℃,保持 1 min。

f) 溶剂延迟:4 min。

9.2 质谱参考条件

a) 离子源:EI 源;

b)　扫描方式:正离子;

c)　检测方式:选择离子扫描(SIM);

d)　离子源温度:280℃;

e)　四级杆:150℃;

f)　接口温度:280℃;

g)　保留时间、定性离子对、定量离子对和碰撞能量见表1。

表1　保留时间、定量离子和定性离子

化合物名称	保留时间 t(min)	定量离子(m/z)	定性离子1(m/z)	定性离子2(m/z)
莠去津	7.750	200	173	215
乙草胺	8.226	162	223	234
除草醚	11.981	283	202	253
外环氧七氯	9.601	353	351	355

9.3　定性依据

在相同实验条件下,样液中被测物的色谱保留时间与标准工作液相同,并且在扣除背景后的样品色谱图中,所选择的离子对均出现,各定性离子的相对丰度与标准品离子的相对丰度相比,偏差不超过表2规定的范围内,则可判断样品中存在相应的被测物。

表2　定性确证时相对离子丰度的最大允许偏差

单位为百分号

相对离子丰度	>50	20~50(含)	10~20(含)	≤10
允许的相对偏差	±20	±25	±30	±50

9.4　定量测定

根据9.1和9.2设定的仪器条件,待仪器稳定后,取样品制备液和混合标准工作溶液进行测定,做单点或多点校准,内标法计算样品中除草剂农药的残留量,定量离子采用丰度最大的二级特征离子碎片。空白添加混合标准工作溶液及样品溶液中除草醚、莠去津和乙草胺的峰面积均在仪器检测的线性范围之内。

按照设定的分析程序,依次分析校准空白溶液、混合标准使用溶液和样品,绘制标准曲线、计算回归方程,扣除背景或以干扰系数法修正干扰,由计算机打印分析结果。

9.5　空白溶液

校准空白,初始流动相,用来建立分析校准曲线。

实验室试剂空白,必须与样品处理过程一样加入相同体积的所有试剂,用来评价样品制备过程中可能的污染和背景谱干扰。实验室试剂空白的制备过程必须与样品处理步骤完全相同,测定样品的分析结果应减去实验室试剂空白。

10　结果计算与表示

10.1　结果计算

样品中除草剂残留含量按式(1)计算。

$$X = \frac{C \times V}{m} \quad \cdots\cdots (1)$$

式中：

X——样品中待测组分含量，单位为微克每千克（µg/kg）或纳克每升（ng/L）；

C——样品溶液中待测组分浓度，单位为纳克每毫升（ng/mL）；

V——样品提取液最终定容体积，单位为毫升（mL）；

m——样品质量或体积，单位为克（g）或升（L）。

10.2 结果表示

测定结果扣除空白值。组分浓度值＜10，保留 2 位有效数字；浓度值≥10，保留 3 位有效数字。

11 精密度和准确度

11.1 灵敏度

本方法 3 种除草剂的检出限和定量下限见表 3。

表 3 不同基质 3 种除草剂的检出限和定量下限

除草剂	基 质							
	水（ng/L）		底泥（µg/kg）		鱼肉（µg/kg）		水生植物（µg/kg）	
	LOD	LOQ	LOD	LOQ	LOD	LOQ	LOD	LOQ
莠去津	10.0	20.0	1.00	2.00	1.00	2.00	1.00	2.00
乙草胺	10.0	20.0	1.00	2.00	1.00	2.00	1.00	2.00
除草醚	10.0	20.0	1.00	2.00	1.00	2.00	1.00	2.00

11.2 线性范围

莠去津、乙草胺和除草醚：5.00 ng/mL～100 ng/mL。

11.3 准确度

本方法除草剂加标浓度见表 4，回收率见表 5。

表 4 不同基质除草剂的加标量

物质	基 质											
	水（ng/L）			鱼肉（µg/kg）			底泥（µg/kg）			水生植物（µg/kg）		
莠去津	20.0	100	200	2.00	10.0	20.0	2.00	10.0	20.0	2.00	10.0	20.0
乙草胺	20.0	100	200	2.00	10.0	20.0	2.00	10.0	20.0	2.00	10.0	20.0
除草醚	20.0	100	200	2.00	10.0	20.0	2.00	10.0	20.0	2.00	10.0	20.0

表 5 不同基质除草剂的回收率

除草剂	浓 度											
	水（ng/L）			鱼肉（µg/kg）			底泥（µg/kg）			水生植物（µg/kg）		
	20.0	100	200	2.00	10.0	20.0	2.00	10.0	20.0	2.00	10.0	20.0
莠去津	125%	100%	133%	109%	115%	112%	142%	133%	144%	105%	117%	109%
乙草胺	137%	131%	132%	99.6%	117%	101%	143%	131%	146%	112%	121%	102%
除草醚	119%	107%	104%	107%	103%	95.8%	142%	129%	129%	103%	106%	99.5%

11.4　精密度

本方法批内相对标准偏差≤10％,批间相对标准偏差≤15％。

12　质量保证和质量控制

12.1　试剂纯度

由于 GC-MS 检出限低,因此建议在标准溶液配制和样品前处理时均必须使用高纯度试剂,以降低测定空白值。

12.2　标准曲线

每次分析均应绘制校准曲线。通常情况下,校准曲线的相关系数应达到 0.995 以上。

12.3　全程序空白

每批样品应至少做一个全程序空白,所测组分的空白值不得超过方法检出限。若超出则须查找原因,重新分析直至合格之后才能分析样品。

12.4　实验室控制样品

在处理的每批样品中,应在试剂空白中加入每种分析物质,其浓度应与校准曲线中间浓度相当,然后按照整个步骤进行预处理和测定,其加标回收率应为 80％～120％。也可以使用有证标准样品代替加标,其测定值应在标准要求的范围内。

12.5　基体加标

每批样品应至少测定 10％的加标样品,样品数量少于 10 时,应至少测定一个加标样品,测定的加标回收率应为 80％～120％。

12.6　连续校准

每分析 10 个样品,应分析一次校准曲线中间浓度点,其测定结果与实际浓度值相对偏差应≤10％,否则应查找原因或重新建立校准曲线。每批样品分析完毕后,应进行一次曲线最低点的分析,其测定结果与实际浓度值相对偏差应≤30％。

13　废弃物的处理

根据国家相应的固体废弃物处理法,交由有资质的处置单位进行统一处理。

14　注意事项

14.1　乙腈、二氯甲烷等溶剂对身体有一定危害,故需要在通风橱进行操作。如有必要,需配备防护器具。

14.2　为提高回收率,样品浓缩时旋转蒸发速度不宜过快,氮吹时气流不宜过大。

附　录　A
（资料性附录）
色谱图示例

莠去津、乙草胺、除草醚和环氧七氯(内标)混合标准溶液的总离子流色谱图见图 A.1。

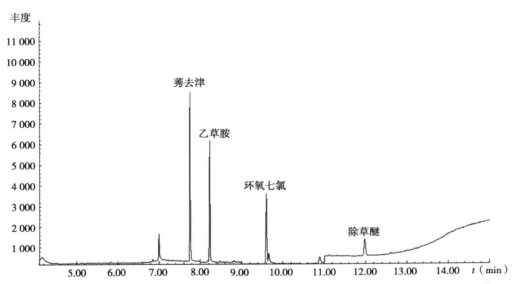

图 A. 1　莠去津、乙草胺、除草醚和环氧七氯(内标)**混合标准溶液的总离子流色谱图**
（莠去津、乙草胺和除草醚浓度均为 50.0 μg/L）

水、鱼肉、水生植物和底泥中灭草松、利谷隆和丁草胺3种除草剂残留量的测定 液相色谱-串联质谱法

1 适用范围

本规程规定了测定水、鱼肉、水生植物和底泥中3种除草剂的液相色谱串联质谱测定方法。

本规程适用于水、鱼肉、水生植物和底泥中灭草松、利谷隆和丁草胺单个或多个混合物残留的液相色谱-串联质谱的定性鉴别及定量检测。

2 规范性引用文件

本规程内容引用了下列文件或其中的条款。凡是不注明日期的引用文件,其有效版本适用于本规程。

GB/T 6379.1 测量方法与结果的准确度(正确度与精密度) 第1部分:总则与定义

GB/T 6379.2 测量方法与结果的准确度(正确度与精密度) 第2部分:确定标准测量方法重复性与再现性的基本方法

GB/T 6682 分析实验室用水规格和试验方法

GB/T 9695.19 肉与肉制品 取样方法

GB 17378.3 海洋监测规范 第3部分:样品采集、储存与运输

3 方法原理

样品经有机溶剂均质提取、浓缩富集后,C_{18}固相萃取柱净化,用液相色谱-串联质谱仪测定,色谱保留时间和质谱特征离子共同定性,内标法定量。

4 干扰及消除

液相色谱-串联质谱法测定水、鱼肉、水生植物和底泥中除草剂残留量时,存在的干扰主要为基质干扰。通常来说,基质效应是与被分析物一起流出的其他内源性物质造成的(如盐类、胺类、脂肪酸、甘油酸酯等)。这些物质与分析物共同流出喷雾针可影响待分析物的雾化、挥发、裂分、化学反应及带电过程,导致进入质谱的离子减少(离子抑制)或增多(离子增强),从而影响定量结果的可靠性和准确性。可以通过优化提取及净化方法,改变色谱分析条件,添加内标或空白加标等方式消除基质干扰。

4.1 提取方法

常用的样品的提取方法包括液液萃取(LLE)和固相萃取(SPE)等。通常利用 LLE 或

水产品及水环境中典型污染物检测操作规程

SPE 制备的样品内源性杂质较少,有助于降低绝对基质效应。但样品前处理过程复杂会降低分析检测的效率,增加污染的风险,并可能带来待测组分的损失,也直接影响待测组分的提取回收率。在样品制备方法的选择中,要兼顾基质效应和提取回收率两方面的因素。

4.2 液相色谱分离条件

尝试不同的色谱柱、不同的流动相、流动相梯度洗脱程序等,避免基质和待测组分共流出,即可有效抑制离子效应,降低基质干扰。

4.3 内标选择

采用添加内标的方式也可有效消除基质干扰,基于色谱行为、质谱规律、提取性质等因素考虑首选同位素内标(本方法可选灭草松-D7 和利谷隆-D6 为内标);如没有同位素内标,也可选择结构类似物。

5 安全

5.1 检测人员进入实验区要严格遵守实验室相关规定。

5.2 实验操作时,穿工作服、戴口罩和手套;提取和净化操作应在通风橱中进行,避免化学试剂与皮肤接触或吸入有害气体,废弃的化学试剂分类收集至专用容器中集中处理。

5.3 实验区域内严禁明火。

6 试剂和材料

以下所用试剂除另有指定外,均为分析纯。

6.1 氦气:纯度不低于 99.999%。

6.2 氩气:纯度不低于 99.999%。

6.3 超纯水:电阻率大于 18.0 MΩ/cm,其余指标满足 GB/T 6682 中的一级标准。

6.4 乙腈:色谱纯。

6.5 甲醇:色谱纯。

6.6 环己烷:色谱纯。

6.7 乙酸乙酯:色谱纯。

6.8 无水硫酸钠:640℃灼烧 4 h,储存与干燥器中,冷却后备用。

6.9 0.1%甲酸溶液(体积分数)。

6.10 2 mmol/L 乙酸铵溶液:称取 0.15 g 乙酸铵,加水稀释至 1 000 mL。

6.11 氯化钠:分析纯。

6.12 固相萃取小柱:弗罗里硅土柱(500 mg/3mL),C_{18}柱(500 mg/3mL)。

6.13 标准溶液

6.13.1 单组分标准储备溶液($\rho=100.00$ μg/mL)

利谷隆、灭草松、丁草胺、灭草松-D7 和利谷隆-D6 标准储备溶液可用标准物质(纯度≥96.0%)配制成浓度为 100 μg/mL 的标准储备溶液,储备溶液用乙腈配制。也可购买有证标准溶液。

6.13.2 混合标准储备溶液($\rho=1.00$ μg/mL)

准确吸取单组分标准储备溶液各 0.100 mL,用乙腈定容至 10.00 mL,稀释成浓度为 1.00 μg/mL 混合标准储备溶液,4℃暂时存放。

6.13.3　混合标准使用溶液

3组分混合标准使用溶液现用现配。用初始流动相逐级稀释,3 种除草剂的浓度为 0.5 ng/mL、1 ng/mL、5 ng/mL、10 ng/mL、20 ng/mL、50 ng/mL。

6.13.4　标准内标使用溶液(ρ＝0.100 μg/mL)

配置 0.100 μg/mL 标准内标使用溶液。用初始流动相稀释,最终标准内标使用溶液浓度为 0.100 μg/mL。4℃暂时存放。

7　仪器和设备

7.1　超高压液相色谱-串联质谱仪,配电子轰击电离(ESI)离子源。

7.2　分析天平:感量为 0.000 1 g。

7.3　天平:感量为 0.01 g。

7.4　超纯水制备仪。

7.5　涡旋混合器。

7.6　均质机。

7.7　冷冻干燥机。

7.8　旋转蒸发仪。

7.9　氮吹仪。

7.10　超声仪。

7.11　离心机:6 000 r/min。

7.12　鸡心瓶等玻璃耗材。

8　试样制备与保存

8.1　样品的采集与保存

水样:采样瓶预先清洗干净。用采水器采取液面下 0.5 m 处水样于 1 L 磨口玻璃瓶中,加入乙酸乙酯 50 mL,密封,标记,装入保温采样箱中,低温冷藏。

鱼样:为了保证样品的代表性和分析用量,每样 2 尾~3 尾,现场用水冲洗干净。用不锈钢刀具取鱼体脊背肌肉共约 400 g,装入聚乙烯塑料袋中,密封,标记,装入保温采样箱中,低温冷藏。

水生植物样品:采集藻类样品约 200 g,用现场水体冲洗干净,放于聚乙烯塑料袋中,密封,标记,装入保温采样箱中,低温冷藏。

底泥:用采泥器采取底泥样品约 1 000 g 于聚乙烯塑料袋中,密封,标记,装入保温采样箱中,低温冷藏。

样品在储运过程中加冰保存。带回试验室后,水样、底泥和植物样品应保存于 4℃左右冰箱内,鱼样保存于－20℃冰柜中。

8.2　样品的制备

8.2.1　样品预处理

水样:用 0.45 μm 滤膜过滤水样,以除去颗粒物质,装入清洁容器内,密封后,标明标记。

鱼样:用组织捣碎机将样品捣碎,混合均匀,装入清洁容器内,密封后,标明标记。

植物样品:用组织捣碎机将样品捣碎,混合均匀装入清洁容器内,密封后,标明标记。

底泥:样品冻干或风干,过 0.15 mm(100 目)筛,混匀,装入清洁容器内,密封后,标明标记。

8.2.2 样品提取与净化

8.2.2.1 水样提取与净化

洁净水样:取 400 mL 水样置于 500 mL 分液漏斗中,加入甲酸 0.1 mL(pH 2~3),加入 30 mL 乙酸乙酯溶剂,振荡萃取 2 min,静置至分层,取上层乙酸乙酯溶剂过无水硫酸钠脱水,重复提取一次,合并提取液至鸡心瓶,旋转蒸发至干,加入 1 mL 的初始流动相洗涤鸡心瓶混匀,经 0.22 μm 微孔有机相滤膜过滤后,供液相色谱-串联质谱分析。

杂质污染含量较高水样:取 400 mL 水样置于 500 mL 分液漏斗中,加入甲酸 0.1 mL(pH 2~3),加入 30 mL 乙酸乙酯溶剂,振荡萃取 2 min,静置至分层,取上层乙酸乙酯溶剂过无水硫酸钠脱水,重复提取一次,合并提取液至鸡型瓶,旋转蒸发 2 mL 左右备用;弗罗里硅土柱先用 5 mL 乙酸乙酯溶剂活化后再添加样品过柱,再用 5 mL 乙酸乙酯溶剂淋洗,收集于 15 mL 离心管中,氮吹至干,加入 1 mL 的初始流动相洗涤离心管混匀,经 0.22 μm 微孔有机相滤膜过滤后,供液相色谱-串联质谱分析。

8.2.2.2 鱼肉提取与净化

鱼肉提取:称取 5 g 均质试样(精确至 0.01 g),加入 10 ng 灭草松-D7 和利谷隆-D6 内标物质,放入盛有 10 g 无水硫酸钠的 50 mL 离心管中,30 mL 环己烷+乙酸乙酯(1+2,体积比)混合有机溶剂,在涡旋振荡器剧烈振荡 2 min,再超声 10 min,6 000 r/min 离心 5 min。上清液通过装有无水硫酸钠的玻璃层析柱,收集于 150 mL 鸡心瓶中,残渣用 30 mL 环己烷+乙酸乙酯(1+2,体积比)混合有机溶剂重复提取一次,经离心过滤后,合并 2 次提取液,将提取液于 40℃水浴用旋转蒸发器旋转蒸发至干,待净化。

鱼肉净化:旋蒸瓶内的试样用 1 mL 环己烷+乙酸乙酯(1+2,体积比)洗涤,用 C18 固相萃取小柱净化,净化柱放入下接鸡心瓶的固定架上。加样前,先用 5 mL 环己烷+乙酸乙酯(1+2,体积比)预洗柱,当液面到达填料的顶部时,迅速将样品转移至净化柱上。再次用 2 mL 环己烷+乙酸乙酯(1+2,体积比)洗涤鸡心瓶,一并转移至净化柱上,再用 5 mL 的环己烷+乙酸乙酯(1+2,体积比)淋洗,收集洗脱液合并于鸡心瓶中,将洗脱液于 40℃水浴用旋转蒸发器旋转蒸发至干。加入 1 mL 的初始流动相洗涤鸡心瓶混匀,经 0.22 μm 微孔有机相滤膜过滤后,供液相色谱-串联质谱分析。

8.2.2.3 水生植物提取和净化

水生植物提取:称取 5 g 均质试样(精确至 0.01 g),加入 10 ng 灭草松-D7 和利谷隆-D6 内标物质,放入盛有 10 g 无水硫酸钠的 50 mL 离心管中,30 mL 丙酮+乙腈(5+95,体积比)混合有机溶剂,在涡旋振荡器剧烈振荡 2 min,再超声 10 min,6 000 r/min 离心 5 min。上清液通过装有无水硫酸钠的玻璃层析柱,收集于 150 mL 鸡心瓶中,残渣用 30 mL 丙酮+乙腈(5+95,体积比)混合有机溶剂重复提取一次,经离心过滤后,合并 2 次提取液,将提取液于 40℃水浴用旋转蒸发器旋转蒸发至干,待净化。

水生植物净化:旋蒸瓶内的试样用 1 mL 环己烷＋乙酸乙酯(1＋2,体积比)洗涤,用弗罗里硅土柱-C₁₈固相萃取小柱净化,净化柱放入下接鸡心瓶的固定架上。加样前,先用 5 mL 环己烷＋乙酸乙酯(1＋2,体积比)预洗柱,当液面到达填料的顶部时,迅速将样品转移至净化柱上。再次用 2 mL 环己烷＋乙酸乙酯(1＋2,体积比)洗涤鸡心瓶,一并转移至净化柱上,再用 10 mL 的环己烷＋乙酸乙酯(1＋2,体积比)淋洗,收集洗脱液合并于鸡心瓶中,将洗脱液于 40℃水浴用旋转蒸发器旋转蒸发至干。加入 1 mL 的初始流动相洗涤鸡心瓶混匀,经 0.22 μm 微孔有机相滤膜过滤后,供液相色谱-串联质谱分析。

8.2.2.4　底泥样品提取和净化

底泥样品提取:称取 5 g 均质试样(精确至 0.01 g),加入 10 ng 灭草松-D7 和利谷隆-D6 内标物质,放入盛有 10 g 无水硫酸钠的 50 mL 离心管中,30 mL 丙酮＋二氯甲烷(1＋2,体积比)混合有机溶剂,在涡旋振荡器剧烈振荡 2 min,再超声 10 min,6 000 r/min 离心 5 min。上清液通过装有无水硫酸钠的玻璃层析柱,收集于 150 mL 鸡心瓶中,残渣用 30 mL 丙酮＋二氯甲烷(1＋2,体积比)混合有机溶剂重复提取一次,经离心过滤后,合并 2 次提取液,将提取液于 40℃水浴用旋转蒸发器旋转蒸发至干,待净化。

底泥样品净化:旋蒸瓶内的试样用 1 mL 环己烷＋乙酸乙酯(1＋2,体积比)洗涤,用 C₁₈固相萃取小柱净化,净化柱放入下接鸡心瓶的固定架上。加样前,先用 5 mL 环己烷＋乙酸乙酯(1＋2,体积比)预洗柱,当液面到达填料的顶部时,迅速将样品转移至净化柱上。再次用 2 mL 环己烷＋乙酸乙酯(1＋2,体积比)洗涤鸡心瓶,一并转移至净化柱上,再用 5 mL 的环己烷-乙酸乙酯(1＋2,体积比)淋洗,收集洗脱液合并于鸡心瓶中,将洗脱液于 40℃水浴用旋转蒸发器旋转蒸发至干。加入 1 mL 的初始流动相洗涤鸡心瓶混匀,经 0.22 μm 微孔有机相滤膜过滤后,供液相色谱-串联质谱分析。

8.3　空白试样的制备

水样:以实验用水代替样品,量取试样,按照 8.2.2.1 步骤制备空白试样。

鱼样:以鳕代替样品,称取试样,按照 8.2.2.2 步骤制备空白试样。

水生植物样品:取水生藻类代替样品,称取试样,按照 8.2.2.3 步骤制备空白试样。

底泥:取环境土壤,650℃灼烧 2h 后,冷却。称取试样,按照 8.2.2.4 步骤制备空白试样。

9　分析步骤

9.1　色谱参考条件

色谱柱:Waters ACQUITY UPLC BEHC₁₈柱(50 mm×2.1 mm,1.7 μm),或相当者;

流动相及梯度洗脱条件见表 1;

表 1　流动相及梯度洗脱条件

时间(min)	流速(μL/min)	流动相 A(2 mmol/L 乙酸铵＋0.1%甲酸)水(%)	流动相 B(乙腈)(%)
0	300	80	20
2.50	300	2	98
4.00	300	2	98
4.50	300	80	20
5.00	300	80	0

　　柱温：40℃；

　　进样量：1 μL。

9.2　质谱参考条件

　　离子源：ESI源；

　　扫描方式：正模式和负模式；

　　检测方式：多反应监测（MRM）；

　　离子源温度：120℃；

　　雾化温度：380℃；

　　雾化气流速：600 L/h；

　　锥孔气流速：50 L/h；

　　保留时间、定量离子对、定性离子对、监测模式和碰撞能量见表2。

表2　定性离子对、定量子离子和碰撞能量

化合物名称	定量离子（m/z）	定性离子（m/z）	监测模式	锥孔电压（V）	碰撞电压（V）
灭草松	238.9/131.9	238.9/197.0	ESI－	35	28；20
灭草松-D7	245.9/131.9	—	ESI－	40	28
利谷隆	248.9/159.9	248.9/181.9	ESI＋	25	18；18
利谷隆-D6	254.9/159.9	—	ESI＋	25	18
丁草胺	312.0/238.0	312.0/162.0	ESI＋	30	10；25

9.3　定性依据

　　在相同实验条件下，样液中被测物的色谱保留时间与标准工作液相同，并且在扣除背景后的样品色谱图中，所选择的离子对均出现，各定性离子的相对丰度与标准品离子的相对丰度相比，偏差不超过表3规定的范围内，则可判断样品中存在相应的被测物。

表3　定性确证时相对离子丰度的最大允许偏差

单位为百分号

相对离子丰度	＞50	20～50（含）	＞10～20	≤10
允许的相对偏差	±20	±25	±30	±50

9.4　定量测定

　　根据9.1和9.2设定的仪器条件，待仪器稳定后，取样品制备液和混合标准工作溶液进行测定，做单点或多点校准，内标法计算样品中除草剂农药的残留量，定量离子采用丰度最大的二级特征离子碎片。样品溶液及空白添加混合标准工作溶液中灭草松、利谷隆和丁草胺的峰面积均在仪器检测的线性范围之内。

　　按照设定的分析程序，依次分析校准空白溶液、混合标准使用溶液和样品，绘制标准曲线、计算回归方程，扣除背景或以干扰系数法修正干扰，由计算机打印分析结果。

9.5　空白溶液

　　校准空白，初始流动相，用来建立分析校准曲线。

　　实验室试剂空白，必须与样品处理过程一样加入相同体积的所有试剂，用来评价样品制备过程中可能的污染和背景谱干扰。实验室试剂空白的制备过程必须与样品处理步骤完全相同，测定样品的分析结果应减去实验室试剂空白。

10 结果计算与表示

10.1 结果计算

样品中除草剂残留含量按式（1）计算。

$$X = \frac{C \times V}{m} \quad\cdots\cdots\cdots\cdots\cdots\cdots\cdots\cdots\cdots\cdots\cdots\cdots\cdots\cdots\cdots\cdots\cdots (1)$$

式中：

X——样品中待测组分含量，单位为毫克每千克（mg/kg）或毫克每升（mg/L）；

C——样品溶液中待测组分浓度，单位为纳克每毫升（μg/mL）；

V——样品提取液最终定容体积，单位为毫升（mL）；

m——样品质量或体积，单位为克（g）或毫升（mL）。

10.2 结果表示

测定结果扣除空白值，结果保留 3 位有效数字。

11 检测方法的灵敏度、精密度和准确度

11.1 灵敏度

本方法 3 种除草剂的测定低限见表 4。

表 4 不同基质 3 种除草剂的检出限和定量下限

待测物质	基 质							
	水 （ng/L）		底泥 （μg/kg）		鱼肉 （μg/kg）		植物 （μg/kg）	
	LOD	LOQ	LOD	LOQ	LOD	LOQ	LOD	LOQ
利谷隆	1.0	2.5	0.3	1.0	0.1	0.3	0.1	0.3
灭草松	1.0	2.5	0.3	1.0	0.1	0.3	0.1	0.3
丁草胺	1.0	2.5	0.3	1.0	0.1	0.3	0.1	0.3

11.2 准确度

利谷隆、灭草松和丁草胺在 1.5 ng/mL～150 ng/mL 的浓度范围内线性关系良好，相关系数（r）均大于 0.998。本方法除草剂加标浓度见表 5，在水中利谷隆、灭草松和丁草胺回收率为 76%～108%。在鱼肉中利谷隆、灭草松和丁草胺回收率为 78%～115%。在水生植物中利谷隆、灭草松和丁草胺回收率为 82%～118%。在底泥中利谷隆、灭草松和丁草胺回收率为 75%～110%。

表 5 不同基质除草剂的加标量

待测物质	基 质											
	水 （ng/L）			鱼肉 （μg/kg）			底泥 （μg/kg）			水生植物 （μg/kg）		
利谷隆	2.5	15	30	0.3	1.5	5	1.0	5.0	10	0.3	1.5	5.0
灭草松	2.5	15	30	0.3	1.5	5	1.0	5.0	10	0.3	1.5	5.0
丁草胺	2.5	15	30	0.3	1.5	5	1.0	5.0	10	0.3	1.5	5.0

11.3 精密度

本方法批内相对标准偏差≤15%,批间相对标准偏差≤20%。

12 质量保证和质量控制

12.1 试剂纯度:由于 LC-MS/MS 检出限极低,因此建议在标准溶液配制和样品前处理时均必须使用高纯度试剂,以降低测定空白值。

12.2 标准曲线:每次分析均应绘制校准曲线。通常情况下,校准曲线的相关系数应达到 0.995 以上。

12.3 全程序空白:每批样品应至少做一个全程序空白,所测组分的空白值不得超过方法检出限。若超出则须查找原因,重新分析直至合格之后才能分析样品。

12.4 实验室控制样品:在处理的每批样品中,应在试剂空白中加入每种分析物质,其浓度应与校准曲线中间浓度相当,然后按照整个步骤进行预处理和测定,其加标回收率应为 75%～120%。也可以使用有证标准样品代替加标,其测定值应在标准要求的范围内。

12.5 基体加标:每批样品应至少测定 10%的加标样品,样品数量少于 10 时,应至少测定一个加标样品,测定的加标回收率应为 75%～120%。

12.6 连续校准:每分析 10 个样品,应分析一次校准曲线中间浓度点,其测定结果与实际浓度值相对偏差应≤10%,否则应查找原因或重新建立校准曲线。每批样品分析完毕后,应进行一次曲线最低点的分析,其测定结果与实际浓度值相对偏差应≤30%。

13 废弃物的处理

根据国家相应的固体废弃物处理法,交由有资质的处置单位进行统一处理。

14 注意事项

14.1 乙腈、二氯甲烷、丙酮、环己烷、乙酸乙酯等溶剂对身体有一定危害,故需要在通风橱进行操作。如有必要,需配备防护器具。

14.2 为提高回收率,样品浓缩时旋转蒸发速度不宜过快,氮吹时气流不宜过大。

14.3 所取试样需低温干燥,防止除草剂农药的损失。

附　录　A

（资料性附录）

色谱图示例

灭草松、利谷隆和丁草胺标准溶液（10 μg/L）的色谱-质谱图见图 A.1。

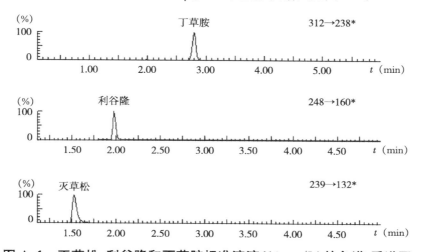

图 A. 1　灭草松、利谷隆和丁草胺标准溶液（10 μg/L）的色谱-质谱图

水、鱼肉、水生植物和底泥中草甘膦残留量的测定 液相色谱-串联质谱法

1 适用范围

本规程规定了水、鱼肉、水生植物和底泥中草甘膦残留量的液相色谱串联质谱测定方法。

本规程适用于水、鱼肉、水生植物和底泥中草甘膦单个或多个混合物残留量的液相色谱-串联质谱检测。

2 规范性引用文件

本规程内容引用了下列文件或其中的条款。凡是不注明日期的引用文件,其有效版本适用于本规程。

GB/T 6682 分析实验室用水规格和试验方法

3 方法原理

样品经水(或碱性溶液)和有机溶剂提取后,经 C_{18} 固相萃取小柱及有机相滤膜净化,用液相色谱-串联质谱仪测定,色谱保留时间和质谱特征离子共同定性,外标法定量。

4 干扰及消除

液相色谱-串联质谱法测定水、鱼肉、水生植物和底泥中草甘膦残留量时存在的干扰主要为基质干扰。通常来说,基质效应是由于与被分析物一起流出的其他内源性物质造成的(如盐类、胺类、脂肪酸、甘油酸酯等)。这些物质与分析物共同流出喷雾针可影响待分析物的雾化、挥发、裂分、化学反应及带电过程,导致进入质谱的离子减少(离子抑制)或增多(离子增强),从而影响定量结果的可靠性和准确性。可以通过优化提取方法,改变色谱分析条件,添加内标或空白加标等方式消除基质干扰。

4.1 提取方法

常用的样品的提取方法包括液液萃取(LLE)和固相萃取(SPE)等。通常利用 LLE 或 SPE 制备的样品内源性杂质较少,有助于降低绝对基质效应。但样品前处理过程复杂会降低分析检测的效率,增加污染的风险,并可能带来待测组分的损失,也直接影响待测组分的提取回收率。在样品制备方法的选择中,要兼顾基质效应和提取回收率两方面的因素。

4.2 液相色谱分离条件

尝试不同的色谱柱、升温程序等,避免基质和待测组分共流出,即可有效抑制离子效应,降低基质干扰。

中国水产科学研究院 编制

5　安全

5.1　检测人员进入实验区要严格遵守实验室相关规定。

5.2　实验操作时,穿工作服、戴口罩和手套;提取和净化操作应在通风橱中进行,避免化学试剂与皮肤接触或吸入有害气体,废弃的化学试剂分类收集至专用容器中集中处理。

5.3　实验区域内严禁明火。

6　试剂和材料

以下所用试剂除另有指定外,均为分析纯。

6.1　氮气:纯度不低于 99.999％。

6.2　氩气:纯度不低于 99.999％。

6.3　超纯水:电阻率大于 18.0 MΩ/cm,其余指标满足 GB/T 6682 中的一级标准。

6.4　乙腈:色谱纯。

6.5　二氯甲烷:色谱纯。

6.6　针筒式滤膜:0.22 μm,有机相。

6.7　净化小柱:CNW C_{18}固相萃取柱(500 mg/3 mL)。

6.8　乙酸铵。

6.9　10％(体积分数)的氢氧化钾溶液:称取 10 g 氢氧化钾,用超纯水溶解并定容至 100 mL。

6.10　氨水。

6.11　草甘膦标准溶液

6.11.1　**标准储备溶液**(100 μg/mL)

草甘膦标准储备溶液可用固体标准物质(纯度 ≥ 96.0％)配制成浓度为 100 μg/mL 的标准储备溶液,储备溶液用超纯水(6.3)配制。也可购买有证标准溶液。

6.11.2　**标准中间溶液**(10.00 μg/mL)

准确吸取标准储备溶液(6.11.1)1.00 mL,用超纯水(6.3)和乙腈(6.4)(8+2,体积比)定容至 10.00 mL,稀释成浓度为 10.00 μg/mL 的标准中间溶液,4℃暂时存放。

6.11.3　**标准使用溶液**

标准使用溶液现用现配。用超纯水(6.3)和乙腈(6.4)(8+2,体积比)逐级稀释标准中间溶液(6.11.2),分别配制草甘膦浓度为 5 ng/mL、10 ng/mL、50 ng/mL、100 ng/mL、200 ng/mL、500 ng/mL 的标准工作溶液。

7　仪器和设备

7.1　液相色谱-串联质谱仪,配电子轰击电离(ESI)离子源。

7.2　分析天平:感量为 0.000 01 g。

7.3　天平:感量为 0.01 g。

7.4　超纯水制备仪。

7.5　涡旋混合器。

7.6 均质机。

7.7 冷冻干燥机。

7.8 分样筛:0.15 mm(100目)。

7.9 超声波清洗器。

7.10 离心机:转速≥4 500 r/min,配有50 mL聚乙烯塑料离心管。

8 样品

8.1 样品的采集与保存

水样:用采水器采取液面下0.5 m处水样于1 L聚乙烯塑料瓶中,加入50 mL甲醇和100 mg/L的硫代硫酸钠,密封,标记,装入保温采样箱中。

鱼样:每样2尾～3尾。用不锈钢刀具取鱼体脊背肌肉共约400 g,装入聚乙烯塑料袋中,密封,标记,装入保温采样箱中。

植物样品:摘取植物茎叶约200 g于聚乙烯塑料袋中,密封,标记,装入保温采样箱中。

底泥:用采泥器采取底泥样品约1 000 g于聚乙烯塑料袋中,密封,标记,装入保温采样箱中。

样品在储运过程中加冰保存。带回试验室后,水样、底泥和植物样品应保存于4℃左右冰箱内,鱼样保存于－20℃冰柜中。

8.2 样品的制备

8.2.1 样品预处理

水样:用滤纸过滤,去除杂质。

鱼样:用组织捣碎机将样品捣碎,混合均匀。

植物样品:用组织捣碎机将样品捣碎,混合均匀。

底泥:样品冻干或风干,过0.15 mm(100目)筛,混合均匀。

8.2.2 样品提取与净化

水样:准确量取8 mL水样,加入2 mL乙腈(6.4),混合均匀,过0.22 μm有机相滤膜后进样。

鱼肉:称取5 g(精确至0.01 g)试样于聚乙烯塑料离心管中,加入20 mL超纯水(6.3)和5 mL二氯甲烷(6.5),涡旋混匀2 min,超声20 min后,4 000 r/min离心10 min,将上清液转移至另一聚乙烯塑料离心管中,向残渣中再加入20 mL超纯水(6.3),重新涡旋、超声和离心,将2次的上清液合并并混匀,4 000 r/min离心10 min,取8 mL离心后的上清液,加入2 mL乙腈,涡旋混匀后,取1 mL过C_{18}固相萃取小柱(6.7)(C_{18}小柱经2 mL乙腈和2 mL超纯水水活化),弃去通过液,另取2 mL上清液过C_{18}小柱并收集,将该2 mL上清液过0.22 μm有机相滤膜后进样。

水生植物:称取5 g(精确至0.01 g)试样于聚乙烯塑料离心管中,加入20 mL超纯水(6.3)和5 mL二氯甲烷(6.5),涡旋混匀2 min,超声20 min后,4 000 r/min离心10 min,将上清液转移至另一聚乙烯塑料离心管中,向残渣中再加入20 mL超纯水(6.3),重新涡旋、超声和离心,将2次的上清液合并并混匀,4 000 r/min离心10 min,取8 mL离心后的上清液,加入2 mL乙腈,涡旋混匀后,取1 mL过C_{18}固相萃取小柱(6.7)(C_{18}小柱经2 mL乙腈和2

mL 水活化),弃去通过液,另取 2 mL 上清液过 C_{18} 小柱并收集,将该 2 mL 上清液过 0.22 μm 有机相滤膜后进样。

底泥:称取 5 g(精确至 0.01 g)试样于聚乙烯塑料离心管中,加入 20 mL 10%的氢氧化钾溶液(6.9)和 5 mL 二氯甲烷(6.5),涡旋混匀 2 min,超声 20 min 后,4 000 r/min 离心 10 min,将上清液转移至另一聚乙烯塑料离心管中,向残渣中再加入 20 mL 10%的氢氧化钾溶液(6.9),重新涡旋、超声和离心,将 2 次的上清液合并并混匀,4 000 r/min 离心 10 min,取 8 mL 离心后的上清液,加入 2 mL 乙腈,涡旋混匀后,取 1 mL 过 C_{18} 固相萃取小柱(6.7)(C_{18} 小柱经 2 mL 乙腈和 2 mL 水活化),弃去通过液,另取 2 mL 过 C_{18} 小柱并收集,将该 2 mL 上清液过 0.22 μm 有机相滤膜后进样。

8.3　空白试样的制备

水样:以实验用水代替样品,按照 8.2 步骤制备空白试样。

鱼样:以鳕代替样品,按照 8.2 步骤制备空白试样。

植物样品:取无公害蔬菜样品代替样品,按照 8.2 步骤制备空白试样。

底泥:取环境土壤,650℃烘 2 h 后,冷却,按照 8.2 步骤制备空白试样。

9　分析步骤

9.1　色谱参考条件

9.1.1　色谱柱:Waters ACQUITY UPLC HILIC 液相色谱柱,规格:50 mm×2.1 mm×1.7 μm,或相当者。

9.1.2　流动相:A 相:5 mmol/L 乙酸铵(pH≈9.0);B 相:乙腈。

9.1.3　进样量:10 μL。

9.1.4　流动相洗脱条件见表1。

表 1　流动相洗脱条件

梯度时间(min)	流动相比例(%)	
	流动相 A	流动相 B
0	20	80
1	20	80
2	80	20
2.5	80	20
3	20	80
5	20	80

9.1.5　流速:0.2 mL/min。

9.2　质谱参考条件

9.2.1　离子源:电喷雾离子源。

9.2.2　扫描方式:负离子模式。

9.2.3　检测方式:多反应监测(MRM)。

9.2.4　离子源温度:120℃。

9.2.5 雾化气流速:600 L/h。

9.2.6 锥孔气流速:50 L/h。

9.2.7 保留时间、定性离子对、定量离子对和碰撞能量见表2。

表2 定性离子对、定量子离子和碰撞能量

化合物名称	离子对(m/z)	碰撞能量(eV)
草甘膦	167.9/149.9	10
	167.9/80.9	15

9.3 定性依据

在相同实验条件下,样液中被测物的色谱保留时间与标准工作液相同,并且在扣除背景后的样品色谱图中,所选择的离子对均出现,各定性离子的相对丰度与标准品离子的相对丰度相比,偏差不超过表3规定的范围内,则可判断样品中存在相应的被测物。

表3 定性确证时相对离子丰度的最大允许偏差

单位为百分号

相对离子丰度	>50	20~50(含)	10~20(含)	≤10
允许的相对偏差	±20	±25	±30	±50

9.4 定量测定

根据9.1和9.2设定的仪器条件,待仪器稳定后,取样品制备液和混合标准工作溶液进行测定,做单点或多点校准,外标法计算样品中草甘膦的残留量,定量离子采用丰度最大的二级特征离子碎片。样品溶液及空白添加混合标准工作溶液中草甘膦的峰面积均在仪器检测的线性范围之内。

按照设定的分析程序,依次分析校准空白溶液、混合标准使用溶液和样品,绘制标准曲线、计算回归方程,扣除背景或以干扰系数法修正干扰,由计算机打印分析结果。

9.5 空白溶液

9.5.1 校准空白,初始流动相,用来建立分析校准曲线。

9.5.2 实验室试剂空白,必须与样品处理过程一样加入相同体积的所有试剂,用来评价样品制备过程中可能的污染和背景谱干扰。实验室试剂空白的制备过程必须与样品处理步骤完全相同,测定样品的分析结果应减去实验室试剂空白。

10 结果计算与表示

10.1 结果计算

样品中除草剂残留含量按式(1)计算。

$$X = \frac{(C/80\%) \times V}{m} \quad \cdots\cdots (1)$$

式中:

X——样品中待测组分含量,单位为微克每千克($\mu g/kg$)或微克每升($\mu g/L$);

C——样品溶液中待测组分浓度,单位为微克每毫升($\mu g/mL$);

V——样品提取液最终定容体积,单位为毫升(mL);

m——样品质量或体积,单位为克(g)或毫升(mL)。

10.2 结果表示

测定结果扣除空白值。组分浓度值< 10,保留 2 位有效数字;浓度值≥10,保留 3 位有效数字。

11 精密度和准确度

11.1 灵敏度

本方法草甘膦的测定低限铜见表 4。

表 4 不同基质草甘膦的检出限和定量下限

待测物质	基　质							
	水(μg/L)		底泥(μg/kg)		鱼肉(μg/kg)		植物(μg/kg)	
	LOD	LOQ	LOD	LOQ	LOD	LOQ	LOD	LOQ
草甘膦	10	25	10	15	10	15	10	15

11.2 线性范围

草甘膦:0 ng/mL～500 ng/mL。

11.3 准确度

本方法除草剂加标浓度见表 5。在水中,草甘膦回收率为 87.0％～117.7％。在鱼肉中,草甘膦回收率为 68.9％～110.4％。在水生植物中,草甘膦回收率为 71.0％～94.5％。在底泥中,草甘膦回收率为 67.8％～102.3％。

表 5 不同基质除草剂的加标量

加标物质	基　质											
	水(ng/L)			鱼肉(μg/kg)			底泥(μg/kg)			植物(μg/kg)		
草甘膦	50	100	300	50	100	300	50	100	300	50	100	300

11.4 精密度

本方法批内相对标准偏差≤15％,批间相对标准偏差≤20％。

12 质量保证和质量控制

12.1 试剂纯度:由于 LC-MS/MS 检出限极低,因此建议在标准溶液配制和样品前处理时均必须使用高纯度试剂,以降低测定空白值。

12.2 标准曲线:每次分析均应绘制校准曲线。通常情况下,校准曲线的相关系数应达到 0.995 以上。

12.3 全程序空白:每批样品应至少做一个全程序空白,所测组分的空白值不得超过方法检出限。若超出则须查找原因,重新分析直至合格之后才能分析样品。

12.4 实验室控制样品:在处理的每批样品中,应在试剂空白中加入每种分析物质,其浓度应与校准曲线中间浓度相当,然后按照整个步骤进行预处理和测定,其加标回收率应为 80％～120％。也可以使用有证标准样品代替加标,其测定值应在标准要求的范围内。

12.5 基体加标:每批样品应至少测定 10％的加标样品,样品数量少于 10 时,应至少测定一个加标样品,测定的加标回收率应为 80%～120%。

12.6 连续校准:每分析 10 个样品,应分析一次校准曲线中间浓度点,其测定结果与实际浓度值相对偏差应≤10%,否则应查找原因或重新建立校准曲线。每批样品分析完毕后,应进行一次曲线最低点的分析,其测定结果与实际浓度值相对偏差应≤30%。

13 废弃物的处理

根据国家相应的固体废弃物处理法,交由有资质的处置单位进行统一处理。

14 注意事项

乙腈、二氯甲烷等溶剂对身体有一定危害,故需要在通风橱进行操作。如有必要,需配备防护器具。

附　录　A

（资料性附录）

色谱图示例

草甘膦标准溶液的色谱质谱图见图 A.1。

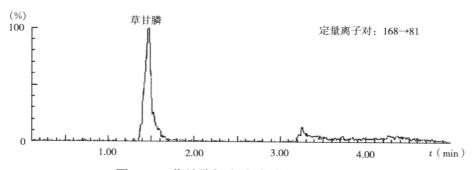

图 A.1　草甘膦标准溶液的色谱质谱图

鱼肉中 5 种酰胺类除草剂残留量
的测定　气相色谱法

1　适用范围

本规程规定了测定鱼肉中 5 种酰胺类除草剂(见表 1)的气相色谱法。

本规程适用于鱼肉中甲草胺、乙草胺、异丙草胺、吡唑草胺和丁草胺单个或多个混合物残留量的气相色谱法。

表 1　5 种酰胺类除草剂的中英文名称和 CAS 号

中文名称	英文名称	CAS 号
甲草胺	Alachlor	15972-60-8
乙草胺	Acetochlor	34256-82-1
异丙草胺	Propisochlor	86763-47-5
吡唑草胺	2-Chloro-N-(2,6-dimethylphenyl)acetamide	1131-01-7
丁草胺	Butachlor	23184-66-9

2　规范性引用文件

本规程内容引用了下列文件或其中的条款。凡是不注明日期的引用文件,其有效版本适用于本规程。

GB/T 5009.218—2008　水果和蔬菜中多种农药残留量的测定

GB/T 6682—2008　分析实验室用水规格和试验方法

GB/T 30891—2014　水产品抽样规范

SC/T 3016—2004　水产品抽样方法

SC/T 9102.3—2007　渔业生态环境监测规范　第 3 部分:淡水

3　方法原理

试样中用正己烷均质提取,经 C_{18} 固相萃取小柱净化,洗脱液浓缩并用正己烷溶解定容后,供气相色谱分离-电子捕获检测器(GC-ECD)测定和验证,色谱保留时间定性,内标法定量。

4　安全

正己烷、丙酮等有机溶剂对人体有一定危害,需在通风橱进行相关操作,并配备防护器具。

中南大学　编制

5 试剂和材料

5.1 正己烷(C_6H_{14}):色谱级。

5.2 丙酮(CH_3COCH_3):色谱级。

5.3 二氯甲烷(CH_2Cl_2):色谱级。

5.4 C_{18}固相萃取小柱:500 mg/3 mL。

5.5 高纯氮气:纯度≥99.99%。

5.6 标准溶液

5.6.1 单元素标准储备溶液($\rho=1.00$ g/L)

甲草胺、乙草胺、异丙草胺、吡唑草胺和丁草胺标准储备溶液可用标准物质(纯度≥98.0%)配制成浓度为1.00 g/L的标准储备溶液,也可购买有证标准溶液。

5.6.2 混合标准储备溶液($\rho=10.0$ mg/L)

准确移取甲草胺、乙草胺、异丙草胺、吡唑草胺和丁草胺标准储备溶液各100 μL至10.0 mL容量瓶中,用正己烷定容,稀释成混合标准储备溶液,4℃暂存,也可以购买有证标准溶液。

5.6.3 混合标准使用溶液

混合标准使用溶液现用现配。用正己烷对5.6.2混合标准储备溶液进行逐级稀释,其浓度分别为:甲草胺(3.00 μg/L、6.00 μg/L、30.0 μg/L、60.0 μg/L、120 μg/L、180 μg/L、240 μg/L、300 μg/L)、乙草胺(2.00 μg/L、4.00 μg/L、20.0 μg/L、40.0 μg/L、80.0 μg/L、120 μg/L、160 μg/L、200 μg/L)、异丙草胺(2.00 μg/L、4.00 μg/L、20.0 μg/L、40.0 μg/L、80.0 μg/L、120 μg/L、160 μg/L、200 μg/L)、吡唑草胺(2.00 μg/L、4.00 μg/L、20.0 μg/L、40.0 μg/L、80.0 μg/L、120 μg/L、160 μg/L、200 μg/L)和丁草胺(4.00 μg/L、8.00 μg/L、40.0 μg/L、80.0 μg/L、120 μg/L、180 μg/L、240 μg/L、320 μg/L、400 μg/L)。

6 仪器和设备

6.1 气相色谱仪-电子捕获检测器。

6.2 氮吹仪。

6.3 电子天平。

6.4 超纯水制备仪。

6.5 涡旋混匀器。

6.6 超声波清洗器。

6.7 高速离心机。

6.8 A级玻璃量器。

7 样品

7.1 样品采集与保存

参照SC/T 3016—2004相关规定进行鱼样采集,取鱼脊背肌肉样品400 g,装入洁净的聚乙烯盛样袋内,密闭,标明标记。样品采用便携式冰箱运回试验室,保存于—20℃。

7.2 样品的制备

将鱼脊背肌肉样品切碎后,依次用组织捣碎机将样品加工成浆状,混匀,均分成 3 份作为试样,分装入洁净的聚乙烯盛样袋内,密闭,标明标记。

8 测定步骤

8.1 提取

准确称取试样 5.0 g(精确至 0.1 g)于 50 mL 塑料离心管中,加入 20 mL 正己烷,涡旋均质 1.5 min,再于 25℃水浴中超声辅助萃取 40 min(37 kHz,200 W)。再以 6 000 r/min 离心 6 min,留取上清液。

8.2 净化

用 2 mL 正己烷淋洗、活化 C$_{18}$ 固相萃取柱,再将 8.1 获取的上清液全部加入活化后的 C$_{18}$ 固相萃取柱中。待上清液全部淋洗完毕,再用 1 mL 正己烷淋洗。待淋洗液完全流出,用 3 mL 二氯甲烷+正己烷(1+1,体积比)洗脱。收集洗脱液,于 25℃氮吹至近干,再用正己烷定容至 1 mL,0.22 μm 醋酸纤维滤膜过滤,收集滤液,供气相色谱仪测定。

8.3 气相色谱测定

8.3.1 气相色谱条件

色谱柱:30 m×0.25 mm(内径),膜厚 0.25 μm,HP-5 毛细管柱,或相当者。

色谱柱温度:初始温度 100℃保持 1 min,以 10℃/min 升到 200℃保持 1 min,再以 5℃/min 升到 240℃保持 0.5 min,最后以 20℃/min 升到 260℃,保持 1 min。

进样口温度:290℃。

检测器温度:290℃。

载气:氮气,纯度≥99.999%,恒流模式,流速 1.0 mL/min。

进样体积:2 μL。

进样方式:无分流自动进样。

8.3.2 定量测定

根据 8.3.1 设定的仪器条件,待仪器稳定后,取样品制备液和混合标准工作溶液进行测定,做单点或多点校准,外标法计算样品中 5 种酰胺类除草剂的残留量。样品溶液及空白添加混合标准工作溶液中 5 种酰胺类除草剂的峰面积均在仪器检测的线性范围之内。

按照设定的分析程序,依次分析校准空白溶液、混合标准使用溶液和样品,绘制标准曲线、计算回归方程,扣除背景或以干扰系数法修正干扰。

9 空白试样的制备

9.1 样品空白

超市购买的新鲜草鱼,净养 1 周,然后按照 7.2 步骤制备空白试样。

9.2 校准空白

试剂空白必须与样品处理过程一样加入相同体积的所有试剂,用来评价样品制备过程中可能的污染和背景谱干扰。实验室试剂空白的制备过程必须与样品处理步骤完全相同,测定样品的分析结果应减去实验室试剂空白。

10　结果计算与表示

10.1　结果计算

样品中除草剂残留含量按式(1)计算。

$$X = \frac{C \times V \times n}{m} \quad\text{..}\quad (1)$$

式中:

X——样品中待测组分含量,单位为微克每千克($\mu g/kg$);

C——样品溶液中待测组分浓度,单位为微克每毫升($\mu g/mL$);

V——样品提取液最终定容体积,单位为毫升(mL);

m——样品质量或体积,单位为克(g)或升(L);

n——稀释倍数。

10.2　结果表示

测定结果扣除空白值。组分浓度值<10,保留 2 位有效数字;浓度值≥10,保留 3 位有效数字。

11　精密度和准确度

批内相对标准偏差≤10%,批间相对标准偏差≤15%。

12　质量保证和质量控制

12.1　试剂纯度:建议在标准溶液配制和样品前处理时均必须使用高纯度试剂,以降低测定空白值。

12.2　全程序空白:每批样品应至少做一个全程序空白,所测元素的空白值不得超过方法检出限。若超出则须查找原因,重新分析直至合格之后才能分析样品。

12.3　实验室控制样品:在处理的每批样品中,应在试剂空白中加入每种分析物质,其浓度应与校准曲线中间浓度相当,然后按照整个步骤进行预处理和测定,其加标回收率应为 80%～120%。也可以使用有证标准样品代替加标,其测定值应在标准要求的范围内。

12.4　基体加标:每批样品应至少测定 10%的加标样品,样品数量少于 10 时,应至少测定一个加标样品,测定的加标回收率应为 80%～120%。

12.5　连续校准:每分析 10 个样品,应分析一次校准曲线中间浓度点,其测定结果与实际浓度值相对偏差应≤10%,否则应查找原因或重新建立校准曲线。每批样品分析完毕后,应进行一次曲线最低点的分析,其测定结果与实际浓度值相对偏差应≤30%。

13　注意事项

13.1　丙酮、二氯甲烷等溶剂对身体有一定危害,故需要在通风橱进行操作。如有必要,需配备防护器具。

13.2　为提高回收率,样品氮吹时气流不宜过大。

附 录 A

(资料性附录)

色谱图示例

5 种酰胺类除草剂的色谱图见图 A.1。

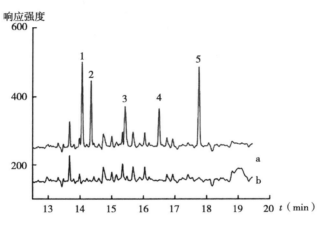

说明:

1——乙草胺;   4——吡唑草胺;

2——甲草胺;   5——丁草胺。

3——异丙草胺;

注: a 为加标,b 为未加标。

图 A.1 5 种酰胺类除草剂的色谱图

鱼肉中莠去津、氟乐灵和二甲戊乐灵3种除草剂残留量的测定 气相色谱法

1 适用范围

本规程规定了测定鱼肉中3种除草剂(见表1)的气相色谱法。

本规程适用于鱼肉中莠去津、氟乐灵和二甲戊乐灵单个或多个混合物残留量的气相色谱法。

表1 3种酰胺类除草剂的中英文名称和CAS号

中文名称	英文名称	CAS号
莠去津	Atrazine	1912-24-9
氟乐灵	Trifluralin	40487-42-1
二甲戊乐灵	Pendimethalin	1582-09-8

2 规范性引用文件

本规程内容引用了下列文件或其中的条款。凡是不注明日期的引用文件,其有效版本适用于本规程。

GB/T 5009.218—2008 水果和蔬菜中多种农药残留量的测定

GB/T 6682—2008 分析实验室用水规格和试验方法

GB/T 30891—2014 水产品抽样规范

SC/T 3016—2004 水产品抽样方法

SC/T 9102.3—2007 渔业生态环境监测规范 第3部分:淡水

3 方法原理

试样中用乙腈均质提取,经 C_{18} 和PSA吸附净化,净化液浓缩、正己烷定容后,供气相色谱分离-电子捕获检测器(GC-ECD)测定和验证,色谱保留时间定性,内标法定量。

4 安全

乙腈、正己烷等有机溶剂对人体有一定危害,需在通风橱进行相关操作,并配备防护器具。

5 试剂和材料

5.1 乙腈(C_2H_3N):色谱级。

5.2 正己烷(C_6H_{14}):色谱级。

5.3 丙酮(CH₃COCH₃):色谱级。

5.4 硫酸镁(MgSO₄·7H₂O):分析纯。

5.5 氯化钠(NaCl):分析纯,400℃灼烧 4 h,储于密封容器中备用。

5.6 PSA 吸附剂:粒径 40 μm～63 μm。

5.7 C₁₈吸附剂:粒径 40 μm～63 μm。

5.8 高纯氮气:纯度≥99.99%。

5.9 标准溶液

5.9.1 单元素标准储备溶液(ρ=1.00 g/L)

莠去津、二甲戊灵和氟乐灵标准储备溶液可用标准物质(纯度≥96.0%)配制成浓度为 1.00 g/L 的标准储备溶液,也可购买有证标准溶液。

5.9.2 混合标准储备溶液(莠去津 ρ=100 mg/L、二甲戊灵和氟乐灵 ρ=10.0 mg/L)

准确移取莠去津标准储备溶液 1.0 mL、二甲戊灵和氟乐灵标准储备溶液各 100 μL 至 10.0 mL 容量瓶中,用正己烷定容,稀释成混合标准储备溶液,4℃暂存,也可以购买有证标准溶液。

5.9.3 混合标准使用溶液

混合标准使用溶液现用现配。用正己烷对 5.9.2 混合标准储备溶液进行逐级稀释,其浓度分别为:莠去津(10.0 μg/L、20.0 μg/L、50.0 μg/L、100 μg/L、200 μg/L、400 μg/L、500 μg/L)、氟乐灵(0.20 μg/L、0.50 μg/L、1.00 μg/L、2.50 μg/L、5.00 μg/L、8.00 μg/L、10.0 μg/L)、二甲戊灵(0.50 μg/L、1.00 μg/L、5.00 μg/L、10.0 μg/L、20.0 μg/L、40.0 μg/L、50.0 μg/L)。

6 仪器和设备

6.1 气相色谱仪-电子捕获检测器。

6.2 氮吹仪。

6.3 电子天平。

6.4 超纯水制备仪。

6.5 马弗炉。

6.6 涡旋混匀器。

6.7 超声波清洗器。

6.8 高速离心机。

6.9 A 级玻璃量器。

7 样品

7.1 样品采集与保存

参照 SC/T 3016—2004 相关规定进行鱼样采集,取鱼脊背肌肉样品 400 g,装入洁净的聚乙烯盛样袋内,密闭标记。样品采用便携式冰箱运回试验室,于−20℃保存。

7.2 样品的制备

将鱼脊背肌肉样品切碎后,依次用组织捣碎机将样品加工成浆状,混匀,均分成 3 份作为试样,分装入洁净的聚乙烯盛样袋内,密闭,标明标记。

8　测定步骤

8.1　提取

准确称取试样 5.0 g(精确至 0.1 g)于 50 mL 塑料离心管中,加入 10 mL 乙腈,涡旋均质 5 min。然后加入 4 g MgSO$_4$和 1 g NaCl,涡旋混匀以充分除去水分,于 25℃水浴中超声辅助萃取 10 min(37 kHz,200 W)。再以 6 000 r/min 离心 6 min,留取上清液。

8.2　净化

取上清液 3 mL,加入 100 mg C$_{18}$和 150 mg PSA,涡旋 2 min。再以 6 000 r/min 离心 5 min,留取上清液。取上清液 2 mL,于 25℃氮吹至近干,再用正己烷定容至 100 μL,供气相色谱仪测定。

8.3　气相色谱测定

8.3.1　气相色谱条件

色谱柱:60 m×0.32 mm(内径),膜厚 0.25 μm,HP-5 毛细管柱,或相当者。

色谱柱温度:初始温度 100℃保持 1 min,以 20℃/min 升到 180℃保持 1 min,再以 8℃/min 升到 200℃保持 2 min,最后以 20℃/min 升到 260℃,保持 3 min。

进样口温度:270℃。

检测器温度:270℃。

载气:氮气,纯度≥99.999%,恒流模式,流速 1.0 mL/min。

进样体积:2 μL。

进样方式:无分流自动进样。

8.3.2　定量测定

根据 8.3.1 设定的仪器条件,待仪器稳定后,取样品制备液和混合标准工作溶液进行测定,做单点或多点校准,外标法计算样品中莠去津、氟乐灵和二甲戊灵的残留量。样品溶液及空白添加混合标准工作溶液中莠去津、氟乐灵和二甲戊灵的峰面积均在仪器检测的线性范围之内。

按照设定的分析程序,依次分析校准空白溶液、混合标准使用溶液和样品,绘制标准曲线、计算回归方程,扣除背景或以干扰系数法修正干扰。

9　空白试样的制备

9.1　样品空白

超市购买的新鲜草鱼,净养 1 周,然后按照 7.2 步骤制备空白试样。

9.2　校准空白

试剂空白必须与样品处理过程一样加入相同体积的所有试剂,用来评价样品制备过程中可能的污染和背景谱干扰。实验室试剂空白的制备过程必须与样品处理步骤完全相同,测定样品的分析结果应减去实验室试剂空白。

10　结果计算与表示

10.1　结果计算

样品中除草剂残留含量按式(1)计算。

$$X = \frac{C \times V \times n}{m} \quad \cdots\cdots\cdots\cdots\cdots\cdots\cdots\cdots\cdots\cdots\cdots\cdots\cdots\cdots \quad (1)$$

式中：

X——样品中待测组分含量，单位为微克每千克（μg/kg）；

C——样品溶液中待测组分浓度，单位为微克每毫升（μg/mL）；

V——样品提取液最终定容体积，单位为毫升（mL）；

m——样品质量或体积，单位为克（g）或升（L）；

n——稀释倍数。

10.2 结果表示

测定结果扣除空白值。组分浓度值<10，保留 2 位有效数字；浓度值≥10，保留 3 位有效数字。

11 精密度和准确度

批内相对标准偏差≤10%，批间相对标准偏差≤15%。

12 质量保证和质量控制

试剂纯度：建议在标准溶液配制和样品前处理时均必须使用高纯度试剂，以降低测定空白值。

全程序空白：每批样品应至少做一个全程序空白，所测元素的空白值不得超过方法检出限。若超出则须查找原因，重新分析直至合格之后才能分析样品。

实验室控制样品：在处理的每批样品中，应在试剂空白中加入每种分析物质，其浓度应与校准曲线中间浓度相当，然后按照整个步骤进行预处理和测定，其加标回收率应为 80%～120%。也可以使用有证标准样品代替加标，其测定值应在标准要求的范围内。

基体加标：每批样品应至少测定 10% 的加标样品，样品数量少于 10 时，应至少测定一个加标样品，测定的加标回收率应为 80%～120%。

连续校准：每分析 10 个样品，应分析一次校准曲线中间浓度点，其测定结果与实际浓度值相对偏差应≤10%，否则应查找原因或重新建立校准曲线。每批样品分析完毕后，应进行一次曲线最低点的分析，其测定结果与实际浓度值相对偏差应≤30%。

13 注意事项

13.1 乙腈等溶剂对身体有一定危害，故需要在通风橱进行操作。如有必要，需配备防护器具。

13.2 为提高回收率，样品氮吹时气流不宜过大。

附　录　A

（资料性附录）

色谱图示例

莠去津、氟乐灵和二甲戊乐灵 3 种除草剂的色谱图见图 A.1。

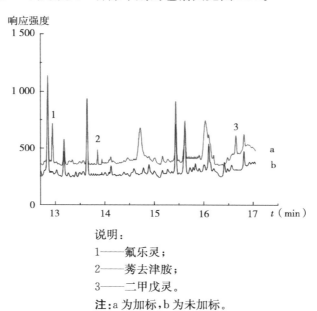

说明：

1——氟乐灵；

2——莠去津胺；

3——二甲戊灵。

注：a 为加标，b 为未加标。

图 A.1　莠去津、氟乐灵和二甲戊乐灵 3 种除草剂的色谱图

鱼肉中 6 种磺酰脲类除草剂残留量的测定 液相色谱-串联质谱法

1 适用范围

本规程规定了测定鱼肉中 6 种磺酰脲类除草剂(见表 1)的超高效液相色谱-串联质谱法。

本规程适用于鱼肉中氯磺隆、甲磺隆、苯磺隆、烟嘧磺隆、氯嘧磺隆和噻吩磺隆单个或多个混合物残留量的气相色谱法。

表 1　6 种磺酰脲类除草剂的中英文名称和 CAS 号

中文名称	英文名称	CAS 号
氯磺隆	Chlorsulfuron	64902-72-3
甲磺隆	Metsulfuron-methyl	74223-64-6
苯磺隆	Tribenuron-methyl	101200-48-0
烟嘧磺隆	Nicosulfuron	111991-09-4
氯嘧磺隆	Chlorimuron-ethyl	90982-32-4
噻吩磺隆	Thifensulfuron methyl	79277-27-3

2 规范性引用文件

本规程内容引用了下列文件或其中的条款。凡是不注明日期的引用文件,其有效版本适用于本规程。

GB/T 5009.218—2008　水果和蔬菜中多种农药残留量的测定

GB/T 6682—2008　分析实验室用水规格和试验方法

GB/T 30891—2014　水产品抽样规范

SC/T 3016—2004　水产品抽样方法

SC/T 9102.3—2007　渔业生态环境监测规范　第 3 部分:淡水

3 方法原理

试样中用甲醇-磷酸缓冲液均质微波消解提取,经 HLB 固相萃取小柱净化,洗脱液浓缩并用乙腈溶解定容后,供超高效液相色谱-串联质谱(HPLC-MS/MS)测定和验证,内标法定量。

4 安全

乙腈、正己烷等有机溶剂对人体有一定危害,需在通风橱进行相关操作,并配备防护

中南大学　编制

器具。

5　试剂和材料

5.1　正己烷(C_6H_{14})：色谱级。

5.2　甲醇(CH_3OH)：色谱级。

5.3　乙腈(C_2H_3N)：色谱级。

5.4　磷酸氢二钠(Na_2HPO_4)：优级纯。

5.5　磷酸二氢钠(NaH_2PO_4)：优级纯。

5.6　磷酸(H_3PO_4)：优级纯。

5.7　HLB固相萃取小柱：60 mg/3 mL。

5.8　高纯氮气：纯度≥99.99%。

5.9　标准溶液

5.9.1　**单元素标准储备溶液**($\rho=1.00$ g/L)

氯磺隆、甲磺隆、苯磺隆、烟嘧磺隆、氯嘧磺隆和噻吩磺隆标准储备溶液可用标准物质(纯度≥96.0%)配制成浓度为1.00 g/L的标准储备溶液，也可购买有证标准溶液。

5.9.2　**混合标准储备溶液**($\rho=10.0$ mg/L)

准确移取氯磺隆、甲磺隆、苯磺隆、烟嘧磺隆、氯嘧磺隆和噻吩磺隆标准储备溶液各100.0 μL至10.0 mL容量瓶中，用甲醇定容，稀释成混合标准储备溶液，4℃暂存，也可以购买有证标准溶液。

5.9.3　**混合标准使用溶液**

混合标准使用溶液现用现配。用正己烷对5.8.2混合标准储备溶液进行逐级稀释，其浓度分别为：氯磺隆(1.00 μg/L、5.00 μg/L、10.0 μg/L、50.0 μg/L、100 μg/L、150 μg/L、200 μg/L)、甲磺隆(1.00 μg/L、5.00 μg/L、10.0 μg/L、50.0 μg/L、100 μg/L、150 μg/L、200 μg/L)、苯磺隆(1.00 μg/L、5.00 μg/L、10.0 μg/L、50.0 μg/L、100 μg/L、150 μg/L、200 μg/L)、烟嘧磺隆(1.00 μg/L、5.00 μg/L、10.0 μg/L、50.0 μg/L、100 μg/L、150 μg/L、200 μg/L)、氯嘧磺隆(1.00 μg/L、5.00 μg/L、10.0 μg/L、50.0 μg/L、100 μg/L、150 μg/L、200 μg/L)和噻吩磺隆(1.00 μg/L、5.00 μg/L、10.0 μg/L、50.0 μg/L、100 μg/L、150 μg/L、200 μg/L)。

6　仪器和设备

6.1　超高效液相色谱仪-串联质谱检测器。

6.2　微波消解仪。

6.3　氮吹仪。

6.4　电子天平。

6.5　超纯水制备仪。

6.6　高速离心机。

6.7　A级玻璃量器。

7 样品

7.1 样品采集与保存

参照 SC/T 3016—2004 相关规定进行鱼样采集,取鱼脊背肌肉样品 400 g,装入洁净的聚乙烯盛样袋内,密闭,标明标记。样品采用便携式冰箱运回试验室,保存于—20℃。

7.2 样品的制备

将鱼脊背肌肉样品切碎后,依次用组织捣碎机将样品加工成浆状,混匀,均分成 3 份作为试样,分装入洁净的聚乙烯盛样袋内,密闭,标明标记。

8 测定步骤

8.1 提取

准确称取试样 5.0 g(精确至 0.1 g)于微波消解罐中,加入 15 mL 甲醇+磷酸缓冲液(2+8,体积比,pH=7.8),微波消解萃取 20 min。将消解液 6 000 r/min 离心 15 min,取上清液,并用磷酸调 pH 至 2.5。

8.2 净化

HLB 固相萃取小柱依次用 5 mL 甲醇、5 mL 磷酸缓冲液(pH=2.5)进行活化,再将 8.1 获取的上清液全部加入活化后的 HLB 固相萃取柱中。待上清液全部淋洗完毕,用 10 mL 乙腈洗脱。收集洗脱液,于 25℃氮吹至近干,再用乙腈定容至 1 mL,0.22 μm 醋酸纤维滤膜过滤,收集滤液,供超高效液相色谱-串联质谱仪测定。

8.3 超高效液相色谱-串联质谱测定

8.3.1 超高效液相色谱条件

色谱柱:3.0 mm×50 mm、2.7 μm Agilent InfinityLab Poroshell 120 EC-C$_{18}$色谱柱,或相当者。

色谱柱温度:35℃。

流动相:A 为 0.1%甲酸水,B 为甲醇。

流动相流速:0.3 mL/min。

进样体积:10 μL。

8.3.2 串联质谱条件

离子源:ESI。

监测方式:MRM。

干燥气:氮气(N$_2$)。

干燥气温度:350℃。

干燥气流速:8 mL/min。

8.3.3 定量测定

根据 8.3.1 和 8.3.2 设定的仪器条件,待仪器稳定后,取样品制备液和混合标准工作溶液进行测定,做单点或多点校准,外标法计算样品中 6 种酰脲类除草剂的残留量,定量离子采用丰度最大的二级特征离子碎片。样品溶液及空白添加混合标准工作溶液中 6 种酰脲类除草剂的峰面积均在仪器检测的线性范围之内。

按照设定的分析程序,依次分析校准空白溶液、混合标准使用溶液和样品,绘制标准曲线、计算回归方程,扣除背景或以干扰系数法修正干扰。

表2　6种磺酰脲类除草剂的保留时间和MRM模式参数

除草剂	母离子	子离子(碰撞能)		碰撞电压,V
甲磺隆	381.8	166.9(13 V)	141.0(10 V)	110
氯磺隆	357.6	140.9(10 V)	167.0(14 V)	105
苯磺隆	395.7	154.9(6 V)	180.9(20 V)	100
烟嘧磺隆	411.4	181.8(20 V)	213.2(12 V)	98
氯嘧磺隆	414.7	185.9(18 V)	213.0(12 V)	102
噻吩磺隆	387.7	166.9(12 V)	140.9(18 V)	108

9　空白试样的制备

9.1　样品空白

超市购买的新鲜草鱼,净养1周,然后按照7.2步骤制备空白试样。

9.2　校准空白

试剂空白必须与样品处理过程一样加入相同体积的所有试剂,用来评价样品制备过程中可能的污染和背景谱干扰。实验室试剂空白的制备过程必须与样品处理步骤完全相同,测定样品的分析结果应减去实验室试剂空白。

10　结果计算与表示

10.1　结果计算

样品中除草剂残留含量按式(1)计算。

$$X = \frac{C \times V \times n}{m} \quad\cdots\cdots\cdots\cdots\cdots\cdots\cdots\cdots\cdots\cdots\cdots\cdots \quad (1)$$

式中:

X——样品中待测组分含量,单位为微克每千克(μg/kg);

C——样品溶液中待测组分浓度,单位为微克每毫升(μg/mL);

V——样品提取液最终定容体积,单位为毫升(mL);

m——样品质量或体积,单位为克(g)或升(L);

n——稀释倍数。

10.2　结果表示

测定结果扣除空白值。组分浓度值<10,保留2位有效数字;浓度值≥10,保留3位有效数字。

11　精密度和准确度

批内相对标准偏差≤10%,批间相对标准偏差≤15%。

12　质量保证和质量控制

试剂纯度:建议在标准溶液配制和样品前处理时均必须使用高纯度试剂,以降低测定空白值。

全程序空白:每批样品应至少做一个全程序空白,所测元素的空白值不得超过方法检出限。若超出则须查找原因,重新分析直至合格之后才能分析样品。

实验室控制样品:在处理的每批样品中,应在试剂空白中加入每种分析物质,其浓度应与校准曲线中间浓度相当,然后按照整个步骤进行预处理和测定,其加标回收率应为 80%～120%。也可以使用有证标准样品代替加标,其测定值应在标准要求的范围内。

基体加标:每批样品应至少测定 10% 的加标样品,样品数量少于 10 时,应至少测定一个加标样品,测定的加标回收率应为 80%～120%。

连续校准:每分析 10 个样品,应分析一次校准曲线中间浓度点,其测定结果与实际浓度值相对偏差应≤10%,否则应查找原因或重新建立校准曲线。每批样品分析完毕后,应进行一次曲线最低点的分析,其测定结果与实际浓度值相对偏差应≤30%。

13 注意事项

13.1 乙腈、正己烷等溶剂对身体有一定危害,故需要在通风橱进行操作。如有必要,需配备防护器具。

13.2 为提高回收率,样品氮吹时气流不宜过大。

第八部分

渔药的检测方法

水、底泥和水生植物中阿苯达唑、甲苯咪唑、左旋咪唑和阿维菌素 4 种渔药残留的测定 超高效液相色谱-串联质谱法

1 适用范围

本规程规定了阿苯达唑、甲苯咪唑、左旋咪唑和阿维菌素 4 种渔药的超高效液相色谱-串联质谱测定方法。适用于水、底泥和水生植物中阿苯达唑、甲苯咪唑、左旋咪唑和阿维菌素的多残留检测。其他渔药如果通过验证也可适用于本规程。

本规程水中各渔药的方法检出限为 0.003 μg/L～0.1 μg/L,测定下限为 0.01 μg/L～0.33 μg/L;底泥和水生植物中各渔药的方法检出限为 0.03 μg/kg～1 μg/kg,测定下限为 0.1 μg/kg～3.3 μg/kg。

2 规范性引用文件

本规程内容引用了下列文件或其中的条款。凡是不注明日期的引用文件,其有效版本适用于本规程。

GB/T 6682 分析实验室用水规格和试验方法

3 方法原理

试料(水、底泥和水生植物)中残留的阿苯达唑、甲苯咪唑和左旋咪唑,用乙腈(或乙酸乙酯)提取,超声辅助提取,用混合净化剂(GCB、PSA、无水硫酸镁)净化,超高效液相色谱-质谱测定,色谱保留时间和质谱特征离子共同定性,外标法定量。

4 干扰及消除

超高效液相色谱-串联质谱法测定水、底泥和水生植物中 4 种渔药残留量时存在的干扰主要为基质干扰。通常来说,基质效应是由于与被分析物一起流出的其他内源性物质造成的(例如,盐类、胺类、脂肪酸、甘油酸酯等)。这些物质与分析物共同流出喷雾针可影响待分析物的雾化、挥发、裂分、化学反应及带电过程,导致进入质谱的离子减少(离子抑制)或增多(离子增强),从而影响定量结果的可靠性和准确性。可以通过优化提取方法,改变色谱分析条件,添加内标或空白加标等方式消除基质干扰。

4.1 提取方法

常用的样品的提取方法包括液液萃取(LLE)和固相萃取(SPE)等。通常利用 LLE 或 SPE 制备的样品内源性杂质较少,有助于降低绝对基质效应。但样品前处理过程复杂会降低分析检测的效率,增加污染的风险,并可能带来待测组分的损失,也直接影响待测组分的提取

回收率。在样品制备方法的选择中,要兼顾基质效应和提取回收率两方面的因素。本方法采用 PSA、GCB 等净化剂进行净化处理,可有效去除色素等杂质,不需要复杂的固相萃取等步骤,在保证提取效率的前提下减少了前处理步骤。

4.2　液相色谱分离条件

尝试不同的色谱柱、洗脱条件等,避免基质和待测组分的共流出,可有效抑制离子效应,降低基质干扰。如利用梯度洗脱程序,可在 5 min 内将 4 种目标成分有效分离。

5　安全

5.1　检测人员进入实验区要严格遵守实验室相关规定。

5.2　实验操作时,穿工作服、戴口罩和手套;提取和净化操作应在通风橱中进行,避免化学试剂与皮肤接触或吸入有害气体,废弃的化学试剂分类收集至专用容器中集中处理。

5.3　实验区域内严禁明火。

6　试剂和材料

以下所用试剂除另有指定外,均为分析纯。

6.1　氩气:纯度不低于 99.99%。

6.2　氮气:纯度不低于 99.99%。

6.3　超纯水:电阻率大于 18.0 MΩ/cm,其余指标满足 GB/T 6682 中的一级标准。

6.4　甲醇:色谱纯。

6.5　甲酸:色谱级。

6.6　乙酸铵:色谱级。

6.7　乙腈:色谱级。

6.8　乙酸乙酯。

6.9　二甲亚砜:色谱级。

6.10　N-丙基乙二胺固相吸附剂(PSA)。

6.11　石墨化炭黑(GCB)。

6.12　无水硫酸镁。

6.13　无水硫酸钠。

6.14　氯化钠。

6.15　氢氧化钠溶液(1 mol/L)。

6.16　标准溶液

6.16.1　单组分标准储备溶液($\rho = 1.0$ mg/mL)

左旋咪唑(盐酸左旋咪唑)、甲苯咪唑、阿苯达唑和阿维菌素标准储备溶液可用标准物质(纯度≥96.0%)配制成浓度为 1.0 mg/mL 的标准储备溶液,储备液用甲醇-二甲亚砜(1+1,体积比)配制。也可购买有证标准溶液。标准储备液在 -20℃ 下于棕色瓶避光保存。

6.16.2　混合标准储备溶液($\rho = 10$ mg/L)

准确吸取单组分标准储备溶液各 100 μL 至 10 mL 容量瓶中,甲醇定容,稀释成浓度为

10 mg/L 混合标准储备溶液,4℃暂时存放。

6.16.3 基质匹配混合标准工作溶液

基质匹配混合标准工作溶液:用空白样品提取液配成不同浓度的基质匹配标准工作溶液,用于作标准工作曲线。基质匹配混合标准工作溶液应现用现配。

7 仪器和设备

7.1 超高效液相色谱-串联质谱仪,配电喷雾电离化(ESI)离子源。

7.2 分析天平:感量为 0.000 01 g。

7.3 天平:感量为 0.01 g。

7.4 超纯水制备仪。

7.5 涡旋混合器。

7.6 氮吹仪。

7.7 超声波清洗器。

7.8 离心机:5 000 r/min。

7.9 过滤装置:孔径为 0.22 μm 的醋酸纤维或聚乙烯滤膜。

7.10 A 级玻璃量器。

7.11 一般实验室常用仪器设备。

8 样品

8.1 样品的采集与保存

水样:用采水器采取液面下 0.5 m 处水样于 1 L 聚四氟乙烯塑料瓶中,密封,标记,装入保温采样箱中。

底泥:用采泥器采取底泥样品约 1 000 g 于聚四氟乙烯塑料袋中,密封,标记,装入保温采样箱中。

植物样品:摘取植物茎叶约 200 g 于聚四氟乙烯塑料袋中,密封,标记,装入保温采样箱中。

样品在储运过程中加冰保存。带回试验室后,保存于 −20℃冰柜中。

8.2 样品的制备

8.2.1 样品预处理

水样:样品过滤后,搅拌均匀。

底泥:样品解冻后,混合混匀。

水生植物:用组织捣碎机将样品捣碎,混合均匀。

8.2.2 样品提取与净化

水样:称取 10 mL 样品于 60 mL 分液漏斗中,用 30 mL 乙酸乙酯分 3 次萃取(10 mL、10 mL、10 mL),每次充分振荡提取 3 min,静置分层,合并乙酸乙酯萃取液。经无水硫酸钠脱水后,浓缩近干,50℃氮气吹干,用 1 mL 乙腈-水溶液(1+1,体积比)复溶。再用针式过滤器过 0.22 μm 滤膜,放入进样小瓶。待进样。

底泥:称取 10 g 底泥样品(精确至 0.01 g)于 50 mL 塑料离心管中,准确加入 20 mL 乙腈、200 μL 1 mol/L 氢氧化钠溶液和 4 g 氯化钠,用涡旋振荡器振荡 2 min,之后放入超声波发生器,超声辅助提取 30 min,其中超声波发生器内装有冰袋,防止在超声提取过程中温度上升;再以 5 000 r/min 离心 5 min。提前称取混合净化剂 0.1 g 于 10 mL 扣盖离心管中(混合净化剂中,GCB∶PSA∶无水硫酸镁=1∶20∶200,以质量计),加入上层提取液 5 mL;将离心管在涡旋振荡器上振荡 3 min,保证提取液和净化剂充分混合;之后以 5 000 r/min 离心 5 min。取上层净化溶液 2 mL 于 5 mL 塑料离心管内,50℃氮气吹干,用 1 mL 乙腈-水溶液(1+1,体积比)复溶,再用针式过滤器过 0.22 μm 滤膜,放入进样小瓶。待进样。

水生植物:称取 10 g 水生植物样品(精确至 0.01 g)于 50 mL 塑料离心管中,准确加入 20 mL 乙腈、200 μL 1 mol/L 氢氧化钠溶液和 3 g 氯化钠,用涡旋振荡器振荡 2 min,之后放入超声波发生器,超声辅助提取 30 min,其中超声波发生器内装有冰袋,防止在超声提取过程中温度上升;再以 5 000 r/min 离心 5 min。提前称取混合净化剂 0.1 g 于 10 mL 扣盖离心管中(混合净化剂中,GCB∶PSA∶无水硫酸镁=1∶20∶200,以质量计),加入上层提取液 5 mL;将离心管在涡旋振荡器上振荡 3 min,保证提取液和净化剂充分混合;之后以 5 000 r/min 离心 5 min。取上层净化溶液 2 mL 于 5 mL 塑料离心管内,50℃氮气吹干,用 1 mL 乙腈-水溶液(1+1)复溶,再用针式过滤器过 0.22 μm 滤膜,放入进样小瓶。待进样。

8.3 空白试样的制备

水样:以池塘水或实验用水代替样品,按照 8.2 步骤制备空白试样。

底泥:以池塘底泥代替样品,按照 8.2 步骤制备空白试样。

水生植物:以池塘水生植物代替样品,按照 8.2 步骤制备空白试样。

9 分析步骤

9.1 色谱条件

a) 色谱柱:超高效液相色谱条件色谱柱 Waters ACQUITY UPLC CSH C₁₈柱(2.1 mm×100 mm×1.7 μm)或相当;

b) 流动相:流动相 A 为乙腈,流动相 B 为含 10 mmol/L 乙酸铵和 0.1‰(体积分数)甲酸-水溶液,洗脱条件见表1;

c) 流速:0.3 mL/min;

d) 柱温:40℃;

e) 样品温度:5℃;

f) 进样体积:5 μL。

表 1　洗脱梯度表

时间(min)	A 相(%)	B 相(%)	梯度曲线
0	20	80	—
1	20	80	6
3	95	5	6
5	95	5	6
6	20	80	6
8	20	80	6

质谱条件：

a)　离子源：电喷雾离子源；

b)　扫描方式：正离子；

c)　监测方式：多反应监测（MRM）；

d)　毛细管电压：3.0 kV；

e)　离子源温度：150℃；

f)　雾化温度：500℃；

g)　雾化气流速：800 L/h；

h)　锥孔气流速：50 L/h；

i)　碰撞气氩气流速：0.15 mL/min；

j)　光电倍增器电压：535 V；

k)　保留时间、定性离子对、定量离子对、锥孔电压和碰撞能量见表2。

脱溶剂气和锥孔气均为高纯氮气，碰撞气为高纯度氩气；使用前，应调节气体流量以使质谱灵敏度达到检测要求。

表2　4种渔药保留时间、定性离子对、定量离子对和碰撞能量

药物名称	保留时间（min）	定性离子对（m/z）	定量离子对（m/z）	锥孔电压（V）	碰撞能量（eV）
左旋咪唑	1.35	205.0＞123.0 205.0＞90.9	205.0＞123.0	43	27 34
甲苯达唑	2.93	296.1＞264.1 296.1＞105.0	296.1＞264.1	22	28 18
阿苯达唑	3.15	266.1＞191.0 266.1＞234	266.1＞191.0	30	32 13
阿维菌素	4.96	890.6＞305.2 890.6＞567.4	890.6＞305.2	20	25 13

9.2　定性依据

通过液相色谱保留时间和串联质谱选择离子对共同定性。在相同实验条件下，待测物的保留时间与标准品保留时间的相对偏差不大于2.5%，并且在扣除背景后的样品色谱图中，所选择的离子对均出现，各定性离子的相对丰度与标准品离子的对丰度相比，偏差不超过表3规定的范围内，则可判断样品中存在相应的被测物。

表3　定性确证时相对离子丰度的最大允许偏差

单位为百分号

相对离子丰度	＞50	20～50(含)	10～20(含)	≤10
允许的相对偏差	±20	±25	±30	±50

9.3　定量测定

根据9.1和9.2设定的仪器条件，待仪器稳定后，取适量试样溶液和混合标准工作液进行测定，做单点或多点校准，外标法计算样品中渔药药物的残留量，定量离子采用丰度最大的二级特征离子碎片。样品溶液及空白添加混合标准工作溶液中阿苯达唑、甲苯咪唑、左旋咪唑和阿维菌素的峰面积均在仪器检测的线性范围之内。试样液进样过程中应参插标准工作液，以

171

便准确定量。

9.4 空白溶液

9.4.1 校准空白,初始流动相,用来建立分析校准曲线。

9.4.2 实验室试剂空白,必须与样品处理过程一样加入相同体积的所有试剂,用来评价样品制备过程中可能的污染和背景谱干扰。实验室试剂空白的制备过程必须与样品处理步骤完全相同,测定样品的分析结果应减去实验室试剂空白。

10 结果计算与表示

10.1 结果计算

样品中目标物残留含量按式(1)计算。

$$X = \frac{C \times V}{m} \quad \cdots\cdots\cdots\cdots\cdots\cdots\cdots\cdots\cdots\cdots\cdots\cdots\cdots \quad (1)$$

式中:

X ——样品中待测组分含量,单位为微克每千克($\mu g/kg$)或微克每升($\mu g/L$);

C ——样品溶液中待测组分浓度,单位为纳克每毫升(ng/mL);

V ——样品提取液最终定容体积,单位为毫升(mL);

m ——样品质量或体积,单位为克(g)或毫升(mL)。

10.2 结果表示

测定结果扣除空白值。组分浓度值<10,保留 2 位有效数字;浓度值≥10,保留 3 位有效数字。

11 精密度和准确度

11.1 灵敏度

本规程批内相对标准偏差≤15%,批间相对标准偏差≤15%。不同基质 4 种渔药的检出限和定量限见表 4。

表 4 不同基质 4 种渔药的检出限和定量限

单位为微克每千克

待测物	基 质					
	水		底泥		水生植物	
	LOD	LOQ	LOD	LOQ	LOD	LOQ
左旋咪唑	0.003	0.01	0.03	0.1	0.03	0.1
甲苯咪唑	0.003	0.01	0.03	0.1	0.03	0.1
阿苯达唑	0.003	0.01	0.03	0.1	0.03	0.1
阿维菌素	0.1	0.33	1	3.3	1	3.3

11.2 线性范围

左旋咪唑、甲苯咪唑、阿苯达唑:0.1 ng/mL ～10 ng/mL(以基质匹配标液浓度计算)。

阿维菌素:3.3 ng/mL ～200 ng/mL(以基质匹配标液浓度计算)。

11.3 准确度

不同基质 4 种渔药的平均回收率见表 5。

表 5 不同基质 4 种渔药的回收率

单位为百分号

待测物	基 质		
	水(1 ng/mL) (RSD,n＝5)	底泥(10 ng/mL) (RSD,n＝5)	水生植物(10 ng/mL) (RSD,n＝5)
左旋咪唑	103.3 (2.5)	70.9 (4.5)	84.5 (0.8)
甲苯咪唑	95.4 (3.9)	95.4 (3.9)	75.1 (3.1)
阿苯达唑	82.4 (3.2)	82.4 (3.2)	82.4 (3.2)
阿维菌素	98.3 (10.9)	80.8 (12.1)	103.3 (10.7)

11.4 精密度

本规程批内相对标准偏差≤15％,批间相对标准偏差≤15％。

12 质量保证和质量控制

12.1 试剂纯度:由于 UPLC-MS/MS 检出限极低,因此建议在标准溶液配制和样品前处理时均必须使用高纯度试剂,以降低测定空白值。

12.2 标准曲线:每次分析均应绘制校准曲线。通常情况下,校准曲线的相关系数应达到 0.999 以上。

12.3 全程序空白:每批样品应至少做一个全程序空白,所测物的空白值不得超过方法检出限。若超出则须查找原因,重新分析直至合格之后才能分析样品。

12.4 实验室控制样品:在处理的每批样品中,应在试剂空白中加入每种分析物质,其浓度应与校准曲线中间浓度相当,然后按照整个步骤进行预处理和测定,其加标回收率应为 80％～120％。也可以使用有证标准样品代替加标,其测定值应在标准要求的范围内。

12.5 基体加标:每批样品应至少测定 10％的加标样品,样品数量少于 10 时,应至少测定一个加标样品,测定的加标回收率应为 80％～120％。

12.6 连续校准:每分析 10 个样品,应分析一次校准曲线中间浓度点,其测定结果与实际浓度值相对偏差应≤10％;否则,应查找原因或重新建立校准曲线。每批样品分析完毕后,应进行一次曲线最低点的分析,其测定结果与实际浓度值相对偏差应≤30％。

13 废弃物的处理

根据国家相应的固体废弃物处理法,交由有资质的处置单位进行统一处理。

14 注意事项

14.1 甲醇、乙腈等溶剂对身体有一定危害,故需要在通风橱进行操作。如有必要,需配备防护器具。

14.2 为提高回收率,样品浓缩时旋转蒸发速度不宜过快,氮吹时气流不宜过大。

水产品及水环境中典型污染物检测操作规程

附 录 A
（资料性附录）
色谱-质谱图示例

左旋咪唑、甲苯咪唑、阿苯达唑和阿维菌素 4 种渔药的色谱-质谱图（选择离子模式）见图 A.1。

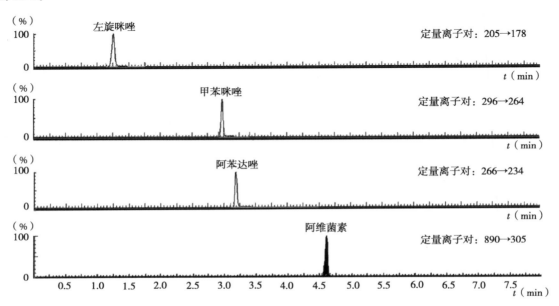

图 A.1 左旋咪唑、甲苯咪唑、阿苯达唑和阿维菌素 4 种渔药的色谱-质谱图（选择离子模式）

鱼肉和饲料中阿苯达唑、甲苯咪唑、左旋咪唑和阿维菌素 4 种渔药残留的测定 超高效液相色谱-串联质谱法

1 适用范围

本规程规定了 4 种渔药的超高效液相色谱-串联质谱测定方法。适用于鱼肉、饲料、抗生素和中草药中阿苯达唑、甲苯咪唑、左旋咪唑和阿维菌素的多残留检测。其他渔药如果通过验证也可适用于本规程。

本规程各渔药的方法检出限为 0.05 $\mu g/kg \sim$ 0.6 $\mu g/kg$,测定下限为 0.1 $\mu g/kg \sim$ 1.5 $\mu g/kg$。

2 规范性引用文件

本规程内容引用了下列文件或其中的条款。凡是不注明日期的引用文件,其有效版本适用于本规程。

GB/T 6682 分析实验室用水规格和试验方法

3 方法原理

试样中残留的阿苯达唑、甲苯咪唑、左旋咪唑和阿维菌素,用乙酸乙酯提取,浓缩富集,硅胶基伯胺仲胺键合相吸附剂 PSA 净化,超高效液相色谱-串联质谱仪测定,色谱保留时间和质谱特征离子共同定性,内标法定量。

4 干扰及消除

超高效液相色谱-串联质谱法测定鱼肉、饲料、抗生素和中草药中 4 种渔药残留量时存在的干扰主要为基质干扰。通常来说,基质效应是由于与被分析物一起流出的其他内源性物质造成的(如盐类、胺类、脂肪酸、甘油酸酯等)。这些物质与分析物共同流出喷雾针可影响待分析物的雾化、挥发、裂分、化学反应及带电过程,导致进入质谱的离子减少(离子抑制)或增多(离子增强),从而影响定量结果的可靠性和准确性。可以通过优化提取方法、改变色谱分析条件、添加内标或空白加标等方式消除基质干扰。

5 安全

5.1 检测人员进入实验区要严格遵守实验室相关规定。

5.2 实验操作时,穿工作服、戴口罩和手套;提取和净化操作应在通风橱中进行,避免化学试剂与皮肤接触或吸入有害气体,废弃的化学试剂分类收集至专用容器中集中处理。

中国水产科学研究院质量与标准研究中心 编制

5.3　实验区域内严禁明火。

6　试剂和材料

以下所用试剂除另有指定外,均为分析纯。

6.1　氩气:纯度不低于 99.99%。

6.2　氮气:纯度不低于 99.99%。

6.3　超纯水:电阻率大于 18.0 MΩ/cm,其余指标满足 GB/T 6682 中的一级标准。

6.4　甲醇:色谱纯。

6.5　乙酸乙酯:色谱纯。

6.6　硅胶基伯胺仲胺键合相吸附剂 PSA。

6.7　1 mol/L 氢氧化钠溶液:取氢氧化钠 40.0 g,用水溶解并稀释至 100 mL。

6.8　标准溶液

6.8.1　单组分标准储备溶液($\rho=100.00$ μg/mL)

阿苯达唑、甲苯咪唑、左旋咪唑(盐酸左旋咪唑)和阿维菌素标准储备溶液可用标准物质(纯度≥96.0%)配制成浓度为 100 μg/mL 的标准储备溶液,储备溶液用甲醇配制。—20℃避光保存,有效期 6 个月。也可购买有证标准溶液。

6.8.2　混合标准储备溶液($\rho=10.00$ μg/mL)

准确吸取单组分标准储备溶液各 1.00 mL,用甲醇定容至 10.00 mL,配制成浓度为 10.00 μg/mL 混合标准储备溶液。—20℃避光保存,有效期 3 个月。也可以购买有证标准溶液。

6.8.3　混合标准使用溶液

混合标准使用溶液现用现配。采用初始流动相逐级稀释,4 种渔药的浓度为 0.5 ng/mL、1 ng/mL、2 ng/mL、5 ng/mL、10 ng/mL、20 ng/mL、50 ng/mL、100 ng/mL、200 ng/mL。实际操作中,可根据样品的含量范围确定工作曲线。

6.8.4　标准内标溶液($\rho=10$ ng/mL)

配置 100 μg/mL 内标标准溶液。用初始流动相稀释,最终内标溶液浓度为 10 ng/mL。—20℃避光保存,有效期 3 个月。

7　仪器和设备

7.1　超高效液相色谱-串联质谱仪,配电喷雾电离化(ESI)离子源。

7.2　分析天平:感量为 0.000 01 g。

7.3　天平:感量为 0.01 g。

7.4　超纯水制备仪。

7.5　涡旋混合器。

7.6　旋转蒸发仪。

7.7　氮吹仪。

7.8　超声波清洗器。

7.9 离心机:6 000 r/min。

7.10 过滤装置:孔径为 0.22 μm 的醋酸纤维或聚乙烯滤膜。

7.11 A 级玻璃量器。

7.12 一般实验室常用仪器设备。

8　样品

8.1　样品的采集与保存

鱼样:每样 2 尾～3 尾。用不锈钢刀具取鱼体脊背肌肉共约 400 g,装入聚四氟乙烯塑料袋中,密封,标记,装入保温采样箱中。

饲料、中草药、抗生素:用四分法采取样品约 1 000 g 于聚四氟乙烯塑料袋中,密封,标记,装入保温采样箱中。

样品在储运过程中加冰保存。带回试验室后,饲料、抗生素和中草药样品应保存于 4℃左右冰箱内,鱼样保存于－20℃冰柜中。

8.2　样品的制备

8.2.1　样品预处理

用组织捣碎机将样品捣碎,混合均匀。

8.2.2　样品提取与净化

鱼样:称取试样(2±0.02)g,于 50 mL 聚丙烯离心管中,加入 10 ng/g 内标工作液混匀。向离心管中加入 10 mL 乙酸乙酯和 100 μL 的 1 mol/L 氢氧化钠溶液,涡旋混匀 1 min,超声 10 min,以 6 000 r/min 离心 5 min,收集上清液转移至 100 mL 棕色旋蒸瓶中。残渣用 10 mL 乙酸乙酯溶液重复提取一次,合并上清液。上清液于 40℃旋转蒸发至干,向鸡心瓶中加入 2 mL 甲醇-水溶液(35＋65,体积比)超声 1 min 以溶解残余物。将鸡心瓶中溶液转移至 10 mL 离心管中,加入 PSA 50 mg,涡旋混合 1 min,以 6 000 r/min 离心 5 min,取上清液过 0.22 μm 滤膜后待测。

饲料、中草药:称取试样(5±0.05)g,于 50 mL 聚丙烯离心管中,加入 10 ng/g 内标工作液混匀。向离心管中加入 25 mL 乙酸乙酯和 250 μL 的 1 mol/L 氢氧化钠溶液,涡旋混匀 1 min,超声 10 min,以 6 000 r/min 离心 5 min,收集上清液转移至 50 mL 棕色定量瓶中。残渣用 25 mL 乙酸乙酯溶液重复提取一次,合并上清液,并准确定量至 50 mL。溶液经滤纸过滤后,取 5mL 溶液(相当于试样 0.5 g),转移至 10 mL 离心管中,于 40℃水浴氮气吹干。向离心管中加入 2 mL 甲醇-水溶液(35＋65,体积比)超声 2 min 以溶解残余物。加入 PSA 300 mg～500 mg,涡旋混合 1 min,以 6 000 r/min 离心 5 min,取上清液过 0.22 μm 滤膜后待测。

抗生素:称取适量试样,置于 10 mL 定量瓶中,加入 10 ng/g 内标工作液混匀。加入 8 mL 甲醇-水溶液(35＋65,体积比),超声使其溶解,并准确定量至 10 mL。溶液经 6 000 r/min 离心 5 min,取上清液过 0.22 μm 滤膜后待测。

8.3　空白试样的制备

鱼样:以鳕代替样品,按照 8.2 步骤制备空白试样。

饲料:以鱼饲料代替样品,按照 8.2 步骤制备空白试样。

中草药:以大蒜素粉、苦参末代替样品,按照 8.2 步骤制备空白试样。

抗生素:以肠康宁代替样品,按照8.2步骤制备空白试样。

9 分析步骤

9.1 色谱条件

a) 色谱柱:C_{18}(2.1 mm×50 mm,粒径1.7 μm),或相当者;

b) 流速:0.3 mL/min;

c) 进样量:10 μL;

d) 柱温:40℃;

e) 洗脱条件见表1。

表1 洗脱梯度表

时间(min)	含10 mmol/L乙酸铵、0.1%甲酸的水溶液	含10 mmol/L乙酸铵、0.1%甲酸的甲醇溶液
0	90	10
2.0	2	98
3.0	2	98
3.5	90	10
5.0	90	10

9.2 质谱条件

a) 离子源:ESI源;

b) 扫描方式:正离子扫描;

c) 检测方式:多反应监测(MRM);

d) 脱溶剂气和锥孔气均为高纯氮气,碰撞气为高纯度氩气;使用前,应调节气体流量以使质谱灵敏度达到检测要求;

e) 锥孔电压、碰撞能量等电压值应优化至最佳灵敏度;

f) 定性离子对、定量离子对、锥孔电压和碰撞能量见表2。

表2 4种渔药类药物的质谱参数

待测物	保留时间(min)	母离子(m/z)	子离子(m/z)	锥孔电压(V)	碰撞能量(eV)	采集时间(min)
左旋咪唑 LVH	1.10	205.0	178.0* 91.0	40	20 30	0~1.5
甲苯咪唑 MBZ	2.00	296.0	264.0* 105.0	40	20 35	1.55~2.4
阿苯达唑 ABZ	2.18	266.1	234.1* 191.0	40	18 40	1.55~2.4
氘代阿苯达唑 ABZ-D3	2.18	269.1	234.1*	40	18	1.55~2.4
阿维菌素 ABM	2.75	890.4	305.1* 567.1	20	25 15	2.45~5.0
* 定量子离子。						

9.3　定性依据

通过液相色谱保留时间和串联质谱选择离子对共同定性。在相同实验条件下,待测物的保留时间与标准品保留时间的相对偏差不大于 2.5%,并且在扣除背景后的样品色谱图中,所选择的离子对均出现,各定性离子的相对丰度与标准品离子的对丰度相比,偏差不超过表 3 规定的范围内,则可判断样品中存在相应的被测物。

表 3　定性确证时相对离子丰度的最大允许偏差

单位为百分号

相对离子丰度	＞50	20～50(含)	10～20(含)	≤10
允许的相对偏差	±20	±25	±30	±50

9.4　定量测定

根据 9.1 和 9.2 设定的仪器条件,待仪器稳定后,取适量试样溶液和混合标准工作液进行测定,做单点或多点校准,内标法计算样品中渔药的残留量,定量离子采用丰度最大的二级特征离子碎片。样品溶液及空白添加混合标准工作溶液中阿苯达唑、甲苯咪唑、左旋咪唑和阿维菌素的峰面积均在仪器检测的线性范围之内。试样液进样过程中应参插标准工作液,以便准确定量。

9.5　空白溶液

9.5.1　校准空白,采用直接加入法时,加内标。

9.5.2　实验室试剂空白,必须与样品处理过程一样加入相同体积的所有试剂,用来评价样品制备过程中可能的污染和背景谱干扰。实验室试剂空白的制备过程必须与样品处理步骤完全相同,测定样品的分析结果应减去实验室试剂空白。

10　结果计算与表示

10.1　结果计算

样品中渔药残留含量按式(1)计算。

$$X = \frac{C \times C_i \times A \times A_{si} \times V}{C_{si} \times A_i \times A_s \times W} \quad \cdots\cdots\cdots\cdots\cdots\cdots\cdots\cdots\cdots \quad (1)$$

式中:

X　——样品中待测物残留量,单位为微克每千克(μg/kg);

C　——标准工作溶液中待测物的浓度,单位为微克每升(μg/L);

C_{si}——标准工作溶液中内标物的浓度,单位为微克每升(μg/L);

C_i　——试样中内标物的浓度,单位为微克每升(μg/L);

A　——试样中待测物的峰面积;

A_s　——标准工作溶液中待测物的峰面积;

A_{si}——标准工作溶液中内标物的峰面积;

A_i　——试样中内标物的峰面积;

V　——试样体积,单位为毫升(mL);

W　——试样取样量,单位为克(g)。

10.2　结果表示

测定结果扣除空白值。组分浓度值＜10,保留 2 位有效数字;浓度值≥10,保留 3 位有效

水产品及水环境中典型污染物检测操作规程

数字。

11 精密度和准确度

11.1 灵敏度

本规程批内相对标准偏差≤15%,批间相对标准偏差≤15%。不同基质 4 种渔药的检出限和定量限见表 4。

表 4　不同基质 4 种渔药的检出限和定量限

单位为微克每千克

待测物	基　质							
	鱼肉		饲料		抗生素		中草药	
	LOD	LOQ	LOD	LOQ	LOD	LOQ	LOD	LOQ
左旋咪唑(LVH)	0.05	0.1	0.2	0.4	0.2	0.5	0.2	0.4
甲苯咪唑(MBZ)	0.2	0.5	0.6	1.5	0.6	1.5	0.6	1.5
阿苯达唑(ABZ)	0.2	0.5	0.6	1.5	0.6	1.5	0.6	1.5
阿维菌素(ABM)	0.1	0.3	0.4	1.0	0.6	1.5	0.4	1.0

11.2 线性范围

左旋咪唑:0.1 ng/mL~100 ng/mL。

甲苯咪唑、阿苯达唑:0.5 ng/mL~100 ng/mL。

阿维菌素:0.3 ng/mL~100 ng/mL。

11.3 准确度

不同基质添加 10 ng/g 浓度水平下,4 种渔药的平均回收率见表 5。

表 5　不同基质 4 种渔药的回收率

单位为百分号

待测物	基　质			
	鱼肉	饲料	抗生素	中草药
左旋咪唑(LVH)	105.3	86.5	73.4	81.9
甲苯咪唑(MBZ)	90.2	80.1	90.8	92.9
阿苯达唑(ABZ)	96.5	95.8	91.1	104.5
阿维菌素(ABM)	59.5	45.6	75.6	49.7

11.4 精密度

本方法批内相对标准偏差≤15%,批间相对标准偏差≤15%。

12 质量保证和质量控制

12.1 试剂纯度:由于 UPLC-MS/MS 检出限极低,因此建议在标准溶液配制和样品前处理时均必须使用高纯度试剂,以降低测定空白值。

12.2 标准曲线:每次分析均应绘制校准曲线。通常情况下,校准曲线的相关系数应达到 0.999 以上。

12.3 全程序空白:每批样品应至少做一个全程序空白,所测物的空白值不得超过方法检出限。若超出则须查找原因,重新分析直至合格之后才能分析样品。

12.4　内标:在每次分析中必须监测内标的强度,试样中内标的响应值应大于校准曲线响应值的 70%;否则,说明仪器响应发生漂移或有干扰产生,应查找原因进行重新分析。内标回收率应为 60%～130%,低于此范围需要稀释样品或者重新做标准曲线,高于此范围需要重新做标准曲线。

12.5　实验室控制样品:在处理的每批样品中,应在试剂空白中加入每种分析物质,其浓度应与校准曲线中间浓度相当,然后按照整个步骤进行预处理和测定,其加标回收率应为 80%～120%。也可以使用有证标准样品代替加标,其测定值应在标准要求的范围内。

12.6　基体加标:每批样品应至少测定 10% 的加标样品,样品数量少于 10 时,应至少测定一个加标样品,测定的加标回收率应为 80%～120%。

12.7　连续校准:每分析 10 个样品,应分析一次校准曲线中间浓度点,其测定结果与实际浓度值相对偏差应≤10%;否则,应查找原因或重新建立校准曲线。每批样品分析完毕后,应进行一次曲线最低点的分析,其测定结果与实际浓度值相对偏差应≤30%。

13　废弃物的处理

根据国家相应的固体废弃物处理法,交由有资质的处置单位进行统一处理。

14　注意事项

14.1　甲醇、乙酸乙酯等溶剂对身体有一定危害,故需要在通风橱进行操作。如有必要,需配备防护器具。

14.2　为提高回收率,样品浓缩时旋转蒸发速度不宜过快,氮吹时气流不宜过大。

第九部分

新兴污染物的检测方法

水、底泥及鱼肉样品中 28 种抗生素药物的测定 液相色谱-串联质谱法

1 适用范围

本规程规定了 28 种抗生素的三重四级杆液质联用测定方法,适用于自然水体、底泥/土壤及鱼肉样品中抗生素(见表 1)含量的测定。

表 1　抗生素中英文名称、CAS 号和分子式

中文名称	英文名称	CAS 号	分子式
磺胺类			
磺胺嘧啶	Sulfadiazine	000068-35-9	$C_{10}H_{10}N_4O_2S$
磺胺噻唑	Sulfathiazole	000072-14-0	$C_9H_9N_3O_2S_2$
磺胺甲基嘧啶	Sulfamerazine	000127-79-7	$C_{11}H_{12}N_4O_2S$
磺胺二甲基嘧啶	Sulfamethazine	000057-68-1	$C_{12}H_{14}N_4O_2S$
磺胺甲恶唑	Sulfamethoxazole	000723-46-6	$C_{10}H_{11}N_3O_3S$
磺胺喹恶啉	Sulfaquinoxaline	000059-40-5	$C_{14}H_{12}N_4O_2S$
喹诺酮类			
环丙沙星	Ciprofloxacin	85721-33-1	$C_{17}H_{18}FN_3O_3$
恩诺沙星	Enrofloxacin	93106-60-6	$C_{19}H_{22}FN_3O_3$
氧氟沙星	Ofloxacin	82419-36-1	$C_{18}H_{20}FN_3O_4$
诺氟沙星	Norfloxacin	70458-96-7	$C_{16}H_{18}FN_3O_3$
双氟沙星	Difloxacin	098106-17-3	$C_{21}H_{19}F_2N_3O_3$
培氟沙星	Pefloxacin	070458-92-3	$C_{17}H_{20}FN_3O_3$
氟甲喹	Flumequine	042835-25-6	$C_{14}H_{12}FNO_3$
四环素类			
四环素	Tetracycline	000060-54-8	$C_{22}H_{24}N_2O_8$
金霉素	Chlorotetracycline	000057-62-5	$C_{22}H_{23}ClN_2O_8$
土霉素	Oxytetracycline	000079-57-2	$C_{22}H_{24}N_2O_9$
多西环素	Doxycycline	000564-25-0	$C_{22}H_{24}N_2O_8$
大环内酯类			
脱水红霉素	Anhydroery thromycin	23893-13-2	$C_{37}H_{65}NO_{12}$
罗红霉素	Roxithromycin	80214-83-1	$C_{41}H_{76}N_2O_{15}$
克拉霉素	Clarithromycin	081103-11-9	$C_{38}H_{69}NO_{13}$
阿奇霉素	Azithromycin	083905-01-5	$C_{38}H_{72}N_2O_{12}$
泰乐菌素	Tylosin	001401-69-0	$C_{46}H_{77}NO_{17}$
氯霉素类			
氯霉素	Chloramphenicol	000056-75-7	$C_{11}H_{12}Cl_2N_2O_5$
甲砜霉素	Thiamphenicol	015318-45-3	$C_{12}H_{15}Cl_2NO_5S$
氟苯尼考	Florfenicol	73231-34-2	$C_{12}H_{14}Cl_2FNO_4S$

中南大学环境与水资源研究中心　编制

水产品及水环境中典型污染物检测操作规程

表 1（续）

中文名称	英文名称	CAS 号	分子式
其他			
林可霉素	Lincomycin	154-21-2	$C_{18}H_{34}N_2O_6S$
甲氧苄氨嘧啶	Trimethoprim	000738-70-5	$C_{14}H_{18}N_4O_3$
阿莫西林	Amoxicillin	026787-78-0	$C_{16}H_{19}N_3O_5S$

2 规范性引用文件

本规程内容引用了下列文件或其中的条款。凡是不注明日期的引用文件,其有效版本适用于本规程。

GB/T 6682 分析实验室用水规格和试验方法

GB/T 20756—2006 可食动物肌肉、肝脏和水产品中氯霉素、甲砜霉素和氟苯尼考残留量的测定 液相色谱-串联色谱法

GB/T 21312—2007 动物源性食品中 14 种喹诺酮药物残留检验方法 液相色谱-质谱/质谱法

GB/T 30891—2014 水产品抽样规范

农业部 1077 号公告—1—2008 水产品中 17 种磺胺类及 15 种喹诺酮类药物残留量的测定 液相色谱-串联质谱法

SC/T 3016—2004 水产品抽样方法

SC/T 9102.3—2007 渔业生态环境监测规范 第 3 部分:淡水

SN/T 1777.2—2007 动物源性食品中大环内酯类抗生素残留测定方法 第 2 部分:高效液相色谱串联质谱法

EPA Method 1694 Pharmaceuticals and personal care products in water, soil, sediment, and biosolids by HPLC/MS/MS

3 方法原理

水样采用 HLB 固相萃取小柱富集萃取净化,土壤/沉积物样品采用乙腈-柠檬酸缓冲溶液提取并经过 HLB 固相萃取小柱萃取净化,鱼肉样品采用酸化乙腈-EDTA-Mcllvaine 缓冲溶液提取、QuEChERS 方法净化。所有样品经萃取净化处理后,氮吹至近干,残渣以甲醇-甲酸水溶液溶解,以液相色谱-串联质谱仪测定,内标法定量。

4 干扰与消除

液相色谱-串联质谱法测定水、底泥及鱼肉中抗生素残留量时存在的干扰主要为基质干扰。通常来说,基质效应是由于与被分析物一起流出的其他内源性物质造成的(如盐类、胺类、脂肪酸、甘油酸酯等)。这些物质与分析物共同流出喷雾针可影响待分析物的雾化、挥发、裂分、化学反应及带电过程,导致进入质谱的离子减少(离子抑制)或增多(离子增强),从而影响定量结果的可靠性和准确性。可以通过优化提取方法、改变色谱分析条件、添加内标或空白加标等方式消除基质干扰。

4.1　提取方法

常用的样品提取方法包括液液萃取(LLE)和固相萃取(SPE)等。通常利用 LLE 或 SPE 制备的样品内源性杂质较少,有助于降低绝对基质效应。但样品前处理过程复杂会降低分析检测的效率,增加污染的风险,并可能带来待测组分的损失,也直接影响待测组分的提取回收率。在样品制备方法的选择中,要兼顾基质效应和提取回收率两方面的因素。

4.2　液相色谱分离条件

尝试不同的色谱柱、洗脱程序等,避免基质和待测组分共流出,即可有效抑制离子效应,降低基质干扰。

5　试剂和材料

除另有说明外,所有试剂均为分析纯,水为 GB/T 6682 规定的一级水。

5.1　乙腈:色谱级(Sigma-Aldrich 公司)。

5.2　甲醇:色谱级(Sigma-Aldrich 公司)。

5.3　水:质谱级(屈臣氏蒸馏水)。

5.4　超纯水:电阻率大于 18.0 MΩ/cm,其余指标满足 GB/T 6682 中的一级标准。

5.5　甲酸:质谱级(Fisher 公司)。

5.6　抗生素标准品(28 种)。

5.7　内标标准品:环丙沙星-D_8(CIP-D_8)、罗红霉素-D_7(ROX-D_7)、磺胺甲恶唑-D_4、布洛芬-D_3(IBU-D_3)、磺胺甲基嘧啶-D_4(SMR-D_4)、甲氯环素(MC)、氯霉素-D_5(CAP-D_5)。

5.8　乙二胺四乙酸二钠盐(Na_2EDTA)。

5.9　固相萃取柱:Oasis HLB 柱:60 mg/3 mL(美国 Waters 公司或相当者)。使用前,用 3 mL 甲醇、3 mL pH 为 3 的水溶液淋洗活化。

5.10　玻璃纤维滤纸:于 450℃ 马弗炉中加热 4h,冷却后密封保存。

5.11　氮气:纯度高于 99.999%,用于样品的干燥浓缩。

5.12　标准溶液

5.12.1　抗生素单个标准储备溶液(1 000 mg/L/500 mg/L)

准确称取适量(精确至 0.1 mg)各种药物标准品(5.6)分别放入 10 mL 棕色容量瓶中,用甲醇溶解并定容至刻度,置于 −18℃ 冰箱避光储存。

5.12.2　抗生素单个标准中间溶液(100 mg/L)

准确量取 1 mL 单个标准储备液(5.12.1),用甲醇定容至 10 mL,单个标准中间溶液浓度为 100 μg/mL,置于 −18℃ 冰箱避光保存。

5.12.3　抗生素混合标准使用液(1 mg/L)

准确量取 100 μL 单个标准中间液(5.12.2)于 10 mL 容量瓶中,稀释至刻度,混合标准使用液浓度为 1 000 ng/mL,置于 −18℃ 冰箱避光保存,混合标准使用溶液每隔 2 周配制一次。实际操作中,根据样品的含量范围确定工作曲线。

5.13　内标单个标准储备液、中间液及混合标准使用液:配制同 5.12,最终得 1 000 ng/mL 内标混合标准使用液。

6 仪器和设备

6.1 液相色谱-串联质谱仪:三重四级杆,配有电喷雾离子源,Agilent 或其他仪器公司的等效液质联用仪。

6.2 C_{18} 液相色谱柱:Agilent HPLC columns 50 mm×2.7 mm×3 μm 或其他公司等效 C_{18} 液相色谱柱。

6.3 24 位固相萃取装置。

6.4 涡旋混合器。

6.5 过滤装置。

6.6 氮吹仪。

6.7 高速离心机。

6.8 绞肉机。

6.9 内切式匀浆机。

6.10 一般实验室常用仪器设备。

7 样品

7.1 环境水样的采集与保存

依据 EPA Method 1657,同时参照 SC/T 3016—2004、SC/T 9102.3—2007 的相关规定进行。储样容器材质化学稳定性要好,不会溶出待测组分,且在储存期内不会与样品发生物理化学反应。所有样品经萃取后,要在 2 周内完成目标物的分析检测。

水样:用采水器采取液面下 0.5 m 处水样与干净的棕色玻璃瓶中,样品瓶完全注满,不留气泡。样品采集后保持在 0℃～4℃下避光保存直到萃取。水样应在采集后 72 h 之内完成萃取,萃取后的样品应避光于—18℃下冷藏,在 14 d 内完成检测分析。

考虑到水样在 0℃～4℃下无法长期保存,且运输具有极大的不便利性,可以将水样用 SPE 柱进行预处理后低温存储。具体的方法如下:取 60 mg/3 mL 规格的 HLB 固相萃取柱至于固相萃取架上,用 3 mL 色谱纯甲醇、3 mL 去离子水(盐酸调 pH 为 3)依次活化固相萃取柱,流速控制在 2 mL/min。在去离子水未流干之前,1 000 mL 水样开始上样,流速控制在 5 mL/min 左右。上样完毕后,负压抽干 HLB 柱里残留的水样,然后将 HLB 柱置于密闭的宽口棕色磨口瓶中或密封袋中低温避光保存(—20℃以下),可保存长达 2 周。

底泥样品:用采泥器采集自然水体环境的底泥/土壤样品后,剔除掺杂的石块、贝壳、动植物残体等杂质后放入宽口棕色玻璃瓶中。密封,标记,装入保温采样箱中。保持样品 0℃～4℃避光储存,在—20℃以下避光冷冻可保存一年。

鱼样:每样 2 尾～3 尾,鲜活鱼样将其杀死后放置于干净的聚四氟乙烯塑料袋中或者包覆于铝箔纸内,密封,标记,装入保温采样箱中。若样品可在 12h 以内萃取,可以在 0℃～4℃保存;否则的话,冷冻(—20℃以下)避光条件下可保存一年。

7.2 样品的预处理

水样:采样时或采样后,加入内标溶液(使样品中内标浓度为 50 ng/mL),混匀后用滤器(玻璃纤维滤纸、聚四氟乙烯滤器、玻璃滤器等)过滤样品,除去其中的悬浮物、沉淀物、藻类及其他微生物,过滤后的水样在低温(0℃~4℃)条件下存储备用。水样采集 2.0 L 备用。

底泥:底泥样品去除石块和动植物等杂质后,须经过干燥、粉碎、过筛和缩分 4 个过程。干燥采用真空冷冻干燥的方式。

鱼样:取所采鱼样清洗后,去头、骨、内脏等,取可食用部分绞碎混合均匀后备用。试样分为 2 份,一份用于检验,一份备用。

7.3　空白试样的制备

自然水体以实验用水代替样品,底泥样品选取河沙作为空白试样。鱼肉样品选取未被污染的鱼样作为空白试样,按照 8.3 步骤做空白试验。

8　样品前处理

8.1　水样前处理

移取 1 000 mL 预处理后的水样(水样量可根据水质适当增减)于样品瓶中,用 3 mol/L 稀 H_2SO_4 调节 pH 至 3.0,并加入 0.2 g 乙二胺四乙酸二钠,溶解摇匀后,以约 5 mL/min 的流速通过已经活化好的 Oasis HLB 固相萃取柱。固相萃取柱在使用前,先以 3 mL 甲醇、3 mL 超纯水(pH 已调为 3)及 3 mL 超纯水淋洗活化。待水样完全通过后,将过完水样的固相萃取柱在真空条件下抽干 30 min,用 2×3 mL 甲醇洗脱(自然重力留下),收集洗脱液。将洗脱液于 40℃水浴氮吹浓缩至近干,用与流动相初始比例相同的溶剂复溶至 1 mL。之后,于 18 000 r/min 高速离心 10 min,取 0.5 mL 上清液于进样瓶中,经 LC-MS/MS 检测。

8.2　底泥/土壤样品前处理

称取 2 g 已冻干的沉积物/土壤样品于 15 mL 塑料离心管中,加入 50 μL 混合内标标准工作液,涡旋混匀之后过夜平衡。加入 5 mL 的乙腈和 5 mL pH 为 3 的柠檬酸盐缓冲溶液,涡旋混匀 1 min,超声 15 min,5 000 r/min 离心 10 min。将萃取液倒入 100 mL 圆底烧瓶中,重复萃取 3 次,合并萃取液。将所得萃取液于 45℃水浴旋蒸至近干,用 200 mL 水稀释。加入 0.2 g Na_2EDTA 后,经过与水样相同的固相萃取流程后,萃取液进 LC-MS/MS 检测。

8.3　鱼样前处理

取(5 ± 0.05)g 匀浆后的鱼样,置于 50 mL 离心管中。向样品中加入 50 μL 混合内标工作溶液,使浓度为 10 ng/g。加入 3 mL 水,涡旋样品 1 min。每管中加入 12 mL 1%乙酸-乙腈溶液。盖上离心管并涡旋 1 min。将萃取盐(5 g Na_2SO_4、1 g NaCl)加入各管中。样品管加盖并且剧烈振摇 1 min。超声萃取 30 min 后,在 4℃下以 5 000 r/min 的速度离心 5 min。取 8 mL 上层乙腈相,转移至装有 50 mg PSA、150 mg C_{18} 和 1 500 mg 无水 Na_2SO_4 的 15 mL 离心管中。将管盖拧紧,涡旋 1 min,然后以 5 000 r/min 的速度离心 5 min。将 6 mL 上层乙腈相转移至另一试管中,40℃下氮吹至近干。用 1 mL 与流动相初始比例相同的溶剂复溶样品残渣,然后以 18 000 r/min 的速度离心 10 min。将中层清液转移至自动进样瓶,进 LC-MS/MS 分析。

9　测定

9.1　仪器条件

根据 28 种抗生素药物的电离性质,采用两通连接进样分别进行质谱条件优化。首先在正离子和负离子模式下进行全扫描,选择适合该 28 种药物的电离方式和分子离子峰。在确定 ESI 离子监测模式后,分别对 28 种药物的分子离子峰进行二级质谱分析(子离子扫描),得到碎片离子信息。然后,针对不同目标化合物对毛细管出口电压(Fragmentor)、碰撞气能量(CE)等参数进行优化。为保证每种药物的灵敏度,按照每组需要监测离子的出峰顺序,分时段分别监测,同时控制每个时间段内监测的离子数目和驻留时间,使每个色谱峰具有恒定的循环扫描时间,并保证所有监测的化合物都有足够的数据采集点。所有目标物监测离子对信息详见表 2。

表 2 目标物质的质谱扫描设置参数

化合物	扫描方式	保留时间(min)	母离子	定量离子	定性离子	定性/定量离子比(%)
磺胺嘧啶	ESI+	2.437	251.1	92.0	156.0	93.4
磺胺噻唑	ESI+	2.639	256.3	92.0	156.0	94.1
磺胺甲基嘧啶	ESI+	3.473	265.1	92.0	108.0	92.1
磺胺二甲基嘧啶	ESI+	4.699	279.3	186.1	92.1	98.6
磺胺甲恶唑	ESI+	5.906	254.1	92.1	156.0	71.3
磺胺喹恶啉	ESI+	9.047	301.4	156.0	92.0	94.4
氧氟沙星	ESI+	4.984	362.1	318.1	261.1	79.2
培氟沙星	ESI+	5.016	334.4	316.1	290.1	98.5
诺氟沙星	ESI+	5.380	320.1	302.1	231.0	92.3
环丙沙星	ESI+	5.698	332.36	314.1	231.0	96.0
恩诺沙星	ESI+	5.855	360.21	342.1	316.1	99.3
双氟沙星	ESI+	6.362	400.4	382.1	356.1	99.2
氟甲喹	ESI+	11.630	262.3	244.0	202.0	94.9
四环素	ESI+	5.286	445.0	410.0	427.0	94.5
土霉素	ESI+	5.589	461.0	426.1	443.0	93.3
金霉素	ESI+	8.054	479.0	444.0	462.0	52.1
多西环素	ESI+	9.974	445.0	428.1	321.0	95.9
泰乐菌素	ESI+	12.612	916.5	174.1	101.0	101.8
脱水红霉素	ESI+	13.166	716.5	158.1	558.3	99.5
阿奇霉素	ESI+	14.144	749.5	83.0	591.2	7.3
克拉霉素	ESI+	14.135	748.5	158.1	590.3	100.3
罗红霉素	ESI+	14.338	838.0	158.1	679.3	100.2
甲砜霉素	ESI−	2.775	353.8	289.4	184.7	97.9
氟苯尼考	ESI−	3.588	355.8	335.8	184.8	43.5
氯霉素	ESI−	4.366	320.8	151.9	256.8	53.4
林可霉素	ESI−	4.082	407.6	126.1	359.1	95.5
甲氧苄氨嘧啶	ESI+	4.190	291.33	230.1	123.0	92.0
阿莫西林	ESI+	5.985	366.1	160.0	114.0	96.8
磺胺甲基嘧啶-D_4	ESI+	3.378	269.0	96.1	160.1	73.1
磺胺甲恶唑-D_4	ESI+	5.861	258.3	96.1	112.1	67.5
恩诺沙星-D_5	ESI+	5.826	364.9	346.9	321.0	84.5
环丙沙星-D_8	ESI+	5.654	340.4	235.1	296.0	22.5
甲氯环素	ESI+	11.362	477.1	459.9	—	—
罗红霉素-D_7	ESI+	14.286	845.1	158.1	686.9	9.4
林可霉素-D_3	ESI+	4.096	410.1	129.1	362.1	16.6
甲氧苄氨嘧啶-D_3	ESI+	4.088	294.4	123.1	230.1	91.3
氯霉素-D_5	ESI−	4.350	326	156.1	261.0	50.4

Agilent 三重四级杆液质联用仪测定时的参数条件:

电离源模式:电喷雾离子化;

电离源极性:正离子、负离子;

监测模式:多反应监测;

离子源喷雾电压:4 000 V(+)/3 500 V(-);

雾化温度:350℃;

离子源气流量:8 mL/min;

毛细管电压:40 psi;

雾化气、干燥气和碰撞气:高纯氮气。

Agilent 1260 液相色谱条件:

柱温:40℃;

进样量:5 μL;

流动相:

正模式(ESI+):A 组分是含 0.1%甲酸水溶液,B 组分是甲醇。梯度洗脱程序见表3、表4。

表3　正模式梯度洗脱程序(水、土样)

位置	时间(min)	流速(mL/min)	进样量(μL)	组分 A(%)	组分 B(%)
1	0	0.2	5	80	20
2	14	0.2	5	20	80
3	18	0.2	5	0	100
4	19	0.2	5	80	20
5	24	0.2	5	80	20

表4　正模式梯度洗脱程序(鱼样)

位置	时间(min)	流速(mL/min)	进样量(μL)	组分 A(%)	组分 B(%)
1	0	0.2	5	85	15
2	15	0.2	5	20	80
3	19	0.2	5	0	100
4	20	0.2	5	85	15
5	26	0.2	5	85	15

注:为避免鱼样萃取液中盐与目标物共流出,调整流动相比例,使盐先流出色谱柱,从而抑制离子效应,降低基质干扰。

负模式(ESI-):A 组分是 0.001%氨水溶液,B 组分是甲醇。梯度洗脱程序见表5。

表5　负模式梯度洗脱程序

位置	时间(min)	流速(mL/min)	进样量(μL)	组分 A(%)	组分 B(%)
1	0	0.3	5	80	20
2	3	0.3	5	30	70
3	5	0.3	5	0	100
4	7	0.3	5	0	100
5	8	0.3	5	80	20
6	12	0.3	5	80	20

水产品及水环境中典型污染物检测操作规程

9.2 标准曲线绘制

在 10 mL 棕色玻璃容量瓶中用流动相初始比例混合溶液配制一系列 9 个不同浓度梯度的混合标准工作溶液来绘制标准曲线。标准溶液的浓度分别为 0.1 ng/mL、0.5 ng/mL、1 ng/mL、5 ng/mL、10 ng/mL、20 ng/mL、50 ng/mL、100 ng/mL、500 ng/mL，固定内标浓度为 50 ng/mL。标准曲线的浓度范围可根据实际情况进行调整。标准曲线的相关系数＞0.99，否则应重新绘制标准曲线。

9.3 定性依据

采用复合定性法。在相同实验条件下进行样品测定，如果检出的色谱峰的保留时间与标准样品相一致，并且在扣除背景后的样品质谱图中，所选择的离子均出现，而且所选择的离子丰度比与标准样品的离子丰度比相一致（见表 6 及表 2），则可判断样品中存在相应被测物或相关化学品。

表 6 定性确证时相对离子丰度的最大允许偏差

单位为百分号

相对离子丰度	＞50	20～50(含)	10～20(含)	≤10
允许的相对偏差	±20	±25	±30	±50

9.4 定量测定

待仪器稳定后，取样品制备液和混合标准工作溶液进行测定，做单点或多点校准，采用内标一校准曲线法定量测定。定量离子、定性离子分别采用丰度最高及次高的二级特征离子碎片（见表 2）。样品溶液及空白添加混合标准工作溶液中抗生素药物的峰面积均在仪器检测的线性范围之内。

按照设定的分析程序，依次分析校准空白溶液、混合标准使用溶液和样品，绘制标准曲线、计算回归方程，扣除背景或以干扰系数法修正干扰。

9.5 空白试验

实验室试剂空白，必须与样品处理过程一样加入相同体积的所有试剂，用来评价样品制备过程中可能的污染和背景谱干扰。实验室试剂空白的制备过程必须与样品处理步骤完全相同，测定样品的分析结果应减去实验室试剂空白。

10 结果计算和表示

10.1 结果计算

试样中被测组分的含量按式(1)计算。

$$X = \frac{(C - C_0) \times V \times 1000}{m} \quad \cdots\cdots\cdots\cdots (1)$$

式中：

X ——试样中被测组分残留量，单位为微克每升($\mu g/L$)或微克每千克($\mu g/kg$)；

C ——由标准曲线或线性方程得到的试样提取液中被测组分浓度，单位为微克每毫升($\mu g/mL$)；

C_0——试剂空白液中被测组分浓度，单位为微克每毫升($\mu g/mL$)；

V ——试样定容体积，单位为毫升(mL)；

m ——试样取样量,单位为毫升(mL)或克(g)。

10.2 结果表示

组分浓度值<10,保留 2 位有效数字;浓度值≥10,保留 3 位有效数字。

11 精密度

在重复性条件下获得的 2 次独立测定结果的绝对差值不得超过算术平均值的 20%,对于多组分残留,绝对差值不得超过算术平均值的 30%。

12 质量保证和质量控制

12.1 在检测中,尽可能使用有证标准物质作为质量控制样品,如无适合的有证标准物质,也可采用加标回收试验进行质量控制。

12.2 加标回收试验空白样品中分别添加 5 ng/L、50 ng/L(水样),5 ng/L、25 ng/g(土样),1 ng/L、10 ng/L、20 ng/g(鱼样)的标准,分别做 6 份平行。样品经前处理和定量测定,以回收率反映该方法的准确度,相对标准偏差(RSD)反映该方法的精密度。称取与样品量相同的样品,加入一定浓度的抗生素标准溶液,然后将其与样品同时提取、净化进行测定,计算加标回收率。

12.3 回收率:以空白样品进行加标回收实验,分别做 6 份平行,结果见表 7,表明此方法较为稳定,准确度和精密度良好。全程序空白:每批样品应至少做一个全程序空白,所测目标物的空白值不得超过方法检出限。若超出则须查找原因,重新分析直至合格之后才能分析样品。

表 7 不同浓度下不同基质样品的回收率

单位为百分号

待测物质	类别	加标水样		加标土样		加标鱼样		
		5 ng/L	50 ng/L	5 ng/g	25 ng/g	2 ng/g	10 ng/g	20 ng/g
磺胺嘧啶	磺胺类	107±8	117±7	109±5	112±3	114±6	103±8	105±3
磺胺噻唑		103±16	103±2	71±8	101±8	105±17	100±8	102±6
磺胺甲基嘧啶		92±8	104±4	96±7	99±11	120±6	110±7	110±1
磺胺二甲基嘧啶		108±8	101±2	88±9	91±14	133±17	126±9	117±5
磺胺甲恶唑		113±9	118±4	106±4	101±7	119±4	108±7	112±5
磺胺喹恶啉		76±6	99±6	81±7	89±2	88±5	80±7	76±8
氧氟沙星	喹诺酮类	86±8	89±8	102±8	94±13	98±10	87±7	88±2
培氟沙星		96±9	92±5	128±5	87±12	103±10	93±5	95±4
诺氟沙星		85±6	91±11	79±4	104±17	115±14	96±6	98±5
环丙沙星		93±3	94±7	113±5	95±14	125±10	103±5	103±5
恩诺沙星		121±10	103±7	126±11	102±19	116±3	102±9	102±5
双氟沙星		125±6	101±4	133±11	106±16	124±6	118±9	112±7
氟甲喹		82±14	77±6	81±9	82±20	126±4	106±5	112±10
四环素	四环素类	188±32	153±24	115±5	165±38	214±52	159±24	186±13
土霉素		183±9	151±22	126±9	208±41	206±43	145±39	170±30
金霉素		170±18	100±11	127±3	200±22	116±18	96±11	92±26
多西环素		95±11	128±15	113±5	116±12	213±42	194±11	248±13

表7（续）

待测物质	类别	加标水样		加标土样		加标鱼样		
		5 ng/L	50 ng/L	5 ng/g	25 ng/g	2 ng/g	10 ng/g	20 ng/g
泰乐菌素	大环内酯类	98±16	76±4	95±11	78±16	136±5	147±9	164±25
脱水红霉素		92±18	146±14	86±4	111±17	125±21	130±9	126±8
阿奇霉素		80±4	92±5	94±6	103±15	99±4	101±8	92±10
克拉霉素		77±3	92±5	86±6	104±12	94±6	95±5	90±7
罗红霉素		100±5	109±5	86±5	105±6	110±16	102±7	102±6
甲砜霉素	氯霉素类	54±13	64±2	58±0	53±9	99±12	106±9	98±3
氟苯尼考		117±5	121±6	94±4	93±4	103±6	90±2	87±2
氯霉素		108±12	104±3	112±8	94±5	116±3	100±2	99±1
林可霉素	其他	87±18	92±7	91±7	87±11	119±6	101±6	107±1
甲氧苄氨嘧啶		86±7	92±11	127±12	86±9	122±21	126±12	134±11
阿莫西林		89±10	94±5	79±6	82±11	116±6	105±5	107±6

12.4 方法的检出限及定量限：选择未检出的样品作为基质空白，进行低水平添加实验，以此为基础计算方法的检出限和定量限。以信噪比（S/N）为 3 的含量作为方法的检出限（LOD），以信噪比为 10 的含量作为方法的定量限（LOQ），不同基质的定量限详见表8。

表8 不同基质下的方法检出限及定量限

待测物质	类别	内标	水样（ng/L）		土样（ng/g）		鱼样（ng/g）	
			MDL	MQL	MDL	MQL	MDL	MQL
磺胺嘧啶	磺胺类	磺胺甲基嘧啶-D₄	0.19	0.62	0.46	1.53	0.06	0.19
磺胺噻唑		磺胺甲基嘧啶-D₄	0.42	1.33	0.52	1.73	0.23	0.78
磺胺甲基嘧啶		磺胺甲基嘧啶-D₄	0.08	0.26	0.26	0.88	0.05	0.16
磺胺二甲基嘧啶		磺胺甲基嘧啶-D₄	0.24	0.78	0.13	0.43	0.06	0.20
磺胺甲恶唑		磺胺甲恶唑-D₄	2.66	8.49	0.40	1.34	0.07	0.22
磺胺喹恶啉		磺胺甲恶唑-D₄	0.35	1.11	0.28	0.95	0.04	0.14
氧氟沙星	喹诺酮类	环丙沙星-D₈	2.21	7.04	0.67	2.24	0.07	0.23
培氟沙星		恩诺沙星-D₅	2.39	7.64	0.96	3.21	0.19	0.64
诺氟沙星		环丙沙星-D₈	1.59	5.08	0.76	2.53	0.09	0.28
环丙沙星		环丙沙星-D₈	2.05	6.55	0.75	2.50	0.10	0.33
恩诺沙星		恩诺沙星-D₅	3.11	9.92	0.65	2.17	0.08	0.25
双氟沙星		恩诺沙星-D₅	2.04	6.49	1.14	3.80	0.15	0.52
氟甲喹		—	0.18	0.58	0.12	0.42	0.05	0.17
四环素	四环素类	甲氯环素	0.77	2.45	0.94	3.12	0.35	1.17
土霉素		甲氯环素	3.50	11.1	1.03	3.43	0.43	1.45
金霉素		甲氯环素	0.60	1.93	0.46	1.54	0.33	1.10
多西环素		甲氯环素	2.15	6.83	0.45	1.49	0.25	0.83
泰乐菌素	大环内酯类	罗红霉素-D₇	0.48	1.51	0.12	0.41	0.23	0.76
脱水红霉素		罗红霉素-D₇	0.53	1.69	0.05	0.17	0.05	0.17
阿奇霉素		罗红霉素-D₇	1.40	4.46	0.42	1.41	0.09	0.30
克拉霉素		罗红霉素-D₇	0.16	0.51	0.15	0.49	0.05	0.16
罗红霉素		罗红霉素-D₇	0.32	0.99	0.57	1.90	0.19	0.62

表 8（续）

待测物质	类别	内标	水样（ng/L）		土样（ng/g）		鱼样（ng/g）	
			MDL	MQL	MDL	MQL	MDL	MQL
甲砜霉素	氯霉素类	氯霉素-D$_5$	0.13	0.42	0.48	1.62	0.08	0.25
氟苯尼考	氯霉素类	氯霉素-D$_5$	0.04	0.14	0.02	0.11	0.03	0.11
氯霉素	氯霉素类	氯霉素-D$_5$	0.06	0.20	0.11	0.38	0.04	0.12
林可霉素	其他	林可霉素-D$_3$	0.12	0.40	0.13	0.44	0.09	0.30
甲氧苄氨嘧啶	其他	甲氧苄氨嘧啶-D$_3$	0.04	0.13	0.32	1.07	0.07	0.24
阿莫西林	其他	—	0.47	1.48	0.35	1.18	0.19	0.63

13　安全

13.1　检测人员进入实验区要严格遵守实验室相关规定。

13.2　实验操作时,穿工作服、戴口罩和手套;提取和净化操作应在通风橱中进行,避免化学试剂与皮肤接触或吸入有害气体。废弃的化学试剂分类收集至专用容器中集中处理。固体废弃物根据国家相应的固体废弃处理法,交由有资质的处置单位进行统一处理。

13.3　实验区域内严禁明火。

14　注意事项

14.1　水样应及时处理;土及鱼肉样品为最大限度地提高提取效率,试样都应进行完全的研磨（土）、破碎（鱼）。如果温度等因素对提取效率、被分析物稳定性或溶剂损失等有影响,则必须对这些因素加以控制。

14.2　样品提取溶剂应该是澄清,浑浊需要用无水硫酸钠脱水。提取液旋转蒸发时须非常小心,避免蒸干导致稳定性差的目标物的损失,把蒸发温度控制得尽可能低。氮吹过程中,注意气流不应太大,以免造成目标物挥发损失。氮吹气流过大、时间过长均会导致加标回收率大幅度降低。

14.3　不同厂家生产的固相萃取小柱的性能不一致,因此需要预先用标准溶液加标做试验,同时建议不同批次的柱子先测试其性能。注意固相萃取柱有一定负载,超过负载净化效果不好固相萃取柱洗脱时控制流速,让其自然下滴。

水、底泥、水生动物样品中环境激素类残留量的检测 液相色谱-串联质谱法

1 适用范围

本规程规定了测定水、底泥、动物样品中 20 种环境激素的液相色谱-串联质谱（HPLC-MS/MS）的测定方法。

本规程适用于水、底泥、动物样品中雌激素、烷基酚、雄激素、孕激素 4 类单个或多个混合物残留量的液相色谱-串联质谱检测。

2 规范性引用文件

本规程内容引用了下列文件或其中的条款。凡是不注明日期的引用文件，其有效版本适用于本规程。

GB/T 6682—2008 分析实验室用水规格和试验方法

GB 17378.3—2007 海洋监测规范 第 3 部分：样品采集、储存与运输

GB 17378.5—2007 海洋监测规范 第 5 部分：沉积物分析

GB/T 30891—2014 水产品抽样规范

HJ 703—2014 土壤和沉积物 酚类化合物的测定 气相色谱法

SC/T 3016—2004 水产品抽样方法

SC/T 9102.3—2007 渔业生态环境监测规范 第 3 部分：淡水

3 方法概述

样品经萃取液提取，浓缩富集，固相萃取柱净化后，用液相色谱-串联质谱仪测定，色谱保留时间和质谱特征离子共同定性，内标法定量。

4 干扰及消除

液相色谱-串联质谱法测定水、底泥、动物样品中环境激素类残留量时存在的干扰主要为基质干扰。通常来说，基质效应是由于与被分析物一起流出的其他内源性物质造成的（如盐类、胺类、脂肪酸、甘油酸酯等）。这些物质与分析物共同流出喷雾针可影响待分析物的雾化、挥发、裂分、化学反应及带电过程，导致进入质谱的离子减少（离子抑制）或增多（离子增强），从而影响定量结果的可靠性和准确性。可以通过优化提取方法、改变色谱分析条件、添加内标或空白加标等方式消除基质干扰。

采用添加内标的方式也可有效消除基质干扰，基于色谱行为、质谱规律、提取性质等因素

中南大学环境与水资源研究中心 编制

考虑首选同位素内标;如没有同位素内标,也可选择结构类似物。

5　安全

　　检测人员进入实验区要严格遵守实验室相关规定。实验操作时,穿工作服、戴口罩和手套;提取和净化操作应在通风橱中进行,避免化学试剂与皮肤接触或吸入有害气体,废弃的化学试剂分类收集至专用容器中集中处理。实验区域内严禁明火。

6　试剂和材料

6.1　乙腈:色谱纯(Sigma-Aldrich 公司)。

6.2　甲醇:色谱纯(Sigma-Aldrich 公司)。

6.3　二氯甲烷:色谱纯(Sigma-Aldrich 公司)。

6.4　十一醇:分析醇(上海阿拉丁公司)。

6.5　氯化钠(上海沪氏实验设备有限公司)。

6.6　无水硫酸镁(上海沪氏实验设备有限公司)。

6.7　C_{18}:净化填料。

6.8　PSA:Primary Secondary Amine 净化填料。

6.9　氨水:色谱纯。

6.10　标准储备溶液

　　配制成浓度为 1 000 μg/mL 的标准储备溶液,储备溶液用甲醇配制。

6.11　混合标准储备溶液

　　准确吸取单组分标准储备溶液各 1.00 mL,用甲醇定容至 10.00 mL,稀释成浓度为 10.00 μg/mL 混合标准储备溶液,4℃暂时存放。

　　混合标准使用溶液 20 种混合标准使用溶液现用现配。用初始流动相逐级稀释,标准内标溶液浓度为 100 ng/mL。

7　仪器和设备

7.1　液相色谱-质谱联用仪(Agilent1260-6460)。

7.2　分析天平:分析天平:感量为 0.000 01 g。

7.3　天平:感量为 0.01 g。

7.4　超纯水制备仪。

7.5　涡旋混合器。

7.6　冷冻干燥机。

7.7　分样筛:0.15 mm(100 目)。

7.8　旋转蒸发仪。

7.9　氮吹仪。

7.10　超声波清洗器。

7.11　离心机。

7.12　固相萃取装置。

7.13　固相萃取柱：HLB。

7.14　一般实验室常用仪器设备。

8　样品的前处理

8.1　采集与保存

水样：水样采集参照 HJ/T 91 和 HJ/T 164 的相关规定进行，用采水器采取液面下 0.5 m 处水样于 2.5 L 棕色玻璃瓶中，密封，标记，装入保温采样箱中。

底泥：用采泥器采取底泥样品约 1 000 g 于聚四氟乙烯塑料袋中，密封，标记。

鱼样：每种 2 尾～3 尾，采样后迅速放置保温采样箱中保存，当天运送回实验室。去鳞，沿鱼体不同部位组织；样品切为不大于 0.5 cm×0.5 cm×0.5 cm 的小块后混匀，高速匀浆机充分匀浆，用锡箔纸包好，密封，标明标记。—20℃以下冷冻保存备用。

8.2　样品的制备

水样：用 0.45 μm 水相滤膜过滤，去除杂质。

底泥：—50℃冷冻干燥，过 0.15 mm(100 目)筛，混匀。

鱼样：不同部位按 SC/T 3016 的规定制成肉糜，混合均匀。

样品在储运过程中加冰保存。带回实验室后，水样应保存于 4℃左右冰箱内，7 d 内测完。泥样冷冻干燥后和鱼样均保存于—20℃冰柜中。

8.3　样品提取与净化

8.3.1　水样

取水样 1 000 mL，向其加入 100 ng 内标溶液，混匀。依次用 6 mL 甲醇和 6 mL 水活化 HLB 固相萃取柱。水样以 2 mL/min 的速率经过固相萃取柱。上样完成后，用 6 mL 水淋洗小柱，抽至近干，再用 6 mL 甲醇洗脱，收集洗脱液于 10 mL 离心管中，氮吹浓缩至 1 mL。经 0.22 μm 有机相滤膜过滤后，上机检测。

8.3.2　泥样

称取 2.0 g 冻干后的泥样于 15 mL 玻璃离心管中，向其加入 100 ng 内标溶液，涡旋 1 min，静置 30 min。加入 10 mL 甲醇/二氯甲烷(1+1，体积比)提取液。超声 30 min，重复提取 2 次。8 000 r/min 离心 5 min，取上层提取液，合并 2 次提取液，旋蒸至 1 mL，溶解于 100 mL 超纯水于旋蒸瓶中，待 HLB 固相萃取净化。

依次用 6 mL 二氯甲烷、6 mL 甲醇、6 mL 水活化 HLB 小柱，将提取液过 HLB 小柱，流速不超过 2 mL/min，用 10 mL 水-甲醇(9+1，体积比)淋洗小柱，抽至近干，再用 6 mL 甲醇洗脱，收集洗脱液于 10 mL 离心管中，氮吹浓缩至 1 mL。经 0.22 μm 有机相滤膜过滤后，上机检测。

8.3.3　鱼肉样品

称取 5 g 新鲜鱼样，加入 100 ng 的内标并涡旋 30 s，静置 30 min。加入 10 mL 乙腈并涡旋 30 s 混合均匀。随后加入 1 g NaCl 和 4 g MgSO$_4$，高速涡旋混合 30 s，超声萃取 10 min，以 5 000 r/min 的转速离心 5 min，收集上层乙腈提取液。

分别取 6 mL 水于 15 mL 塑料离心管中，依次在塑料离心管中加入 1.2 g 的 NaCl，此时 NaCl 的加入量为 2%(m/V)，加入 50 mg PSA/C$_{18}$(1∶1，质量比)，带盖摇匀。分别用注射器将上述溶液全部转移到 15 mL 圆底细颈的玻璃萃取瓶中。加入 40 μL 十一醇、1 mL 乙腈提取液于玻璃萃取瓶中,再以 10 mL 的注射器,来回吸取/注入 8 次,得到较浑浊的溶液。将玻璃萃取瓶用橡皮泥固定在 50 mL 塑料离心管中,并以 10 000 r/min 的转速离心 5 min,两相分层,溶液变清。用注射器插入底部水相,缓慢加入 UP 水,将上层有机相液面升至萃取瓶的细颈部分后再以 5 000 r/min 的转速离心 5 min。使用 100 μL 的微量注射器取萃取瓶细颈处有机相转移至带内插管的进样瓶,上机测定。

9　分析步骤

仪器操作:必须严格按照本实验室规定的《LC-MS/MS 仪器操作规程》。

9.1　色谱条件与质谱条件

9.1.1　色谱条件

9.1.1.1　正模式色谱条件

色谱柱:Poroshell 120 EC-C$_{18}$,150 mm×4.6 mm,2.7 μm。

保护住:Poroshell 120 EC-C$_{18}$,4.6 mm×5 mm,2.7 μm。

柱温:40℃。

流动相:水(A)-甲醇(B),按表 1 进行梯度洗脱。

流速:0.3 mL/min。

进样量:5 μL。

表 1　正模式流动相梯度洗脱条件

模式	流速(mL/min)	时间(min)	流动相 A(水)(%)	流动相 B(甲醇)(%)
正离子模式	0.3	0	20.0	80.0
		13.00	5.0	95.0
		14.00	20.0	80.0
		20.00	20.0	80.0

9.1.1.2　负模式色谱条件

色谱柱:Poroshell 120 EC-C18,150 mm×4.6 mm,2.7 μm。

保护柱:Poroshell 120 EC-C18,4.6 mm×5 mm,2.7 μm。

柱温:40℃。

流动相:0.1%氨水(A)-甲醇(B),按表 2 进行梯度洗脱。

流速:0.3 mL/min。

进样量:5 μL。

表 2　负模式流动相梯度洗脱条件

模式	流速(mL/min)	时间(min)	流动相 A(0.1%氨水)(%)	流动相 B(甲醇)(%)
负离子模式	0.3	0	30.0	70.0
		10.00	5.0	95.0
		16.00	20.0	95.0
		24.00	30.0	70.0

9.1.2 质谱条件

液相色谱-质谱联用接口:电喷雾接口(ESI)离子模式。

雾化气温度:300℃。

雾化气流速:8 mL/min。

雾化器压力:30 psi。

离子源(EI):70 eV。

扫描方式:多重反应检测(MRM),具体设置见表3。

表3 20种环境激素质谱分析的 MRM 设置

种类	目标物	英文名称	缩写	MS模式	母离子	子离子	碎裂电压(V)	碰撞能(V)
孕激素	炔诺酮	Norethindrone	NET	ESI⁺	299.1	109.1 91.0	105	30 45
	孕酮	Progesterone	P4	ESI⁺	315	90.8 109	98	33 30
	甲羟孕酮	Medroxyprogesterone	MP	ESI⁺	344.5	123.1 100.1	145	25 29
	左炔诺孕酮	Levonorgestrel	LNG	ESI⁺	313	245.0 109 90.9	95	15 48
	孕酮-d9	Progesterone-d9	P4-d9	ESI⁺	324.2	113.1 100.1	125	29 20
雄激素	19-去甲睾酮	19-Nortestosteroneb	19-NT	ESI⁺	275	109.1 145.2	125	25 38
	睾酮	Testosterone	TES	ESI⁺	289.1	97 109	125	18 25
	甲基睾酮	Methyltestosterone	MT	ESI⁺	303.1	97 109	125	28 26
	司坦唑醇	Stanozolol	ST	ESI⁺	328.5	81.1 54.1	240	73 100
	雄烯二酮	Androstendione	AND	ESI⁺	287.1	109.0 97.1	135	20 20
	睾酮-d3	Testosterone-d3	TES-d3	ESI⁺	292.1	246.8 108.8 96.6	120	20 25 20
雌激素	雌酮	Estrone	E1	ESI⁻	269.2	159.0 144.6	−120	−45
	雌二醇	17 β-Estradiol	E2	ESI⁻	271.1	183.1 145	−105	−50
	炔雌醇	17a-Ethinlestradiol	EE2	ESI⁻	295.2	159 144.9	−85	−38 −40

表3（续）

种类	目标物	英文名称	缩写	MS模式	母离子	子离子	碎裂电压（V）	碰撞能（V）
雌激素	雌二醇-2,4-d2	17β-Estradiol-2,4-d₂	E2-2,4-d2	ESI⁻	273	159.3 146.7	−88	35 40
	己烯雌酚	Diethylstilbestrol	DES	ESI⁻	267	251.1 237.1	138	24 25
	双烯雌酚	Dienestrol	DIEN	ESI⁻	265	93.1 171.1	90	26 18
	己烷雌酮	Hexestrol	HEX	ESI⁻	269	119 134	95	36 18
烷基酚	4-t-辛基酚	4-tert-Octylphenol	4-t-OP	ESI⁻	205.2	134 133	−138	20 30
	壬基酚	Nonylphenol	4-NP	ESI⁻	219	106.1 119	−138	20 34
	辛基酚	Octylphenol	4-OP	ESI⁻	205	105 133.3 189.3	−138	28 30
	双酚A	Bisphenol A	BPA	ESI⁻	227.4	133.3 212	−138	26 20
	双酚A	Bisphenol A-d16	BPA-d16	ESI⁻	241.1	223.1 142.2	−138	20 26

9.2　分析测定

9.2.1　空白溶液

校准空白,初始流动相,用来建立分析校准曲线。

实验室试剂空白,必须与样品处理过程一样加入相同体积的所有试剂,用来评价样品制备过程中可能的污染和背景谱干扰。实验室试剂空白的制备过程必须与样品处理步骤完全相同,测定样品的分析结果应减去实验室试剂空白。

9.2.2　定性依据

在相同实验条件下,样液中被测物的色谱保留时间与标准工作液相同,并且在扣除背景后的样品色谱图中,所选择的离子对均出现,各定性离子的相对丰度与标准品离子的对丰度相比,偏差不超过表4规定的范围内,则可判断样品中存在相应的被测物。

表4　定性确证时相对离子丰度的最大允许偏差

单位为百分号

相对离子丰度	>50	20～50(含)	10～20(含)	≤10
允许的相对偏差	±20	±25	±30	±50

9.2.3　定量测定

取适量混标使用甲醇为溶剂配制成浓度为 $1\ \mu g/L$、$5\ \mu g/L$、$10\ \mu g/L$、$20\ \mu g/L$、$50\ \mu g/L$、$100\ \mu g/L$ 和 $200\ \mu g/L$ 的标准溶液,上机检测绘制标准工作曲线。做单点或多点校准,内标法计算样品中环境激素的残留量,定量离子采用丰度最大的二级特征离子碎片。

样品溶液及空白添加混合标准工作溶液中环境激素的峰面积均在仪器检测的线性范围之内。按照设定的分析程序,依次分析校准空白溶液、混合标准使用溶液和样品,绘制标准曲线、计算回归方程,扣除背景或以干扰系数法修正干扰,由安捷伦 QQQ 定量软件积分。

10 结果计算与表示

10.1 结果计算

样品中环境激素残留含量按式(1)计算。

$$X = \frac{C \times V}{m} \quad \cdots\cdots\cdots\cdots\cdots\cdots\cdots\cdots\cdots\cdots\cdots\cdots\cdots \quad (1)$$

式中:

X——样品中待测组分含量,单位为微克每千克($\mu g/kg$)或微克每升($\mu g/L$);

C——样品溶液中待测组分浓度,单位为微克每毫升($\mu g/mL$);

V——样品提取液最终定容体积,单位为毫升(mL);

m——样品质量或体积,单位为克(g)或毫升(mL)。

10.2 结果表示

测定结果扣除空白值。组分浓度值<10,保留 2 位有效数字;浓度值≥10,保留 3 位有效数字。

11 方法灵敏度、精密度和准确度

11.1 灵敏度

本方法 4 类环境激素的方法检出限、定量限见表 5。

表 5 方法验证研究结果

分析物	保留时间	线性标准曲线	R^2	线性范围 (mg/kg)	检出限 (ng/g)	定量限 (ng/g)
NET	7.948	$y = 0.474 \times x - 0.0026$	0.9997	0.001~0.100	0.745	2.484
AND	8.192	$y = 1.282 \times x - 0.041$	0.9996	0.001~0.100	0.508	1.694
19-NT	8.094	$y = 1.285 \times x - 0.010$	0.9999	0.001~0.100	0.664	2.212
TES	8.817	$y = 3.112 \times x + 0.026$	0.9992	0.001~0.100	0.437	1.456
LNG	4.458	$y = 0.276 \times x$	0.9997	0.001~0.100	0.535	1.782
MT	7.415	$y = 1.622 \times x - 0.014$	0.9999	0.001~0.100	0.480	1.601
MP	9.903	$y = 0.852 \times x + 0.004$	0.9991	0.001~0.100	0.389	1.296
P4	5.293	$y = 0.773 \times x + 0.001$	0.9995	0.001~0.100	0.071	0.238
ST	9.173	$y = 1.954 \times x - 0.002$	0.9999	0.001~0.100	0.801	8.014
DHT	12.069	$y = 0.036 \times x - 0.001$	0.9980	0.001~0.100	0.497	1.657
E1	10.867	$y = 0.987 \times x - 0.001$	0.9972	0.001~0.1000	0.215	0.716
E2	10.606	$y = 0.092 \times x - 0.0536$	0.9955	0.001~0.100	0.380	1.267
EE2	10.348	$y = 0.896 \times x + 0.003$	0.9971	0.001~0.100	0.274	0.913
BPA	8.936	$y = 0.983964 \times x$	0.9977	0.001~0.100	1.787	5.956
DES	10.219	$y = 4.237 \times x + 0.023$	0.9982	0.001~0.100	0.046	0.154
DIE	10.693	$y = 3.843 \times x - 0.012$	0.9991	0.001~0.100	0.039	0.130
HEX	10.946	$y = 6.240 \times x - 0.028$	0.9988	0.001~0.100	0.038	0.128

表5（续）

分析物	保留时间	线性标准曲线	R^2	线性范围（mg/kg）	检出限（ng/g）	定量限（ng/g）
4-t-OP	16.283	$y=1.875\times x+0.054$	0.999 5	0.001～0.100	2.325	7.749
4-OP	16.283	$y=1.771\times x+0.036$	0.992 4	0.001～0.100	0.495	1.649
4-NP	19.454	$y=3.688\times x-0.085$	0.998 7	0.001～0.100	0.073	0.244

11.2 精密度

本方法批内相对标准偏差≤15%，批间相对标准偏差≤20%。

11.3 准确度

分别配制低、中、高3种浓度（分别对应0.005 ng/g、0.01 ng/g和0.02 ng/g）的混标加入鱼肉中，经前处理后按上述方法上机检测，并计算回收率，回收率见表6。由表6可知，各组分的回收率大部分都分布在80%～120%。

表6 鱼肉加标中各被测组分的回收率

单位为百分号

分析物	回收率		
	低浓度	中浓度	高浓度
NET	96.4	85.3	87.1
AND	91.4	82.4	85.6
19-NT	105.7	84.8	83.1
TES	94.7	104.6	93.9
LNG	86.9	82.1	84.9
MT	100.2	84.3	81.4
MP	93.5	97.3	81.9
P4	108.9	82.5	83.1
ST	88.7	116.8	86.3
DHT	105.3	81.5	90.6
E1	84.8	86.2	97.8
E2	99.6	93.5	96.2
EE2	97.2	109.7	94.2
BPA	118.6	103.9	94.3
DES	88.1	86.3	82.4
DIEN	86.3	107.9	86.5
HEX	83.5	87.9	88.3
4-t-OP	101.4	82.3	84.3
4-OP	82.7	85.6	88.6
4-NP	90.2	86.6	81.2

12 质量保证和质量控制（QA/QC）

12.1 试剂纯度

由于LC-MS/MS检出限极低，因此建议在标准溶液配制和样品前处理时均必须使用高纯度试剂,以降低测定空白值。

12.2 标准曲线

每次分析均应绘制校准曲线。通常情况下,校准曲线的相关系数应达到 0.995 以上。

12.3 全程序空白

每批样品应至少做一个全程序空白,所测组分的空白值不得超过方法检出限。若超出则须查找原因,重新分析直至合格之后才能分析样品。

12.4 实验室控制样品

在处理的每批样品中,应在试剂空白中加入每种分析物质,其浓度应与校准曲线中间浓度相当,然后按照整个步骤进行预处理和测定,其加标回收率应为 80%~120%。也可以使用有证标准样品代替加标,其测定值应在标准要求的范围内。

12.5 基质加标

每批样品应至少测定 10% 的加标样品,样品数量少于 10 时,应至少测定一个加标样品,测定的加标回收率应为 80%~120%。

12.6 连续校准

每分析 15 个样品,应分析一次校准曲线中间浓度点,其测定结果与实际浓度值相对偏差应≤10%,否则应查找原因或重新建立校准曲线。每批样品分析完毕后,应进行一次曲线最低点的分析,其测定结果与实际浓度值相对偏差应≤30%。

13 废弃物的处理

根据国家相应的固体废弃物处理法,交由有资质的处置单位进行统一处理。

14 注意事项

14.1 流动相 A(0.1% 氨水溶液)相现用现配,防止变质。

14.2 乙腈、二氯甲烷、甲醇等溶剂对身体有一定危害,故需要在通风橱进行操作。如有必要,需配备防护器具。

14.3 为提高回收率,样品浓缩时旋转蒸发速度不宜过快,氮吹时气流不宜过大。

附　录　A
（资料性附录）
色谱图示例

环境激素正负模式的 MRM 图见图 A.1。

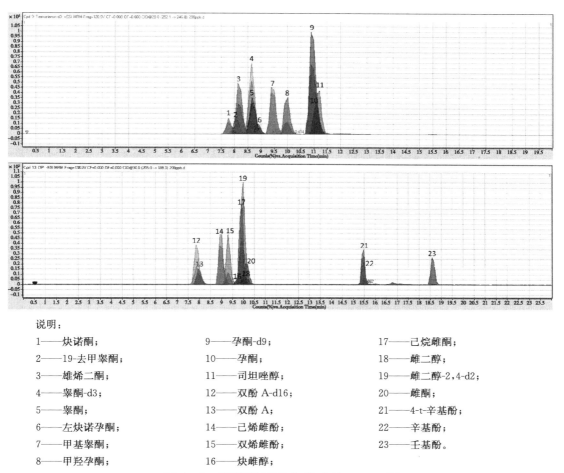

说明：

1——炔诺酮；
2——19-去甲睾酮；
3——雄烯二酮；
4——睾酮-d3；
5——睾酮；
6——左炔诺孕酮；
7——甲基睾酮；
8——甲羟孕酮；

9——孕酮-d9；
10——孕酮；
11——司坦唑醇；
12——双酚 A-d16；
13——双酚 A；
14——己烯雌酚；
15——双烯雌酚；
16——炔雌醇；

17——己烷雌酮；
18——雌二醇；
19——雌二醇-2,4-d2；
20——雌酮；
21——4-t-辛基酚；
22——辛基酚；
23——壬基酚。

图 A.1　环境激素正负模式的 MRM 图

水、底泥及鱼肉样品中个人护理品类残留量的测定 液相色谱-串联质谱法

1 适用范围

本规程规定了 17 种个人护理品的液相色谱测定方法。适用于自然水体、底泥/土壤及水生动物中个人护理品的测定(见表 1)。其他个人护理品如果通过验证也可适用于本规程。

表 1 个人护理品物理化学性质

化合物	CAS 号	结构式	S_W (mg/L)	pK_a^a	$logK_{ow}^b$	H_c (atm m³/mol)
对羟基苯甲酸甲酯 Methyl paraben (MeP)	99-76-3		5 981	8.17	1.66[3]	$3.61×10^{-9}$
对羟基苯甲酸乙酯 Ethyl paraben (EtP)	120-47-8		960	8.22	2.19	$4.79×10^{-9}$
对羟基苯甲酸丙酯 Propyl paraben (PrP)	94-13-3		390[4]	8.35	2.71	$6.37×10^{-9}$
对羟基苯甲酸 异丙酯 isopropyl paraben (i-PrP)	4191-73-5		n. a.	8.40	n. a.	n. a.
对羟基苯甲酸丁酯 Butyl paraben (BuP)	94-26-8		207[5]	8.37	3.24[4]	$8.45×10^{-9}$
对羟基苯甲酸庚酯 Heptyl paraben (HeP)	1085-12-7		n. a.	8.23	4.41	$1.98×10^{-8}$
对羟基苯甲酸 苯甲酯 Benzyl paraben (BzP)	94-18-8		160[5]	8.18	3.56[3]	$2.92×10^{-10}$

表 1（续）

化合物	CAS 号	结构式	S_w (mg/L)	pK_a^a	$logK_{ow}^b$	H_c (atm m³/mol)
4-羟基二苯甲酮 4-hydroxybenzo-phenone (4-OH-BP)	1137-42-4		n. a.	8.14	2.92	$2.02\times10^{-10[6]}$
2,4-二羟基二苯甲酮 2,4-dihydroxyben-zophenone (BP-1)	131-56-6		n. a.	7.53	$3.15^{[7]}$	2.65×10^{-11}
2,2′,4,4′-四羟基二苯甲酮 2,2′,4,4′-tetrahy-droxybenzophenone (BP-2)	131-55-5		n. a.	6.98	$3.16^{[8]}$	3.61×10^{-16}
2-羟基-4-甲氧基二苯甲酮 2-hydroxy-4-meth-oxybenzophenone (BP-3)	131-57-7		210	7.56	$3.79^{[7]}$	1.50×10^{-8}
三氯卡班 Triclocarban (TCC)	101-20-2		0.647 9	12.77	4.9	n. a.
三氯生 Triclosan（TCS）	3380-34-5		4.621	7.80	4.8	n. a.
1H-苯并三唑 1H-benzotriazole (BTri)	95-14-7		1 980	8.37	1.44	1.47×10^{-7}
5-甲基苯并三唑 5-methyl-1H-benzotriazole (5-TTri)	136-85-6		3 070	8.66	1.98	1.62×10^{-7}

水产品及水环境中典型污染物检测操作规程

表 1（续）

化合物	CAS 号	结构式	S_w (mg/L)	pK_a^a	$logK_{ow}^b$	H_c (atm·m³/mol)
5-氯苯并三唑 5-chloro-1H-benzotriazole (5-ClBTri)	94-97-3		n. a.	7.7	2.13	$1.09×10^{-7}$
5,6-二甲基苯并三唑 5,6-dimethyl-1H-benzotriazole (XTri)	4184-79-6		914.2	8.92	2.28	n. a.

注意：该表包含正辛醇/水分配系数（$logK_{ow}$）、中性 pH 下的水溶解度（S_w）、酸碱反应性（pK_a）、在 25℃下的亨利定律常数（H_c），n. a. 表示未能获取。

[a] 来自 SciFinder Scholar 数据库的数据（使用 Advanced Chemistry Development（ACD／Labs）软件 VII. 02（© 1994-2011 ACD／Labs）计算）：http://www.cas.org/products/sfacad/。

[b] 来自理化性质数据库的实验值。Syracuse Research Corporation：http://www.syrres.com/esc/phys-demo.htm。

2 规范性引用文件

本规程内容引用了下列文件或其中的条款。凡是不注明日期的引用文件，其有效版本适用于本规程。

GB/T 6682　分析实验室用水规格和实验方法

HJ 493—2009　水质样品的保存和管理技术

SC/T 3016—2004　水产品抽样方法

SC/T 9102.3—2007　渔业生态环境监测规范　第3部分：淡水

EPA Method 1694　Pharmaceuticals and personal care products in water, soil, sediment, and biosolids by HPLC/MS/MSGBT 30891—2014

3 方法原理

样品经萃取液提取，浓缩富集，固相萃取柱净化后，用液相色谱-串联质谱仪测定，色谱保留时间和质谱特征离子共同定性，内标法定量。

4 安全

检测人员进入实验区要严格遵守实验室相关规定。实验操作时，穿工作服、戴口罩和手套；提取和净化操作应在通风橱中进行，避免化学试剂与皮肤接触或吸入有害气体，废弃的化学试剂分类收集至专用容器中集中处理。实验区域内严禁明火。乙腈、丙酮等均具有化学毒性和刺激性，操作时应按照规定要求配备防护器具，并在通风橱中进行，避免溶剂挥发吸入呼吸道和接触皮肤、衣物。

5　试剂和材料

5.1　甲醇:色谱纯(Sigma-Aldrich 公司)。

5.2　超纯水:电阻率大于 18.0 MΩ/cm,其余指标满足 GB/T 6682 中的一级标准。

5.3　液氮:纯度不低于 99.999%。

5.4　浓盐酸:$\rho(HCl)=1.19$ g/mL,分析纯或优级纯。

5.5　浓硝酸:$\rho(HNO_3)=1.42$ g/mL,分析纯或优级纯。

5.6　各 PCPs 标准物质:纯度≥98%,物理化学性质见表 1。

5.7　标准溶液

5.7.1　单个化合物标准储备液($\rho=1\,000$ mg/L)

实验室现有 PCPs 标准物质见表 1。于万分之一的天平上准确称取各化合物的标准物质 0.010 0 g 于 10 mL 容量瓶中,以甲醇溶解配制成 1 000 mg/L 的标准储备液,低温保存。

5.7.2　混合标准使用液

PCPs 混合标准使用溶液每隔 2 周配制一次或现用现配,以甲醇配制稀释。推荐配制浓度为 $\rho=10$ mg/L,200 μg/L。

5.8　质谱调谐液

需到指定的仪器公司购买(一般需在安捷伦公司购买),注意与仪器型号相匹配,低温储存。每次取用 5 mL 左右,按照相关仪器操作进行调谐。

5.9　内标化合物标准储备溶液

直接购买氘代标准物质,内标化合物应根据购买的质量以甲醇配制成 100 mg/L～1 000 mg/L的标准储备液。使用液以甲醇配制稀释。内标的加入量根据样品的污染情况为 50 ng～200 ng。

6　仪器和设备

6.1　高效液相色谱-三重四级杆质谱仪(HPLC-ESI-MS/MS)。仪器工作环境和对电源的要求需根据仪器说明书规定执行。

6.2　液相色谱柱

正模式:InfinityLab Poroshell 120 EC-C$_{18}$(50 mm×3.0 mm,2.7 μm,Agilent Technologies);保护柱 Poroshell 120 EC-C$_{18}$(5.0 mm×4.6 mm,2.7 μm,Agilent Technologies)。

负模式:Poroshell 120 EC-C$_{18}$(150 mm×4.6 mm,2.7 μm,Agilent Technologies);保护柱 Poroshell 120 EC-C$_{18}$(5.0 mm×4.6 mm,2.7 μm,Agilent Technologies)。

液相色谱柱的使用和保存需按说明书规定执行。

6.3　多孔固相萃取仪及固相萃取小柱(HLB,200 mg/6 mL,CNW)。

6.4　超纯水制备仪。

6.5　氮吹仪。

6.6　分析天平。

6.7　A 级玻璃量器。

6.8　过滤装置：孔径为 0.22 μm 的尼龙滤头。

6.9　内切式匀浆机。

6.10　绞肉机。

6.11　一般实验室常用仪器设备。

7　样品

7.1　自然水体样品的采集与保存

依据 EPA Method 1694，同时参照 SC/T 3016—2004、HJ 493—2009、SC/T 9102.3—2007 的相关规定进行。储样容器材质化学稳定性要好，不会溶出待测组分，且在储存期内不会与样品发生物理化学反应。

水生动物样品：鲜活水产品将其杀死后放置于干净的玻璃容器中或者包覆于铝箔纸内。若样品可在 12 h 以内萃取，可以在 0℃～4℃保存。否则，动物样品要一直保存于低温冷冻状态（—10℃以下）。动物样品可在冷冻（—10℃以下）避光条件下保存一年。

水样：水样储存采用干净的棕色玻璃瓶，采取措施使样品一直保持在 0℃～4℃下避光保存直到提取。水样若在采集后 72 h 之内不能进行萃取，则须向水样里加入适量 NaOH 或 H_2SO_4 调节 pH 至 5.0～9.0（记录加入 NaOH 或 H_2SO_4 的体积），并记录加入的酸或碱的量。如果水中含有余氯，应在每升水中加入 80 mg 硫代硫酸钠。水样应在采集后 7 d 内开始萃取。

底泥样品：采集养殖环境的底泥/土壤样品后，剔除掺杂的石块、贝壳、动植物残体等杂质后放入宽口棕色玻璃瓶中。保持样品 0℃～4℃避光储存直到萃取，最多可储存 7 d。样品在—10℃以下避光冷冻可保存一年。

7.2　样品的制备

鱼类：取养殖水体鱼清洗后，去头、骨、内脏等，取可食用部分绞碎混合均匀后备用。试样量 400 g，共分为 2 份，一份用于检验，一份备用。

蟹类：将蟹清洗后，取可食部分，绞碎混合均匀后备用。试样量 400 g，共分为 2 份，一份用于检验，一份备用。

贝类：将样品清洗后开壳剥离，收集全部的软组织和体液匀浆；试样量为 700 g，共分为 2 份，一份用于检验，一份备用。

龟鳖类产品：将样品清洗后，取可食部分，绞碎混合均匀后备用。试样量 400 g，共分为 2 份，一份用于检验，一份备用。

虾类：清洗后，去虾头，虾皮、肠腺，得到整条虾肉绞碎混合均匀后备用。试样量 400 g，共分为 2 份，一份用于检验，一份备用。

蛙类：去掉内脏、骨头等，取可食部分经绞碎混合均匀后备用。试样量 400 g，共分为 2 份，一份用于检验，一份备用。

自然水体：采样时或采样后，用滤器（滤纸、聚四氟乙烯滤器、玻璃滤器等）过滤样品，除去其中的悬浮物、沉淀物、藻类及其他微生物，过滤后的水样在低温（0℃～4℃）条件下存储备用。水样采集 2.0 L 备用。

底泥：底泥样品去除石块和动植物等杂质后，需经过干燥、粉碎、过筛和缩分 4 个过程。干燥采用真空冷冻干燥的方式。

7.3　空白试样的制备

动物样品选取不含被测物的动物样本作为空白试样,养殖水体以实验用水代替样品,底泥样品选取河沙作为空白试样。空白样品的制备过程按 7.2 的步骤进行,按 8 的步骤做空白试验。

8　样品前处理

8.1　自然水样前处理

过滤 500 mL 水样于 500 mL 顶空瓶中,加入 100 ng 内标,使用稀盐酸酸化至 pH 为 2～3。固相萃取小柱依次用 6 mL 甲醇、超纯水活化。水样以 1 mL/min～5 mL/min 流速过柱,以 6 mL 超纯水洗去杂质,真空干燥 1 h 后用 6 mL 甲醇洗脱,收集洗脱液,于 40℃ 水浴中用氮气吹扫干燥,复溶于 1 mL 甲醇中,涡旋混匀。样品过 0.22 μm 滤膜后装于进样瓶中,待 HPLC-MS/MS 分析。

8.2　底泥/土壤样品前处理

准确称取土样(1.00±0.01)g 于 50 mL 离心管中,加入 100 ng 内标,混匀,过夜。加入 10 mL 的甲醇,涡旋混匀 1 min,超声 15 min,6 000 r/min离心 6 min。萃取液倒入 100 mL 圆底烧瓶中,重复萃取 3 次,合并萃取液。萃取液于 40℃ 水浴旋蒸至干,用 100 mL 水稀释放至 250 mL 顶空瓶中。加入稀盐酸,酸化至 pH 为 2～3。固相萃取小柱依次用 6 mL 甲醇、超纯水活化后。水样以 1 mL/min～5 mL/min 流速过柱,以 6 mL 5％甲醇/水洗去杂质,真空干燥 1 h 后用 6 mL 甲醇洗脱,收集洗脱液,于 40℃ 水浴中用氮气吹扫干燥,复溶于 1 mL 甲醇中,涡旋混匀。样品过 0.22 μm 滤膜后装于进样瓶中,待 HPLC-MS/MS 分析。

8.3　水产品前处理

称取新鲜试样 5 g(精确至 0.1 g),加入 100 ng 的内标并涡旋 30 s,静置 30 min。加入 20 mL 乙腈,涡旋均质,然后加 4 g MgSO$_4$ 和 1 g NaCl,高速涡旋混合 1 min 充分除水,在 25℃ 左右超辅助声萃取 20 min(37 kHz,200 W),再以 6 000 r/min 离心 6 min。取上清液 6 mL,加入 100 mg C$_{18}$ 和 100 mg PSA。涡旋 2 min,以 6 000 r/min离心 6 min。取上清液 5 mL 于 25℃ 下氮吹至近干,用甲醇定容至 500 μL,过 0.22 μm 滤膜后供 HPLC-MS/MS 测定。

9　测定

9.1　色谱条件与质谱条件

9.1.1　色谱条件

9.1.1.1　正模式色谱条件

色谱柱:Infinity Lab Poroshell 120 EC-C$_{18}$ 50 mm×3.0 mm,2.7 μm。
保护柱:Poroshell 120 EC-C$_{18}$ 5.0 mm×4.6 mm,2.7 μm。
柱温:30℃。
流动相:5 mmol/L 甲酸铵/水(A)-甲醇(B),按表 2 进行梯度洗脱。
流速:0.2 mL/min。
进样量:5 μL。

表 2 正模式流动相梯度洗脱条件

序号	流速(mL/min)	时间(min)	流动相 A(水)(%)	流动相 B(甲醇)(%)
正离子模式	0.2	0	60.0	40.0
		11.00	15.0	85.0
		12.00	2.0	98.0
		13.00	60.0	40.0
		18.00	60.0	40.0

9.1.1.2 负模式色谱条件

色谱柱:Poroshell 120 EC-C_{18},150 mm×4.6 mm,2.7 μm。

保护柱:Poroshell 120 EC-C_{18},4.6 mm×5 mm,2.7 μm。

柱温:30℃。

流动相:5 mmol/L 乙酸铵/水(A)-甲醇(B),按表3进行梯度洗脱。

流速:0.3 mL/min。

进样量:10 μL。

表 3 负模式流动相梯度洗脱条件

序号	流速(mL/min)	时间(min)	流动相 A(5 mmol/L 甲酸铵水)(%)	流动相 B(甲醇)(%)
负离子模式	0.3	0	50.0	50.0
		3.00	15.0	85.0
		5.00	0	100.0
		12.00	0	100.0
		13.00	50.0	50.0
		20.00	50.0	50.0

9.1.2 质谱条件

液相色谱-质谱联用接口:电喷雾接口(ESI)离子模式。

雾化气温度:330℃。

雾化气流速:8 mL/min。

雾化器压力:30 psi。

离子源(EI):70 eV。

扫描方式:多重反应检测(MRM),目标物质谱参数见表4。

表 4 个人护理品的质谱参数

化合物	母离子	子离子	碰撞电压(V)	碰撞能(eV)	内标
ESI+					
BTri	120	65.2	120	25	5-TTri-d_6
		39.2	120	36	
5ClBTri	154	99.1	140	35	5-TTri-d_6
		73.1	140	40	
5TTri	134.1	77.2	130	40	5-TTri-d_6
		51.2	130	50	

表 4（续）

化合物	母离子	子离子	碰撞电压（V）	碰撞能（eV）	内标
XTri	148	93 77	150 150	20 30	5-TTri-d₆
BP-3	229.3	151.1 105.1	120 120	15 20	BP-3-d₅
5TTri-d₆	139	84.2 53.1	120 120	19 47	
BP-3-d₅	234	150.9 82.1	130 130	44 17	
ESI—					
BP-1	213	135 90.8	125 125	15 25	BP-3-d₅
BP-2	245	134.9 108.9	100 100	10 21	BP-3-d₅
4-OH-BP	197	120 92	140 140	24 36	BP-3-d₅
MeP	150.9	135.9 91.9	90 90	12 23	MeP-d₄
EtP	165	137 92	90 90	10 22	MeP-d₄
PrP	179	136 92	110 110	15 26	MeP-d₄
i-PrP	179	136.9 93	100 100	12 21	MeP-d₄
BuP	193	136.9 91.9	110 110	12 26	MeP-d₄
BzP	227	135.9 91.9	110 110	11 24	MeP-d₄
HeP	235	136 91.9	130 130	16 28	MeP-d₄
TCS	288.8	36.9 35	80 80	4 6	TCS-d₃
TCC	312.8	159.8 125.9	110 110	7 26	TCC-d₄
BP-3-d₅	234	150.9 82.1	130 130	44 17	
MeP-d₄	155	140 95.9	90 90	10 22	
TCS-d₃	291.8	34.8 35	80 80	4 4	

水产品及水环境中典型污染物检测操作规程

化合物	母离子	子离子	碰撞电压（V）	碰撞能（eV）	内标
TCC-d₄	317	160 130	100 100	10 29	

9.2 校准

9.2.1 空白试验

实验室试剂空白,必须与样品处理过程一样加入相同体积的所有试剂,用来评价样品制备过程中可能的污染和背景谱干扰。实验室试剂空白的制备过程必须与样品处理步骤完全相同,测定样品的分析结果应减去实验室试剂空白。

9.2.2 定性依据

在相同实验条件下,样液中被测物的色谱保留时间与标准工作液相同,并且在扣除背景后的样品色谱图中,所选择的离子对均出现,各定性离子的相对丰度与标准品离子的对丰度相比,偏差不超过表 5 规定的范围内,则可判断样品中存在相应的被测物。

表 5 定性确证时相对离子丰度的最大允许偏差

单位为百分号

相对离子丰度	＞50	20～50(含)	10～20(含)	≤10
允许的相对偏差	±20	±25	±30	±50

9.2.3 标准工作曲线绘制

取适量混合标准使用溶液,使用甲醇为溶剂配制成浓度为 1 μg/L、5 μg/L、10 μg/L、20 μg/L、50 μg/L、100 μg/L、200 μg/L 的标准溶液,上机检测绘制标准工作曲线。做单点或多点校准,内标法计算样品中个人护理品的残留量,定量离子采用丰度最大的二级特征离子碎片。

样品溶液及空白添加混合标准工作溶液中个人护理品的峰面积均在仪器检测的线性范围之内。按照设定的分析程序,依次分析校准空白溶液、混合标准使用溶液和样品,绘制标准曲线、计算回归方程,扣除背景或以干扰系数法修正干扰,由安捷伦 QQQ 定量软件积分。

10 结果计算和表示

10.1 结果计算

试样中被测组分的含量按式（1）计算。

$$X = \frac{(C - C_0) \times V \times 1000}{m} \quad \cdots\cdots\cdots\cdots\cdots\cdots\cdots\cdots\cdots\cdots\cdots \text{(1)}$$

式中:

X ——试样中被测组分残留量,单位为毫克每千克(mg/kg);

C ——由标准曲线或线性方程得到的试样提取液中被测组分浓度,单位为毫克每毫升(mg/mL);

C_0 ——试剂空白液中被测组分浓度,单位为毫克每毫升(mg/mL);

V ——试样定容体积,单位为毫升(mL);

m ——试样取样量,单位为克(g)。

10.2　结果表示

测定结果扣除空白值。组分浓度值<10,保留 2 位有效数字;浓度值≥10,保留 3 位有效数字。

11　精密度

本方法批内相对标准偏差≤15%,批间相对标准偏差≤20%。

12　质量保证和质量控制

12.1　回收率

加标回收试验空白样品中分别添加低、中、高 3 种浓度的混合标准使用溶液,分别做 3 份平行。样品经前处理和定量测定,以回收率反映该方法的准确度、相对标准偏差(RSD)反映该方法的精密度。称取与样品量相同的样品,加入一定浓度的标准溶液,然后将其与样品同时提取、净化进行测定,计算加标回收率。结果显示,绝大部分个人护理品不同水平加标样品的回收率为 70%~120%,表明此方法准确度和精密度良好。全程序空白:每批样品应至少做一个全程序空白,所测目标物的空白值不得超过方法检出限。若超出,则需查找原因,重新分析直至合格之后才能分析样品。

12.2　方法的检出限及定量限

选择未检出的样品作为基质空白,进行低水平添加平行实验($n=7$),计算出测定浓度的标准偏差(SD),以此为基础计算方法的检出限和定量限。以 3 倍 SD 作为方法的检出限(LOD),以 10 倍 SD 作为方法的定量限(LOQ),检出限及定量限详见表 6 和表 7。

表 6　水和底泥中方法验证情况

化合物	相关系数	线性范围 (μg/L)	回收率 (%)		检出限		定量限	
			水 (100 ng/L)	泥 (50 ng/g)	水 (ng/L)	泥 (ng/g)	水 (ng/L)	泥 (ng/g)
BTri	0.999 7	1~200	67.47±4.69	83.87±0.20	0.25	1.00	0.84	3.32
5ClBtri	0.999 7	1~200	79.27±14.43	69.45±2.94	0.88	2.63	2.94	8.76
5TTri	0.999 8	1~200	101.14±2.41	89.85±2.45	0.59	0.83	1.98	2.78
XTri	0.999 9	1~200	98.96±0.29	85.73±3.99	0.50	1.16	1.65	3.86
BP-3	0.999 8	1~200	110.67±1.91	103.32±3.78	0.39	0.13	1.31	0.45
BP-1	0.990 8	1~200	92.86±2.59	44.82±0.57	0.16	0.04	0.52	0.14
BP-2	0.994 0	1~200	111.69±9.49	58.69±14.30	0.61	0.16	2.02	0.53
4-OH-BP	0.991 4	1~200	99.70±5.02	105.42±0.85	0.14	0.10	0.47	0.33
MeP	0.999 7	1~200	100.64±0.72	89.32±1.79	1.55	0.65	5.16	2.18
EtP	0.997 3	1~200	107.00±2.39	93.41±2.67	0.29	0.50	0.98	1.65
PrP	0.998 5	1~200	104.92±6.08	95.53±6.08	0.27	0.31	0.90	1.03
i-PrP	0.999 9	1~200	116.79±3.78	94.66±3.82	0.10	0.37	0.35	1.25
BuP	0.999 6	1~200	114.19±6.44	90.23±7.36	0.18	0.18	0.60	0.60
BzP	0.999 5	1~200	113.24±8.55	87.89±9.19	0.28	0.12	0.95	0.41
HeP	0.999 5	1~100	113.06±1.96	71.52±6.67	0.21	0.08	0.69	0.27

表6（续）

化合物	相关系数	线性范围（μg/L）	回收率（%）		检出限		定量限	
			水（100 ng/L）	泥（50 ng/g）	水（ng/L）	泥（ng/g）	水（ng/L）	泥（ng/g）
TCS	0.997 6	1～200	106.24±1.69	88.92±1.52	0.37	0.12	1.25	0.39
TCC	0.999 5	1～200	97.76±0.93	71.06±2.08	1.01	0.39	3.38	1.30

表7　鱼肉中方法验证情况

化合物	相关系数	线性范围（μg/L）	回收率（%）			检出限（ng/g）	定量限（ng/g）
			低（20 ng/g）	中（50 ng/g）	高（100 ng/g）		
BTri	0.999 7	1～200	116.02±2.50	74.82±3.01	73.67±4.82	1.18	3.93
5ClBtri	0.999 7	1～200	99.70±3.30	68.79±2.14	73.85±2.42	0.97	3.23
5TTri	0.999 8	1～200	117.76±2.04	91.28±2.25	92.72±3.75	1.39	4.62
XTri	0.999 9	1～200	93.78±3.90	64.07±3.57	69.51±0.60	1.00	3.35
BP-3	0.999 8	1～200	112.82±2.23	77.80±2.57	79.07±1.05	1.04	3.47
MeP	0.999 7	1～200	112.78±0.81	95.21±2.39	90.62±2.54	1.10	3.68
EtP	0.997 3	1～200	95.07±2.20	60.69±2.85	57.60±4.83	0.64	2.13
TCC	0.999 5	1～200	116.94±3.74	100.40±2.47	101.90±1.22	1.20	4.01

12.3　实验室控制样品

在处理的每批样品中,应在试剂空白中加入每种分析物质,其浓度应与校准曲线中间浓度相当,然后按照整个步骤进行预处理和测定,其加标回收率应为70%～120%。也可以使用有证标准样品代替加标,其测定值应在标准要求的范围内。

12.4　基质加标

每批样品应至少测定10%的加标样品,样品数量少于10时,应至少测定一个加标样品,测定的加标回收率应为70%～120%。

12.5　连续校准

每分析15个样品,应分析一次校准曲线中间浓度点,其测定结果与实际浓度值相对偏差应≤10%,否则应查找原因或重新建立校准曲线。每批样品分析完毕后,应进行一次曲线最低点的分析,其测定结果与实际浓度值相对偏差应≤30%。

13　废弃物的处理

根据国家相应的固体废弃物处理法,交由有资质的处置单位进行统一处理。

14　注意事项

14.1　为最大限度地提高提取效率,试样都应进行完全的破碎。如果温度等因素对提取效率、被分析物稳定性或溶剂损失等有影响,则必须对这些因素加以控制。

14.2　流动相现用现配,防止变质。

14.3　为提高回收率,样品浓缩时旋转蒸发速度不宜过快,氮吹时气流不宜过大。

水、沉积物及生物组织中多环芳烃的测定
气相色谱-质谱联用法

1 适用范围

本规程适用于养殖水体水相、沉积物和生物组织中多环芳烃(Polycyclic aromatic hydrocarbons, PAHs)含量的测定。

2 规范性引用文件

本规程内容引用了下列文件或其中的条款。凡是不注明日期的引用文件,其有效版本适用于本规程。

GB 17378.3—2007　海洋监测规范　第3部分:样品采集、储存与运输

HJ 478—2009　水质　多环芳烃的测定　液液萃取和固相萃取高效液相色谱法

SC/T 3016—2004　水产品抽样方法

SC/T 3042—2008　水产品中16种多环芳烃的测定　气相色谱-质谱法

3 方法原理

养殖水体、沉积物及生物组织样品分别采用适合的方法(液液萃取、索氏萃取/超声微波协同萃取)提取,提取液再经净化方法(硅胶-氧化铝柱)去除干扰物,浓缩后加入内标,使用气相色谱-质谱法(GC/MS)全扫描模式(SCAN)与选择性离子监测模式(SIM)来定性和定量测试提取液中的多环芳烃,计算其在养殖水体、沉积物及生物组织中的具体含量。

4 试剂和材料

4.1　氮气:纯度不低于99.99%。

4.2　铜粉/铜片:分析纯,在正己烷中洗涤浸泡,储于磨口玻璃瓶中密封保存。

4.3　正己烷:色谱纯。

4.4　丙酮:色谱纯。

4.5　二氯甲烷:色谱纯。

4.6　正己烷-丙酮混合溶剂(1+1,体积比)。

4.7　二氯甲烷-正己烷混合溶剂(3+7,体积比)。

4.8　氧化铝:分析纯。

4.9　硅胶:分析纯。

4.10　甲醇:色谱纯。

广东省微生物研究所　编制

4.11 乙腈：色谱纯。

4.12 氢氧化钾（KOH）：分析纯。

4.13 硫代硫酸钠（Na₂S₂O₃·5H₂O）：分析纯。

4.14 无水硫酸钠（Na₂SO₄）：分析纯，在400℃下烘烤2 h。冷却后，储于磨口玻璃瓶中密封保存。

4.15 氯化钠（NaCl）：分析纯，在400℃下烘烤2 h。冷却后，储于磨口玻璃瓶中密封保存。

4.16 2 mol/L氢氧化钾-甲醇溶液：称取112 g氢氧化钾，用100 mL水溶解后，用甲醇稀释至1 000 mL。

4.17 甲醇水溶液（1＋1，体积比）。

4.18 二甲基甲酰胺水溶液（1＋1，体积比）。

4.19 硫酸溶液（60%）：量取60 mL硫酸缓缓加入40 mL水中，搅匀。

4.20 硅胶-氧化铝柱：采用正己烷湿法装柱，柱直径为1 cm，长度为30 cm，由下而上分别为1 cm无水硫酸钠、8.3 cm中性硅胶、4.2 cm氧化铝、1 cm无水硫酸钠。

4.21 多环芳烃标准液：质量浓度为1 000 mg/L含16种多环芳烃的正己烷溶液，包括萘、苊、二氢苊、芴、菲、蒽、荧蒽、芘、䓛、苯并[a]蒽、苯并[b]荧蒽、苯并[k]荧蒽、苯并[a]芘、茚并[1,2,3-cd]芘、二苯并[a,h]蒽、苯并[ghi]苝。储备液于4℃以下冷藏。

4.22 回收率指示物萘：D₈-萘、D₁₀-苊、D₁₀-菲、D₁₂-䓛、D₁₂-苝。

4.23 内标物：间三联苯。

4.24 棉花：在正己烷中洗涤浸泡，储于磨口玻璃瓶中密封保存。

4.25 玻璃棉：在正己烷中洗涤浸泡，储于磨口玻璃瓶中密封保存。

4.26 铬酸洗液：将20 g研细的重铬酸钾（分析纯）粉末放入大烧杯中，加入40 mL蒸馏水，加热至60℃左右使之溶解。然后，将该重铬酸钾溶液倒入酸缸中，搅拌状态下少量多次地缓慢加入360 mL浓硫酸（分析纯），混合均匀。待冷却后，装入洗液瓶（棕色细口瓶）备用。

5 仪器和设备

5.1 索氏萃取装置。

5.2 浓缩装置：旋蒸仪、氮吹仪。

5.3 分液漏斗。

5.4 鸡心瓶。

5.5 水浴振荡器。

5.6 超声-微波协同萃取仪。

5.7 气相色谱-质谱联用仪：最高质荷比在500 amu以上。

5.8 分析天平：感量0.1 mg。

6 样品采集与保存

6.1 水样

样品必须采集在预先洗净烘干的 1 L(或 2 L)具磨口塞的棕色玻璃细口瓶中。采样前,不能用水样预洗采样瓶,以防止样品的沾染或吸附。采样瓶要完全注满,不留气泡。若水中有残余氯存在,要在每升水中加入 80 mg 硫代硫酸钠($Na_2S_2O_3 \cdot 5H_2O$)除氯。

样品采集后应避光于 4℃ 以下冷藏,在 7 d 内萃取,萃取后的样品应避光于 4℃ 以下冷藏,在 40 d 内分析完毕。

6.2　沉积物

参照 GB 17378.3—2007 的有关要求采集有代表性的沉积物样品,保存在事先清洗洁净,并用有机溶剂处理、不存在干扰物的磨口棕色玻璃瓶中。运输过程中应密封避光、冷藏保存,途中避免干扰引入或样品的破坏,尽快运回实验室进行分析。

如暂不能分析应在 −20℃ 以下冷藏保存,在 60 d 内分析完毕。

6.3　生物组织

生物组织采样参考 SC/T 3016—2004 取可食用部分,鱼类去鳞去头去内脏、剔骨去皮;虾类去头去壳;蟹和贝去壳;头足类去皮去内脏等非肌肉部分后,均取可食部分;肉制品即切碎混匀。

7　萃取与浓缩

7.1　水相

7.1.1　液液萃取

摇匀水样,量取 1 000 mL 水样(萃取所用水样体积根据水质情况可适当增减),倒入 2 000 mL 的分液漏斗中,加入 5 种氘代 PAHs 二氯甲烷溶液(控制其最终上机浓度为 1 mg/L,用作回收率指示物),加入 30 g 氯化钠(事先 400℃ 下烘烤 2 h),再加入 50 mL 二氯甲烷振摇 5 min,静置分层。收集有机相,放入 250 mL 接收瓶中,重复萃取 2 遍。合并有机相,加入无水硫酸钠至有流动的无水硫酸钠存在。放置 30 min,脱水干燥。

7.1.2　浓缩

萃取液用浓缩装置(旋蒸仪或氮吹仪)浓缩至 1 mL,待净化。如萃取液中有机相为二氯甲烷,则先浓缩至 1 mL,再加入适量正己烷至 5 mL,重复此浓缩过程 3 次,最后浓缩至 1 mL,待净化。

注 1:在萃取过程中出现乳化现象时,可采用搅动、离心、用玻璃棉过滤等方法破乳,也可采用冷冻的方法破乳。

注 2:在样品分析时,若预处理过程中溶剂转换不完全(即有残存正己烷或二氯甲烷),会出现保留时间漂移、峰变宽或双峰的现象。

7.2　沉积物

7.2.1　萃取

沉积物的萃取可选择索氏提取法或超声微波协同萃取法:

7.2.1.1　索氏提取

称取冻干过筛(100 目)沉积物约 5.00 g 放入事先预备好的滤纸筒,加入 5 种氘代 PAHs 的二氯甲烷溶液(控制其最终上机浓度为 1 mg/L,用作回收率指示物),盖上棉花,捆绑封闭滤纸筒;将滤纸筒置于索氏提取器,加入铜片(2 g)和 150 mL 二氯甲烷。装好索氏提取装置,

60℃水浴提取 24 h。

7.2.1.2 超声微波协同萃取

称量约 5.00 g(准确记录样品质量)沉积物样品和 2 g 铜粉,放入 250 mL 萃取瓶中。先后分 2 次加入 100 mL 和 50 mL 正己烷-丙酮混合溶剂(1+1,体积比)作为萃取剂,同时加入一定量的回收率指示物(5 种氘代 PAHs)。

超声-微波协同萃取仪操作条件:功率 100 W,萃取 6 min。

7.2.2 浓缩

将萃取后的二氯甲烷提取液旋蒸或氮吹至约 1 mL,分 2 次,每次用 10 mL 正己烷通过旋蒸替换为正己烷提取液,旋蒸或氮吹至约 1 mL。

7.3 生物组织

7.3.1 皂化

准确称取已制成均匀肉糜的试样 50.0 g,置于 250 mL 三角瓶中,加入 2 mol/L 的 25 mL 氢氧化钾-甲醇溶液(4.16)100 mL,接好皂化装置,用 80℃水浴锅加热回流浸提 2 h～4 h。加热时,注意不要爆沸,冷却至室温。

7.3.2 萃取

将皂化液转移至 250 mL 离心瓶中,4 000 r/min 离心 5 min,上清液转移至 250 mL 分液漏斗中;用 100 mL 正己烷(4.3)分 2 次清洗皂化装置中的回流瓶,并转移到上述离心瓶中振摇 1 min,4 000 r/min 离心 5 min 后,将正己烷层转移至装皂化液的分液漏斗中,振摇 1 min;静置分层后,将下层皂化液转移到另一 250 mL 分液漏斗中,加入 50 mL 正己烷,重复上述振摇萃取、静置分层操作,弃去下层液体,合并正己烷相。

7.3.3 浓缩

依此用 100 mL 50%甲醇溶液(分 2 次)、200 mL 水(分 2 次)和 25 mL 60%硫酸溶液(4.19)分别清洗提取液。每次振摇 1 min,静置分层后弃去下层液体。上层正己烷用 300 mL 水分 3 次洗至中性。正己烷经无水硫酸钠(4.14)脱水后转移到 250 mL 烧瓶中,40℃水浴旋转蒸发浓缩至约 30 mL。若浓缩液色泽较浅,则继续浓缩至约 1 mL。

对于经酸洗后色泽较深的样品,可采用如下净化方法:浓缩液转移至 250 mL 分液漏斗中,加入 30 mL 二甲基甲酰胺溶液(4.18),振摇 1 min,静置分层,下层转移到另一 250 mL 分液漏斗中。再次加入 30 mL 二甲基甲酰胺溶液重复操作,合并二甲基甲酰胺溶液到同一分液漏斗中,加入 50 mL 水、100 mL 正己烷,振摇 1 min,静置分层,下层(二甲基甲酰胺-水)再次用 50 mL 正己烷萃取后弃去。合并正己烷层,经无水硫酸钠脱水后收集于 250 mL 圆底烧瓶中,40℃水浴旋转蒸发浓缩至约 1 mL。

8 净化

8.1 层析与洗脱

将萃取浓缩液加入事先预备好的硅胶氧化铝柱(用 1 mL 正己烷分 3 次洗涤萃取浓缩试液瓶);打开层析柱阀门,将液面放至固体上界;用正己烷润洗至高于固体上界 0.5 cm,静置 2 min,放液至固体上界,重复此操作一次;加入 15 mL 正己烷,放液,弃去初始 10 mL 流出液,关闭阀门;加入二氯甲烷-正己烷混合溶剂(3+7,体积比)10 mL,放液,弃去初始 5 mL 流出液,关闭阀门;层析柱出口接上鸡心瓶,打开阀门,分 6 次,每次 10 mL 加入二氯甲烷-正己烷混合溶剂(3+7,体积比);当层析柱不再滴出溶剂即可取下鸡心瓶,密封避光放置。

8.2 定容

将鸡心瓶内提取液旋蒸或氮吹至 1 mL,转入进样瓶;加入间三联苯(内标物)用氮吹仪定容至 1.0 mL,密封。于−20℃保藏,待测。

9 测定

9.1 标线

根据样品上机浓度配制 PAHs 标准曲线。

9.2 仪器条件

参考气相色谱-质谱条件

a) 色谱柱:DB-17MS 石英毛细管柱,30 m×0.25 mm(内径)×0.25 μm(膜厚),或性能相当的色谱柱;

b) 色谱柱温度:35℃(5 min)30℃/min 150℃ 10℃/min 250℃(15 min)10℃/min 270℃(8 min);

c) 进样口温度:250℃;

d) 色谱-质谱接口温度:280℃;

e) 离子源温度:200℃;

f) 离子源压力:2.5×10^{-3} Pa;

g) 载气:氦气,纯度 ≥ 99.999%,1 mL/min,线速度 3.93 cm/s,柱头压 12.5 psi;

h) 电离方式:EI;

i) 电离能量:70 eV;

j) 光电倍增管电压:1 600 eV;

k) 质量扫描(SIM)范围:50 amu～ 500 amu;

l) 测定方式:选择离子监测方式;

m) 进样方式:脉冲无分流自动进样;

n) 进样量:1.0 μL;

o) 溶剂延迟:7 min。

9.3 数据处理

使用 GC/MS 相应的化学工作站,根据不同物质的出峰时间和质荷比读取峰面积,再根据标线计算实际浓度。

校正因子按式(1)计算。

$$F_i = \frac{A_i \times m_s}{A_s \times m_i} \quad \text{……………………………………} (1)$$

式中:

F_i——多环芳烃对内标物的校正因子;

A_i——内标峰面积;

m_i——内标质量,单位为毫克(mg);

A_s——标准物质标准峰面积;

221

m_s——标准物质的质量，单位为毫克(mg)。

样品中多环芳烃的含量按式(2)计算。

$$X_i = \frac{F_i \times (A_2 - A_0)m_1}{A_1 \times m_2} \times 1000 \quad \text{（2）}$$

式中：

X_i——试样中每种多环芳烃的含量，单位为毫克每千克(mg/kg)；

A_0——空白峰面积；

A_1——标液中内标峰面积；

A_2——标液中每种多环芳烃峰面积；

m_1——标液中内标质量，单位为毫克(mg)；

m_2——最终样液所代表的样品质量，单位为克(g)。

10 质量控制与质量保证(QA/QC)

QA/QC样品包括方法空白、空白加标、基质加标和基质加标平行样，采用与养殖水体、沉积物及生物组织样品相同步骤进行前处理和分析。同时，在仪器分析过程中，每分析10个样品，再分析一次已知浓度的标准样品(Spike Check)。如果此标准品所测出浓度与其实际浓度偏差超过20％，则需要重新调整仪器或者重新建立标准曲线进行分析。

11 废弃物的处理

根据国家相应的有机废弃物处理法，交由有资质的处置单位进行统一处理。

12 注意事项

12.1 实验所用玻璃器皿，在使用前须用铬酸洗液(4.26)浸泡至少12 h后，用去离子水冲洗干净后方可使用。

12.2 正己烷、丙酮、二氯甲烷等有机溶剂均有毒并有刺激性气味，操作时应按规定要求配备防护器具，并在通风橱中进行，避免接触或吸入过量导致身体不适和中毒。

水、土壤/沉积物及生物组织中多溴联苯醚的测定 气相色谱-质谱联用法

1 适用范围

本规程规定了测定养殖水体、土壤/沉积物及生物组织中多溴联苯醚的气相色谱-质谱联用法。

本规程适用于土壤/沉积物、水体和生物组织中多溴联苯醚(polybromobiphenyl ethers，PBDEs)含量的分析测定。

2 规范性引用文件

本规程内容引用了下列文件或其中的条款。凡是不注明日期的引用文件，其有效版本适用于本规程。

GB/Z 21276—2007 电子电气产品中限用物质多溴联苯(PBBs)、多溴二苯醚(PBDEs)检测方法

QC/T 944—2013 汽车材料中多溴联苯(PBBs)和多溴二苯醚(PBDEs)的检测方法

3 方法原理

养殖水体、土壤/沉积物及生物组织样品分别采用适合的方法(液液萃取、超声微波协同萃取、超声波细胞破碎辅助萃取)提取，提取液再经不同净化方法(硅胶柱-氧化铝柱、凝胶色谱等)去除干扰物，浓缩后加入内标，使用气相色谱-质谱法(GC/MS)全扫描模式(SCAN)与选择性离子监测模式(SIM)来定性和定量测试提取液中的多溴联苯醚，计算其在养殖水体、土壤/沉积物及生物组织中的具体含量。

4 试剂和材料

4.1 氮气:纯度不低于 99.99%。

4.2 铜粉:分析纯。

4.3 正己烷:色谱纯。

4.4 丙酮:色谱纯。

4.5 二氯甲烷:色谱纯。

4.6 正己烷-丙酮混合溶剂(1+1,体积比)。

4.7 正己烷-二氯甲烷混合溶剂(7+3,体积比)。

4.8 氧化铝:分析纯。

4.9 硅胶:分析纯。

4.10 无水硫酸钠:分析纯。

4.11 硅胶-氧化铝柱:采用正己烷湿法装柱,柱直径为 1 cm,长度为 30 cm,由下而上分别为 6 cm 氧化铝、2 cm 中性硅胶、5 cm 碱性硅胶、2 cm 中性硅胶、6 cm 酸性硅胶、1cm~2 cm 无水硫酸钠。

4.12 连二亚硫酸钠:分析纯。

4.13 多溴联苯醚标准溶液。

4.14 回收率指示物:[13]C-PCB141、[13]C-BDE-209。

4.15 内标物:[13]C-PCB-208。

4.16 铬酸洗液:将 20 g 研细的重铬酸钾(分析纯)粉末放入大烧杯中,加入 40 mL 蒸馏水,加热至 60℃左右使之溶解,然后将该重铬酸钾溶液倒入酸缸中,搅拌状态下少量多次地缓慢加入 360 mL 浓硫酸(分析纯),混合均匀。待冷却后,装入洗液瓶(棕色细口瓶)备用。

5 仪器和设备

5.1 超声-微波协同萃取仪。

5.2 氮吹仪。

5.3 分液漏斗。

5.4 梨形瓶。

5.5 涡旋仪。

5.6 超声波细胞破碎仪。

5.7 凝胶色谱系统。

5.8 气相色谱-质谱联用仪:最高质荷比在 1 000 amu 以上。

5.9 分析天平:感量 0.1 mg。

6 样品制备与分析步骤

6.1 样品前处理

6.1.1 水样

取 1 000 mL 水样,加入分液漏斗中,加入回收率指示物标样(^{13}C-PCB141、[13]C-BDE-209)用 70 mL 二氯甲烷分 2 次萃取,每次剧烈振荡 2 min,有机相合并于 100 mL 梨形瓶中。若分层不明显,加入适量的 2% $Na_2S_2O_4$ 溶液。有机相在 45℃水浴中减压旋转蒸发至约 1 mL,用柔和氮气顶吹至近干,正己烷涡旋溶解残留物并定容至 100 μL。上机前,加内标(^{13}C-PCB-208)待分析(GC/MS,具体条件见 6.2.1)。

6.1.2 土壤/沉积物

土壤/沉积物样品前处理大概包括以下 5 个环节:

a) 冷冻干燥:土壤/沉积物样品经过冷冻干燥、研磨、用 0.18 mm(80 目)不锈钢筛子过筛备用。

b) 超声微波萃取:称量约 5.00 g 湿重(准确记录样品质量)土壤/沉积物样品和 2 g 活

化过的铜粉,放入 250 mL 萃取瓶中。先后分 2 次加入 100 mL 和 50 mL 正己烷-丙酮混合溶剂(1+1,体积比)作为萃取剂,同时加入一定量的回收率指示物(^{13}C-PCB141、^{13}C-BDE-209)。超声-微波协同萃取仪操作条件:功率 100 W,萃取 6 min。

c) 氮吹浓缩:萃取液经过滤(普通玻璃漏斗即可)至氮吹浓缩管中,用锡箔纸盖好(锡箔纸打几个小孔以便溶剂挥发),置于氮吹仪中,氮吹浓缩至约 10 mL,加入适量正己烷进行溶剂替换后,继续氮吹浓缩至 1 mL 左右。

d) 分离和净化:浓缩液用多段硅胶氧化铝柱净化,首先用 5 mL 正己烷淋洗柱子,滤液不进行收集,再用 70 mL 正己烷-二氯甲烷混合溶剂(7+3,体积比)淋洗,收集淋洗液浓缩(中途需要进行溶剂置换)至约 1 mL。

e) 氮吹浓缩定容:淋洗液用柔和氮气浓缩定容至 100 μL 正己烷(中途需进行溶剂置换)。上机分析前,加入一定量内标(^{13}C-PCB-208)。

6.1.3　生物组织

a) 超声破碎与萃取:生物体浸泡在 10 mL 丙酮萃取液中,用超声波细胞破碎仪在功率为 600 W、脉冲时间为 10 s、重复 5 个周期的条件下萃取目标化合物,该步骤重复 2 遍,然后合并萃取液,继而过滤、氮吹浓缩并将溶剂替换为不多于 2 mL 的二氯甲烷。

b) 氮吹浓缩净化:用凝胶色谱系统净化之后,淋洗液经过浓缩和溶剂置换为 500 μL 正己烷。上机分析前,加入一定量内标(^{13}C-PCB-208)。若生物体内待测化合物含量过低,则可将相同浓度的平行样合并处理,最终浓缩至 100 μL 正己烷,加入一定量的内标后,再进行多溴联苯醚浓度分析。

6.2　仪器分析

6.2.1　参考气相色谱-质谱条件

a) 色谱柱:60 m×0.25 mm(内径)×0.25 μm(膜厚),DB-5MS 石英毛细管柱或相当者;

b) 色谱柱温度:一到七溴联苯醚:110℃(1 min)$\xrightarrow{8℃/min}$ 180℃ $\xrightarrow{20℃/min}$ 240℃(5 min)$\xrightarrow{10℃/min}$ 310℃(20 min);十溴联苯醚:110℃(1 min)$\xrightarrow{8℃/min}$ 200℃ $\xrightarrow{10℃/min}$ 310℃(15 min);

c) 进样口温度:280℃;

d) 色谱-质谱接口温度:280℃;

e) 离子源温度:200℃;

f) 离子源压力:2.5×10^{-3} Pa;

g) 载气:氦气,纯度 ≥ 99.999%,1 mL/min;

h) 电离方式:负化学电离源(Negative Chemical Ionization,NCI);

i) 电离能量:70 eV;

j) 质量扫描范围:50 amu～1 000 amu;

k) 测定方式:选择离子监测方式;

l) 进样方式:脉冲无分流自动进样;

m) 进样量:1.0 μL;

n) 溶剂延迟:5 min。

6.2.2　气相色谱-质谱定性及定量分析

按上述分析条件(6.2.1)对多溴联苯醚标准溶液(4.13)和水、土壤/沉积物及生物组织样品提取液进行分析,根据色谱峰的保留时间和多溴联苯醚的定性离子进行定性分析,采用内标法进行定量。

7 结果计算

校正因子按式(1)计算。

$$F_i = \frac{A_i \times m_s}{A_s \times m_i} \quad\cdots\cdots\cdots\cdots\cdots\cdots\cdots\cdots\cdots\cdots\cdots\cdots \quad (1)$$

式中:

F_i——多溴联苯醚对内标物的校正因子;

A_i——内标峰面积;

m_i——内标质量,单位为毫克(mg);

A_s——标准物质标准峰面积;

m_s——标准物质的质量,单位为毫克(mg)。

样品中多溴联苯醚的含量按式(2)计算。

$$X_i = \frac{F_i \times (A_2 - A_0)m_1}{A_1 \times m_2} \times 1000 \quad\cdots\cdots\cdots\cdots\cdots\cdots \quad (2)$$

式中:

X_i——试样中每种多溴联苯醚的含量,单位为毫克每千克(mg/kg);

F_i——校正因子;

A_0——空白峰面积;

A_1——标液中内标峰面积;

A_2——标液中每种多溴联苯醚峰面积;

m_1——标液中内标质量,单位为毫克(mg);

m_2——最终样液所代表的样品质量,单位为克(g)。

8 质量控制与质量保证(QA/QC)

QA/QC样品包括方法空白、空白加标、基质加标和基质加标平行样,采用与养殖水体、土壤/沉积物及生物组织样品相同步骤进行前处理和分析。同时,在仪器分析过程中,每分析10个样品,再分析一次已知浓度的标准样品(Spike Check)。如果此标准品所测出浓度与其实际浓度偏差超过20%,则需要重新调整仪器或者重新建立标准曲线进行分析。

9 废弃物的处理

根据国家相应的有机废弃物处理法,交由有资质的处置单位进行统一处理。

10 注意事项

10.1 实验所用玻璃器皿,在使用前须用铬酸洗液(4.16)浸泡至少12 h后,用去离子水冲洗干净后方可使用。

10.2 正己烷、丙酮、二氯甲烷等有机溶剂均有毒并有刺激性气味。操作时,应按规定要求配备防护器具,并在通风橱中进行,避免接触或吸入过量导致身体不适和中毒。

淡水渔业环境及水产品中邻苯二甲酸酯类 测定　气相色谱-质谱联用法

1　适用范围

本规程规定了测定水产品中16种邻苯二甲酸酯类物质(参见附录A)的气相色谱-质谱联用法。适用于水、底泥、水生植物、饲料及水产品中邻苯二甲酸酯类物质的测定。

本规程对水、底泥、水生植物中各邻苯二甲酸酯类物质的检出限为0.05 mg/kg,对饲料及水产品中各邻苯二甲酸酯类物质的检出限为1.5 mg/kg。

2　规范性引用文件

本规程内容引用了下列文件或其中的条款。凡是不注明日期的引用文件,其有效版本适用于本规程。

GB/T 12997　水质采样方案设计规定

GB/T 12999　水质采样　样品的保存和管理技术规定

GB/T 14699.1—2005　饲料采样

GB/T 21911—2008　食品中邻苯二甲酸酯的测定

SC/T 3016—2004　水产品抽样方法

3　方法原理

样品提取、净化后经气相色谱-质谱联用仪进行测定。采用特征选择离子监测扫描模式(SIM),以碎片的丰度比定性,标准样品定量离子外标法定量。

4　干扰和消除

4.1　样品中干扰物与目标化合物在相同的保留时间出峰时,可以通过质谱辅助定型离子来加以区别。

4.2　样品采集、储存和处理过程中应尽量避免使用塑料制品,最大限度地降低操作过程中对样品造成污染的可能性。

5　安全

5.1　邻苯二甲酸酯类物质均为环境激素类有机化合物,具有致畸致癌性,切勿吸入或吞噬,应避免与皮肤接触。配制标准溶液时,应最大可能保证操作的规范性,每次操作完之后要仔细清洗双手。

5.2　石油醚属易燃易爆物质,且具有强烈的刺激性。操作时,应按照规定要求配备防护器具,

中国水产科学研究院东海水产研究所　编制

并在通风橱中进行,避免吸入呼吸道和接触皮肤、衣物。

5.3 正己烷、乙酸乙酯、环己烷等萃取剂具有较强的挥发性,应在可靠的通风橱中进行样品萃取。

6 试剂和材料

除另有说明外,本规程所用水均为全玻璃重蒸馏水,试剂均为色谱纯(或重蒸馏分析纯,存储于玻璃瓶中)。

6.1 正己烷。

6.2 乙酸乙酯。

6.3 环己烷。

6.4 石油醚:沸程30℃～60℃。

6.5 丙酮。

6.6 无水硫酸钠:优级纯,于650℃灼烧4 h,冷却后存储于密闭干燥其中备用。

6.7 16种邻苯二甲酸酯标准品:邻苯二甲酸二甲酯(DMP)、邻苯二甲酸二乙酯(DEP)、邻苯二甲酸二异丁酯(DIBP)、邻苯二甲酸二丁酯(DBP)、邻苯二甲酸二(2-甲氧基)乙酯(DMEP)、邻苯二甲酸(4-甲基-2戊基)酯(BMPP)、邻苯二甲酸二(2-乙氧基)乙酯(DEEP)、邻苯二甲酸二戊酯(DPP)、邻苯二甲酸二己酯(DHXP)、邻苯二甲酸丁基苄基酯(BBP)、邻苯二甲酸二(2-丁氧基)乙酯(DBEP)、邻苯二甲酸二环己酯(DCHP)、邻苯二甲酸二(2-乙基)己酯(DEHP)、邻苯二甲酸二苯酯、邻苯二甲酸二正辛酯(DNOP)、邻苯二甲酸二壬酯(DNP),纯度参见附录B。

6.8 标准储备液:称取上述各种标准品(精确至0.1 mg),用正己烷配置成1 mg/mL的储备液,于4℃冰箱中避光保存。

6.9 标准使用液:将标准储备液用正己烷稀释至浓度为:0.5 μg/mL、1.0 μg/mL、2.0 μg/mL、4.0 μg/mL、8.0 μg/mL的标准系列溶液备用。

7 仪器

7.1 气相色谱-质谱联用仪(GC-MS)。

7.2 凝胶渗透色谱分离系统(GPC):玉米油与邻苯二甲酸二(2-乙基)己酯的分离度不低于85%(或可进行脱脂的等效分离装置)。

7.3 分析天平:感量0.1 mg和0.01 g。

7.4 离心机:转速不低于4 000 r/min。

7.5 旋转蒸发仪。

7.6 振荡器。

7.7 旋涡混合器。

7.8 粉碎机。

7.9 玻璃器皿

注:所用玻璃器皿洗净后,用重蒸馏水淋洗3次,丙酮浸泡1 h,在200℃下烘烤2 h,冷却至室温备用。

8　样品

8.1　样品的采集与保存

参照 SC/T 3016—2004、GB/T 14699.1—2005、GB/T 12997 和 GB/T 12999 的相关规定进行,将采集的样品置于硬质全玻璃器皿中,固体或半固体样品粉末混匀,液体样品混合均匀,待用。

8.2　样品的制备

8.2.1　水样

量取混合均匀的水样 50 mL,加入正己烷 5 mL,涡旋振荡 1 min,静置分层(如有必要时盐析或于 4 000 r/min 离心 5 min),取上清液进行 GC-MS 分析。

8.2.2　底泥样品

取底泥样品 5.00 g,加入 50 mL 水,振荡 30 min,摇匀。静置过滤,取滤液 25 mL,加入正己烷 5 mL,涡旋振荡 1 min,静置分层(如有必要时盐析或于 4 000 r/min 离心 5 min),取上清液进行 GC-MS 分析。

8.2.3　水生植物

将水生植物匀浆后取 5.00 g,加入适量水(视试样水分含量加水,总量约 50 mL),振荡 30 min,摇匀。静置过滤,取滤液 25 mL,加入正己烷 5 mL,涡旋振荡 1 min,静置分层(如有必要时盐析或于 4 000 r/min 离心 5 min),取上清液进行 GC-MS 分析。

8.2.4　饲料样品

将饲料样品研磨后称取 0.50 g(精确至 0.1 mg)于具塞三角瓶中,加入 20 mL 石油醚涡旋混合 2 min,静置后提取石油醚层,再用石油醚重复提取 3 次,每次 10 mL,合并提取液,经无水硫酸钠过滤后将滤液旋蒸至干,用乙酸乙酯:环己烷(1:1,体积比)定容至 10 mL,涡旋 2 min,过 0.45 μm 滤膜,滤液用凝胶渗透色谱装置净化(参考条件参见附录 C),收集流出液,浓缩至 2 mL,进行 GC/MS 分析。

8.2.5　水产品

称取匀浆后的水产品样品 0.50 g(精确至 0.1 mg)于具塞三角瓶中,加入 20 mL 石油醚涡旋混合 2 min,静置后提取石油醚层,再用石油醚重复提取 3 次,每次 10 mL,合并提取液,经无水硫酸钠过滤后将滤液旋蒸至干,用乙酸乙酯:环己烷(1:1,体积比)定容至 10 mL,涡旋 2 min,过 0.45 μm 滤膜,滤液用凝胶渗透色谱装置净化(参考条件参见附录 C),收集流出液,浓缩至 2 mL,进行 GC/MS 分析。

8.3　空白试验

试验中的空白样品按照 5.2 的步骤预处理后,进行 GC/MS 分析。

9　分析步骤

9.1　仪器参考条件

9.1.1　色谱条件

色谱柱:HP-5MS 石英毛细管柱[30 m×0.25 mm(内径)×0.25 μm]或相当型号色谱柱;
进样口温度:250℃;

水产品及水环境中典型污染物检测操作规程

升温程序：初始柱温 60℃，保持 1 min，以 20℃/min 升温至 220℃，保持/min，再以 5℃/min 升温至 280℃，保持 4 min；

载气：氦气（纯度≥99.999％），流速 1 mL/min；

进样方式：不分流进样；

进样量：1 μL。

9.1.2 质谱条件

色谱与质谱接口温度：280℃；

电离方式：电子轰击源（EI）；

监测方式：选择离子扫描模式（SIM），监测离子参见附录 D；

电离能量：70 eV；

溶剂延迟：5 min。

9.2 化合物的定性定量方法

9.2.1 定性确定

在 9.2 仪器条件下，试样待测液和标准品的选择离子色谱峰在相同保留时间处（±0.5％）出现，并且对应质谱碎片离子的质荷比与标准品相比应符合；相对丰度>50％时，允许±10％偏差，相对丰度 20％～50％时，允许±15％偏差；相对丰度 10％～20％时，允许±20％偏差；相对丰度≤10％时，允许±50％偏差，此时可定性确证目标分析物。各邻苯二甲酸酯类化合物的保留时间、定性离子和定量离子参见附录 D。各邻苯二甲酸酯类化合物标准物质的气相色谱-质谱选择离子色谱图参见附录 E。

9.2.2 定量分析

本规程采用外标校准曲线定量测定。以邻苯二甲酸酯化合物的标准溶液浓度为横坐标、各自的定量离子峰面积为纵坐标，作标准曲线回归方程，以试样的峰面积与标准曲线比较定量。

9.3 分析测定

9.3.1 标准曲线的绘制

在容量瓶中依次配置一系列浓度的混合标准物质溶液，浓度分别为 0.5 μg/mL、1.0 μg/mL、2.0 μg/mL、4.0 μg/mL、8.0 μg/mL。以标准溶液浓度为横坐标、各浓度标准物质的峰面积为纵坐标，进行线性拟合绘制标准曲线。标准曲线浓度范围可以根据测量需要进行调整，其浓度应涵盖所有样品测定范围。

9.3.2 标准曲线核查

每个工作日应测定曲线中间点溶液，来检验标准曲线。

9.3.3 测定

标准曲线绘制完毕或曲线核查完成后，将处理好的并放至室温的样品注入气相色谱-质谱仪，按照仪器参考条件（9.1）进行样品测定。根据目标化合物的峰面积计算化合物的浓度。若样品中目标物质浓度超过标准曲线范围，将样品稀释至标准曲线范围内，再进行测定。

9.4 空白试验

在分析样品的同时，应作空白试验，按照样品测定相同步骤分析，检查分析过程中是否有污染。

10　结果计算与表示

邻苯二甲酸酯化合物的含量按式(1)计算。

$$X = \frac{(C_i - C_0) \times V \times K}{m}$$ ·································· （1）

式中：

X——试样中某种邻苯二甲酸酯含量,单位为毫克每千克(mg/kg)或毫克每升(mg/L)；

C_i——试样中某邻苯二甲酸酯峰面积对应的浓度,单位为毫克每升(mg/L)；

C_0——空白试样中某邻苯二甲酸酯的浓度,单位为毫克每升(mg/L)；

V——试样定容体积,单位为毫升(mL)；

K——稀释倍数；

m——试样质量,单位为克(g)或毫升(mL)；

计算结果保留 3 位有效数字。

11　精密度和准确度

11.1　精密度

不含油脂试样中邻苯二甲酸酯的含量在 0.05 mg/kg～0.2 mg/kg 的范围时,本规程在重复条件下获得 2 次独立测定结果的绝对差值不得超过算术平均值的 30%；在 0.2 mg/kg～20 mg/kg 的范围时,本规程在重复条件下获得 2 次独立测定结果的绝对差值不得超过算术平均值的 15%。

含油脂试样中的邻苯二甲酸酯的含量在 1.5 mg/kg～4.0 mg/kg 的范围时,本规程在重复条件下获得 2 次独立测定结果的绝对差值不得超过算术平均值的 30%；在 4.0 mg/kg～400 mg/kg 的范围时,本规程在重复条件下获得 2 次独立测定结果的绝对差值不得超过算术平均值的 15%。

11.2　准确度

不含油脂样品加标 1.25 μg,经过净化、浓缩、分析过程的加标回收率为 70%～120%；含油脂样品加标 3.75 μg,经过净化、浓缩、分析过程的加标回收率为 70%～120%。

12　质量控制与质量保证

12.1　试剂纯度:由于 GC-MS 检出限极低,因此建议在标准溶液配制和样品前处理时均必须使用高纯度试剂,以降低测定空白值。

12.2　预处理体系:除标准中提到的提取净化体系外,若其提取净化方法能够达到本规程规定的检出限、精密度和准确度要求,则也可以使用。

12.3　标准曲线:每次分析均应绘制校准曲线。通常情况下,校准曲线的相关系数应达到 0.999 以上。

12.4　全程序空白:每批样品应至少做一个全程序空白,所测物质的空白值不得超过方法检出限。若超出则须查找原因,重新分析直至合格之后才能分析样品。

12.5　实验室控制样品:在处理的每批样品中,应在试剂空白中加入每种分析物质,其浓度应与校准曲线中间浓度相当,然后按照整个步骤进行预处理和测定,其加标回收率应为 70%～

120%。也可以使用有证标准样品代替加标,其测定值应在标准要求的范围内。

12.6 基体加标:每批样品应至少测定 10% 的加标样品,样品数量少于 10 时,应至少测定一个加标样品,测定的加标回收率应为 70~120%。

12.7 连续校准:每分析 10 个样品,应分析一次校准曲线中间浓度点,其测定结果与实际浓度值相对偏差应≤15%,否则应查找原因或重新建立校准曲线。每批样品分析完毕后,应进行一次曲线最低点的分析,其测定结果与实际浓度值相对偏差应≤30%。

13 废弃物的处理

根据国家相应的固体废弃物处理法,交由有资质的处置单位进行统一处理。

14 注意事项

14.1 试验中应尽量避免使用塑料,所用玻璃器皿用重蒸水洗后应用丙酮浸泡 1 h,200℃下烘烤 2 h,冷却后方可使用。

14.2 对于高浓度样品,应先用半定量分析法测定样品,确定其中的高浓度目标化合物,由此获取的信息选择适当的测定方法或稀释后测定,避免样品分析期间对检测器的潜在损害,同时鉴别浓度超过线性范围的目标化合物。

14.3 石油醚、正己烷、乙酸乙酯、环己烷等萃取剂具有较强的挥发性,易燃易爆,应在可靠的通风橱中进行样品萃取。

附　录　A

（资料性附录）
邻苯二甲酸酯类化合物信息

邻苯二甲酸酯类化合物信息见表 A.1。

表 A.1　邻苯二甲酸酯类化合物信息

序号	中文名称	英文名称	英文缩写	CAS 号	化学分子式
1	邻苯二甲酸二甲酯	Dimethyl phthalate	DMP	131-11-3	$C_{10}H_{10}O_4$
2	邻苯二甲酸二乙酯	Diethyl phthalate	DEP	84-66-2	$C_{12}H_{14}O_4$
3	邻苯二甲酸二异丁酯	Diisobutyl phthalate	DIBP	84-69-5	$C_{16}H_{22}O_4$
4	邻苯二甲酸二丁酯	Dibutyl phthalate	DBP	84-74-2	$C_{16}H_{22}O_4$
5	邻苯二甲酸二(2-甲氧基)乙酯	Bis (2-methoxyethyl) phthalate	DMEP	117-82-8	$C_{14}H_{18}O_6$
6	邻苯二甲酸二(4-甲基-2-戊基)酯	Bis (4-methyl-2-pentyl) phthalate	BMPP	146-50-9	$C_{20}H_{30}O_4$
7	邻苯二甲酸二(2-乙氧基)乙酯	Bis(2-ethoxyethyl)phthalate	DEEP	605-54-9	$C_{16}H_{22}O_4$
8	邻苯二甲酸二戊酯	Dipentyl phthalate	DPP	131-18-0	$C_{18}H_{26}O_4$
9	邻苯二甲酸二己酯	Dihexyl phthalate	DHXP	84-75-3	$C_{20}H_{30}O_4$
10	邻苯二甲酸 丁基苄基酯	Benzyl butyl phthalate	BBP	85-68-7	$C_{19}H_{20}O_4$
11	邻苯二甲酸二(2-丁氧基)乙酯	Bis(2-n-butoxyethyl) phthalate	DBEP	117-83-9	$C_{20}H_{30}O_6$
12	邻苯二甲酸二环己酯	Dicyclohexyl phthalate	DCHP	84-61-7	$C_{20}H_{26}O_4$
13	邻苯二甲酸二(2-乙基)己酯	Bis (2-ethylhexyl) phthalate	DEHP	117-81-7	$C_{24}H_{38}O_4$
14	邻苯二甲酸二苯酯	Diphenyl phthalate	—	84-62-8	$C_{24}H_{14}O_4$
15	邻苯二甲酸二正辛酯	Di-n-octyl phthalate	DNOP	117-84-0	$C_{24}H_{38}O_4$
16	邻苯二甲酸二壬酯	Dinonyl phthalate	DNP	84-76-4	$C_{26}H_{42}O_4$

附 录 B

（资料性附录）

邻苯二甲酸酯类化合物标准品纯度

邻苯二甲酸酯类化合物标准品纯度见表 B.1。

表 B.1　邻苯二甲酸酯类化合物标准品纯度

序号	中文名称	纯度（%）
1	邻苯二甲酸二甲酯	≥99.0
2	邻苯二甲酸二乙酯	≥98.5
3	邻苯二甲酸二异丁酯	≥99.9
4	邻苯二甲酸二丁酯	≥99.6
5	邻苯二甲酸二(2-甲氧基)乙酯	≥97.7
6	邻苯二甲酸(4-甲基-2-戊基)酯	≥98.2
7	邻苯二甲酸二(2-乙氧基)乙酯	≥98.0
8	邻苯二甲酸二戊酯	≥96.2
9	邻苯二甲酸二己酯	≥98.0
10	邻苯二甲酸丁基苄基酯	≥90.0
11	邻苯二甲酸二(2-丁氧基)乙酯	≥96.0
12	邻苯二甲酸二环己酯	≥99.9
13	邻苯二甲酸二(2-乙基)己酯	≥99.6
14	邻苯二甲酸二苯酯	≥98.0
15	邻苯二甲酸二正辛酯	≥95.0
16	邻苯二甲酸二壬酯	≥98.2

附　录　C

（资料性附录）
凝胶渗透色谱分离参考条件

C.1 凝胶渗透色谱柱:300 mm×25 mm(内径)玻璃柱,Bio Beads(S-X3),0.048 mm(300 目)～0.075 mm(200 目),25 g。

C.2 柱分离度:玉米油与邻苯二甲酸二(2-乙基)己酯的分离度＞85%。

C.3 流动相:乙酸乙酯∶环己烷(1∶1,体积比)。

C.4 流速:4.7 mL/min。

C.5 流出液收集时间:5.5 min～16.5 min。

C.6 检测器:254 nm UV。

附　录　D

（资料性附录）

邻苯二甲酸酯类化合物定量和定性选择离子表

邻苯二甲酸酯类化合物定量和定性选择离子表见表 D.1。

表 D.1　邻苯二甲酸酯类化合物定量和定性选择离子表

序号	中文名称	保留时间（min）	定性离子及其丰度比	定量离子	辅助定量离子
1	邻苯二甲酸二甲酯	7.79	163∶77∶135∶194(100∶18∶7∶6)	163	77
2	邻苯二甲酸二乙酯	8.66	149∶177∶121∶222(100∶28∶6∶3)	149	177
3	邻苯二甲酸二异丁酯	10.41	149∶223∶205∶167(100∶10∶5∶2)	149	223
4	邻苯二甲酸二丁酯	11.17	149∶223∶205∶121(100∶5∶4∶2)	149	223
5	邻苯二甲酸二(2-甲氧基)乙酯	11.51	59∶149∶193∶251(100∶33∶28∶14)	59	149、193
6	邻苯二甲酸二(4-甲基-2-戊基)酯	12.26	149∶251∶167∶121(100∶5∶4∶2)	149	251
7	邻苯二甲酸二(2-乙氧基)乙酯	12.59	45∶72∶149∶221(100∶85∶46∶2)	45	72
8	邻苯二甲酸二戊酯	12.95	149∶237∶219∶167(100∶22∶5∶3)	149	237
9	邻苯二甲酸二己酯	15.12	104∶149∶76∶251(100∶96∶91∶8)	104	149、76
10	邻苯二甲酸丁基苄基酯	15.28	149∶91∶206∶238(100∶72∶23∶4)	149	91
11	邻苯二甲酸二(2-丁氧基)乙酯	16.74	149∶223∶205∶278(100∶14∶9∶3)	149	223
12	邻苯二甲酸二环己酯	17.40	149∶167∶83∶249(100∶31∶7∶4)	149	167
13	邻苯二甲酸二(2-乙基)己酯	17.65	149∶167∶279∶113(100∶29∶10∶9)	149	167
14	邻苯二甲酸二苯酯	17.78	225∶77∶153∶197(100∶22∶4∶1)	225	77
15	邻苯二甲酸二正辛酯	20.06	149∶279∶167∶261(100∶7∶2∶1)	149	279
16	邻苯二甲酸二壬酯	22.60	57∶149∶71∶167(100∶94∶48∶13)	57	149、71

附　录　E

（资料性附录）

邻苯二甲酸酯类化合物标准物质的气相色谱-质谱选择离子色谱图

邻苯二甲酸酯类化合物标准物质的气相色谱-质谱选择离子色谱图见图 E.1。

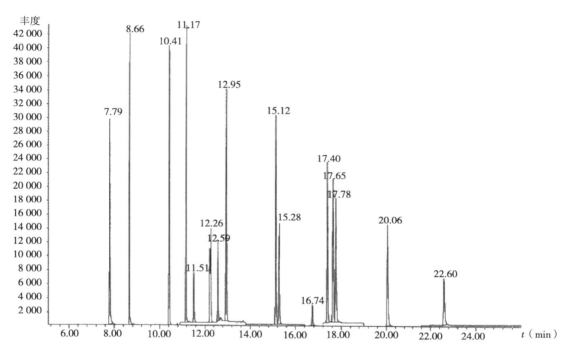

注：16种邻苯二甲酸酯类的出峰顺序依次为：邻苯二甲酸二甲酯（DMP）、邻苯二甲酸二乙酯（DEP）、邻苯
　　二甲酸二异丁酯（DIBP）、邻苯二甲酸二丁酯（DBP）、邻苯二甲酸二（2-甲氧基）乙酯（DMEP）、邻苯二
　　甲酸（4-甲基-2 戊基）酯（BMPP）、邻苯二甲酸二（2-乙氧基）乙酯（DEEP）、邻苯二甲酸二戊酯（DPP）、
　　邻苯二甲酸二己酯（DHXP）、邻苯二甲酸丁基苄基酯（BBP）、邻苯二甲酸二（2-丁氧基）乙酯（DBEP）、
　　邻苯二甲酸二环己酯（DCHP）、邻苯二甲酸二（2-乙基）己酯（DEHP）、邻苯二甲酸二苯酯、邻苯二甲酸
　　二正辛酯（DNOP）、邻苯二甲酸二壬酯（DNP）。

图 E.1　邻苯二甲酸酯类化合物标准物质的气相色谱-质谱选择离子色谱图

水体中辛基酚、壬基酚、双酚 A、已烯雌酚的测定 气相色谱-质谱联用法

1 适用范围

本规程规定了地表水中辛基酚、壬基酚、双酚 A、已烯雌酚 4 种酚类化合物的气相色谱-质谱(GC-MS)的测定方法。

本规程酚类化合物的方法检出限为(ng/L):4-t-辛基酚 0.07、壬基酚(4-nps)0.21、双酚 A 0.07、已烯雌酚 0.10。

2 规范性引用文件

本规程内容引用了下列文件或其中的条款。凡是不注明日期的引用文件,其有效版本适用于本规程。

GB/T 6682 分析实验室用水规格和试验方法

HJ 494 水质采样技术指导

SL 187—1996 水质采样技术规程

3 方法原理

水样经过滤、固相萃取、净化和浓缩过程,采用选择离子监测的气相色谱-质谱法(GC-MS)法测定,以内标法定量。

4 试剂和材料

4.1 丙酮(CH_3COCH_3):色谱纯。

4.2 乙酸乙酯($CH_3COOC_2H_3$):色谱纯。

4.3 正己烷($n-C_6H_{14}$):色谱纯。

4.4 二氯甲烷(CH_2Cl_2):色谱纯。

4.5 甲醇(CH_3OH):色谱纯。

4.6 无水硫酸钠:400℃烘 4 h,冷却后装瓶、密封,干燥器中保存。

4.7 水:GB/T 6682 规定的一级水。

4.8 标准品:4-t-辛基酚(4-tert-octylphenol,OP,CAS 号:140-66-9)、4-壬基酚(nonylphenol,NPs,tevhnical,CAS 号:25154-52-3)、双酚 A(bisphenol A,BPA CAS 号:80-05-7)、已烯雌酚(diethylstilbestrol,DES,CAS 号:56-53-1),纯度均≥98.0%。

4.9 内标标准品:双酚 A D14(bisphenol A,BPA,CAS 号:120155-79-5)、已烯雌酚 D8(di-

中国水产科学研究院珠江水产研究所 编制

ethylstilbestrol-d8,DES -d8,CAS 号:91318-10-4)、4-n-壬基酚(4-n-nonylphenol,NP,CAS 号:104-40-5)。

4.10 4-t-辛基酚、4-壬基酚、双酚 A、己烯雌酚混合标准储备液:以丙酮(4.1)为溶剂,辛基酚、壬基酚、双酚 A、己烯雌酚混合液比例为 1∶4∶1∶1(体积比),浓度分别为 100 mg/mL、400 mg/mL、100 mg/mL、100 mg/mL,−18℃冰箱中保存,有效期 6 个月。

4.11 4-n-壬基酚、双酚 A D14、己烯雌酚 D8 混合内标储备液:以丙酮(4.1)为溶剂,4-n-壬基酚、双酚 A D14、己烯雌酚 D8 配成浓度为 100 mg/mL、100 mg/mL、200 mg/mL 的混合内标标准储备液,−18℃冰箱中保存,有效期 6 个月。

4.12 辛基酚、壬基酚、双酚 A、己烯雌酚混合标准使用液:准确吸取适量体积的混合标准储备液(4.10),用甲醇(4.5)稀释,配成浓度分别为 5 mg/mL,20 mg/mL、5 mg/mL、5 mg/mL 的混合标准使用液,4℃密封避光保存,保存期 3 周。

4.13 4-n-壬基酚、双酚 A D14、己烯雌酚 D8 混合内标使用液:准确吸取适量体积的混合内标储备液(4.11),用甲醇(4.5)稀释,配成浓度分别为 50 μg/L、50 μg/L、100 μg/L 的混合内标使用液,4℃密封避光保存,保存期 3 周。

5　仪器和设备

5.1 气相色谱-质谱联用仪(EI 源)。

5.2 分析天平:感量 0.000 1 g。

5.3 旋转蒸发仪。

5.4 氮吹仪。

5.5 玻璃层析柱。

5.6 固相萃取仪。

5.7 CNW HLB 固相萃取柱:150 mg/6 mL,或与之性能相当者。

6　样品的采集与保存

　　水样采集容器采用硼硅玻璃容器或棕色玻璃试剂瓶,玻璃器皿和过滤装置必须经下列步骤进行清洗:玻璃器皿和过滤装置先经过 1 mol/L NaOH 溶液清洗,然后用蒸馏水冲洗,最后用二氯甲烷洗涤,采用不锈钢采水器采集距水面 30 cm 表层水样。在采样前,把采样瓶用待测水样洗涤 2 次~3 次。采样时,不留有顶上空间和气泡。水样采集后,用 4 mol/L 盐酸调节 pH 至 3~4。水样采集后,应尽快分析;若不能及时分析,应在 4℃冰箱中储存不超过 72 h。

7　样品制备

7.1　水样提取富集

　　取 1 000 mL 水样过玻璃纤维滤膜(Whatman,GF/F 47 mm),后用盐酸酸化至 pH 3~4,过活化固相萃取小柱 OASIS HLB (Water,200 mg/6 mL),HLB 小柱活化步骤依次为 12 mL 乙酸乙酯、12 mL 甲醇和 pH 为 3 的盐酸溶液,水样过柱流速不超过 5 mL/min。然后,用 10 mL 甲醇+水(9+1,体积比)洗涤试样瓶后过柱,固相萃取小柱用 12 mL 正己烷淋洗后将固相萃取柱抽干。最后,用 12 mL 乙酸乙酯洗脱,洗脱液过无水硫酸钠柱,后加入 5 mL 乙酸乙酯清洗,合并转移至茄形瓶中旋转蒸发浓缩。再转移至 1.5 mL 样品反应瓶,加入内标后氮吹至干,待衍生。

泥样:准确称取试样 1 g~2 g,精确至 0.05 g,置于滤纸筒或滤纸包中,后用二氯甲烷索氏提取 48 h 提取。将提取液转移到 100 mL 的茄形瓶中,之后用二氯甲烷清洗收集瓶 3 次,每次用量 5 mL,清洗液均合并到之前盛装提取液的茄形瓶中。然后,用旋转蒸发仪蒸干茄形瓶中的液体,旋转蒸发时压力不超过 500 mbar。水浴温度设为 32℃,转速为 70 r/min~90 r/min。用 2 mL 甲醇溶解残留物后与 18 mL pH 为 3~4 的蒸馏水混合,待净化。

7.2 净化

依次用乙酸乙酯 10 mL、甲醇 10 mL、水 10 mL 活化固相萃取小柱,取备用液过柱,控制流速不超过 2 mL/min。再依次用 15 mL 水+甲醇(9+1,体积比)和 15 mL 正己烷淋洗小柱,将固相萃取柱抽干,用乙酸乙酯 15 mL 洗脱,控制流速不超过 2 mL/min。收集洗脱液于 10 mL 具塞玻璃离心管中,过无水硫酸钠玻璃层析柱脱水,后加入 5 mL 乙酸乙酯清洗,合并转移至茄形瓶中旋转蒸发浓缩。再转移至 1.5 mL 样品反应瓶,加入内标后氮吹至干,待衍生。

7.3 衍生

于反应瓶中加入 BSTFA 60 μL、丙酮 120 μL,盖紧盖子,涡旋混合 30 s。于 65℃恒温箱中衍生 30 min,正己烷定容至 0.5 mL,涡旋混合 10 s,供 GC-MS 分析。

8 标准工作曲线的制备

取混合标准工作溶液 10 μL、20 μL、50 μL、100 μL 于 1.5 mL 样品反应瓶中,40℃水浴中氮吹至干,按 7.3 方法衍生,制成辛基酚浓度分别为 10 ng/mL、20 ng/mL、50 ng/mL、100 ng/mL,壬基酚浓度分别为 40 ng/mL、80 ng/mL、200 ng/mL、400 ng/mL,双酚 A 浓度分别为 10 ng/mL、20 ng/mL、50 ng/mL、100 ng/mL,己烯雌酚浓度分别为 10 ng/mL、20 ng/mL、50 ng/mL、100 ng/mL。分别取 1 μL 进样,以定量离子峰面积为纵坐标、浓度为横坐标,绘制标准工作曲线。

9 分析步骤

9.1 仪器条件

a) 色谱柱:DB-5MS(30 m×0.25 mm×0.25 μm)毛细管色谱柱,或性能相当的色谱柱;

b) 柱箱升温程序;初始温度80℃,保持 1 min,以 15℃/min 升至 160℃,再以 8℃/min 升至 230℃,然后以 5℃/min 升至 260℃,15℃/min 升至 290℃,保持 2 min;

c) 进样口温度:280℃;

d) 传输线温度:280℃;

e) 离子源温度:220℃;

f) 载气:高纯氦气,纯度≥99.999%,流速 1.0 mL/min;

g) 电离方式:EI;

h) 进样方式;无分流进样;2 min 后开阀;

i) 进样量:1.0 μL;

j) 溶剂延迟:5 min;

k) 离子序列组编号:见表1;

表 1　离子序列组编号

离子序列组编号	开始时间（min）	选择离子（m/z）
1	7	207.1、208.1、257
2	10	207.1、221.2、193.1、179.1、180.0、292.1
3	15	357.2、207.1、372.2、368.3、386.3、369.2
4	16.5	420.2、405.1、389.2、195.0、368.3、386.3、369.2

l)　待测物衍生物的特征离子：见表2。

表 2　待测物衍生物的特征离子

化合物	定性离子	定量离子
4-t-辛基酚	207.1、208.1、257	207.1
4-壬基酚	207.1、221.2、193.1、179.1	207.1
双酚 A	357.2、207.1、372.2	357.2
己烯雌酚	412.2、397.2、383.1	412.2
己烯雌酚-d8	420.2、405.1、389.2、195.0	420.2
双酚 A-d14	368.3、386.3、369.2	368.3
4-n-壬基酚	179.1、180.0、292.1	179.1

9.2　定性方法

样品峰与标准物质的保留时间之差不大于0.10 min，并且在扣除背景后的样品质谱图中，所选择的特征离子均应出现，要求样品峰的各选择离子相对强度与标准物质相应选择离子的相对强度之差不超过表3规定的范围。

表 3　试样相对离子丰度与标准物质相对离子丰度的最大允许偏差

单位为百分号

相对强度（跟基峰的百分比例）	EI-GC-MS
>50	±10
20～50（含）	±15
10～20（含）	±20
≤10	±50

9.3　定量方法

在9.1规定的色谱、质谱条件下，分别以 m/z 207.1、207.1、357.2、412.2 为辛基酚、壬基酚、双酚 A、己烯雌酚的定量离子，以峰面积进行单点或多点校准定量，标准工作液和试样液中待测物的响应值均应在仪器检测线性范围内。标准溶液、空白样品及加标样品的选择离子流图参见附录 A。

10　结果计算

10.1　空白试验

除不加试样外，均按上述测定条件和步骤进行。

10.2　结果计算

测试溶液中辛基酚、壬基酚、双酚 A、己烯雌酚含量由仪器工作站按内标法，自动计算。试样中辛基酚、壬基酚、双酚 A、己烯雌酚按式(1)计算,计算结果需扣除空白值,结果保留 3 位有效数字。

$$X = \frac{C \times V}{L} \quad\text{.......................................}\quad (1)$$

式中:

X——样品溶液中辛基酚、壬基酚、双酚 A、己烯雌酚,单位为纳克每升(ng/L);

C——样品溶液中辛基酚、壬基酚、双酚 A、己烯雌酚的浓度,单位为微克每毫升(μg/mL);

V——样品溶液最终体积,单位为毫升(mL);

L——样品质量,单位为升(L)。

11 灵敏度、准确度和精密度

11.1 灵敏度

本方法酚类化合物的方法检出限为(ng/L):t-辛基酚 0.07、壬基酚(4-nps)0.21、双酚 A 0.07、己烯雌酚 0.10;定量限分别为(ng/L):t-辛基酚 0.25、壬基酚 0.7、双酚 A 0.25、己烯雌酚 0.35。

11.2 准确度

本方法 t-辛基酚、双酚 A/己烯雌酚在 0.25 ng/L~10 ng/g 添加浓度范围内,回收率为 70%~110%;壬基酚在 0.7 ng/g~15 ng/L 添加浓度范围内,回收率为 70%~110%。

11.3 精密度

本方法的批内变异系数≤15%,批间变异系数≤15%。

12 质量保证和质量控制

12.1 标准曲线:每次分析均应绘制校准曲线。通常情况下,校准曲线的相关系数应达到 0.995 以上。

12.2 程序空白:每批样品应至少做一个全程序空白,目标化合物空白质量不得超过方法检测限。

12.3 基质加标:每批样品应至少测定 10%的加标样品,样品数量少于 10 时,应至少测定一个加标样品,测定的加标回收率应为 70%~120%。

12.4 实验室控制样品:在处理的每批样品中,应在试剂空白中加入每种分析物质,其浓度应与校准曲线中间浓度相当。然后,按照整个步骤进行预处理和测定,其标准回收率应为 70%~120%。

12.5 连续校准:每分析 10 个样品,应分析一次校准曲线中间浓度点,其测定结果与实际浓度值相对偏差≤10%。每批样品分析完毕后,应进行一次曲线最低点的分析,其测定结果与实际浓度值相对偏差≤30%。

13 废弃物的处理

根据国家相应的固体废弃物和液体废弃物处理法,交由有资质的处理单位统一处理。

附　录　A
（资料性附录）
色谱图示例

4种酚类化合物标准色谱图见图 A.1。

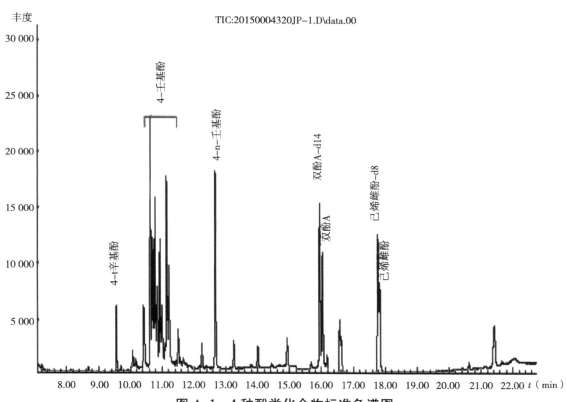

图 A.1　4 种酚类化合物标准色谱图

沉积物中辛基酚、壬基酚、双酚 A 残留的测定 气相色谱-质谱联用法

1 适用范围

本规程规定了沉积物中辛基酚、壬基酚、双酚 A、己烯雌酚 4 种酚类化合物的气相色谱-质谱(GC-MS)的测定方法。

2 规范性引用文件

本规程内容引用了下列文件或其中的条款。凡是不注明日期的引用文件,其有效版本适用于本规程。

GB/T 6682　分析实验室用水规格和试验方法

GB 17378.3—2007　海洋监测规范　第 3 部分:样品采集、储存与运输

3 方法原理

样品冷冻干燥后,经索氏提取,溶剂置换、固相萃取、净化和浓缩过程,采用选择离子监测的气相色谱-质谱法(GC-MS)法测定,以内标法定量。

4 试剂和材料

4.1　丙酮(CH_3COCH_3):色谱纯。

4.2　乙酸乙酯($CH_3COOC_2H_3$):色谱纯。

4.3　正己烷($n-C_6H_{14}$):色谱纯。

4.4　二氯甲烷(CH_2Cl_2):色谱纯。

4.5　甲醇(CH_3OH):色谱纯。

4.6　无水硫酸钠:400℃烘 4 h,冷却后装瓶、密封,干燥器中保存。

4.7　水:GB/T 6682 规定的一级水。

4.8　标准品:4-t-辛基酚(4-tert-octylphenol,OP,CAS 号:140-66-9)、4-壬基酚(nonylphenol,NPs,tevhnical,CAS 号:25154-52-3)、双酚 A(bisphenol A,BPA CAS 号:80-05-7)、己烯雌酚(diethylstilbestrol,DES,CAS 号:56-53-1),纯度均≥98.0%。

4.9　内标标准品:双酚 A-D14(bisphenol A,BPA,CAS 号:120155-79-5)、己烯雌酚-D8(diethylstilbestrol-d8,DES-d8,CAS 号:91318-10-4)、4-n-壬基酚(4-n-nonylphenol,NP,CAS 号:104-40-5)。

4.10　标准溶液

混合标准储备液:以丙酮(4.1)为溶剂,辛基酚、壬基酚、双酚 A、己烯雌酚混合液比例为

中国水产科学研究院珠江水产研究所　编制

1:4:1:1,浓度分别为 100 mg/L、400 mg/L、100 mg/L、100 mg/L，—18℃冰箱中保存，有效期 6 个月。

混合内标储备液：以丙酮(4.1)为溶剂 4-n-壬基酚、双酚 A-D14、已烯雌酚-D8 配成浓度为100 mg/L、100 mg/L、200 mg/L 混合内标准储备液，—18℃冰箱中保存，有效期 6 个月。

混合标准使用液：准确吸取适量体积的混合标准储备液，用甲醇(4.5)稀释，配成浓度为：辛基酚 5.00 mg/L、壬基酚 20.0 mg/L、双酚 A 5.00 mg/L、已烯雌酚 5.00 mg/L，4℃密封避光保存，保存期 3 周。

混合内标使用液：准确吸取适量体积的混合内标储备液，用甲醇(4.5)稀释，配成浓度分别为 0.050 mg/L、0.050 mg/L、0.100 mg/L，混合内标使用液，4℃密封避光保存，保存期 3 周。

5 仪器和设备

5.1 气相色谱-质谱联用仪(EI 源)。
5.2 分析天平：感量 0.000 1 g。
5.3 冷冻干燥机。
5.4 旋转蒸发仪。
5.5 氮吹仪。
5.6 索氏提取器。
5.7 恒温水浴锅。
5.8 玻璃层析柱。
5.9 固相萃取仪。

6 样品采集与保存

使用彼得逊采泥器采集表层泥样(0 cm～5 cm)，混匀用锡箔纸包好，—45℃冷冻干燥后，过 0.15 mm(100 目)筛，—20℃冰箱保存待用。

7 样品提取

准确称取泥样试样 1 g～2 g，精确至 0.05 g，置于滤纸筒或滤纸包中，后用二氯甲烷索氏提取 48 h 提取。将提取液转移到 100 mL 的茄形瓶中，之后用二氯甲烷清洗收集瓶 3 次，每次用量 5 mL，清洗液均合并到之前盛装提取液的茄形瓶中。然后用旋转蒸发仪蒸干茄形瓶中的液体，旋转蒸发时候用压力不超过 500 mbar。水浴温度设为 32℃，转速为 70 r/min～90 r/min。用 2 mL 甲醇溶解残留物后与 18 mL pH 为 3～4 的蒸馏水混合，待净化。

8 样品净化

依次用乙酸乙酯 10 mL、甲醇 10 mL、水 10 mL 活化固相萃取小柱，取备用液过柱，控制流速不超过 2 mL/min，再依次用 15 mL 水-甲醇(9:1，体积比)和 15 mL 正己烷淋洗小柱，将固相萃取柱抽干，用乙酸乙酯 15 mL 洗脱，控制流速不超过 2 mL/min，收集洗脱液于 10 mL 具塞玻璃离心管中，过无水硫酸钠玻璃层析柱脱水，后加入 5 mL 乙酸乙酯清洗，合

水产品及水环境中典型污染物检测操作规程

并转移至茄形瓶中旋转蒸发浓缩,再转移至 1.5 mL 样品反应瓶,加入内标后氮吹至干,待衍生。

9 样品衍生

于反应瓶中加入 BSTFA 60 μL、丙酮 120 μL,盖紧盖子,涡旋混合 30 s,于 65℃恒温箱中衍生 30 min,正己烷定容至 0.5 mL,涡旋混合 10 s,供 GC-MS 分析。

10 标准工作曲线的制备

取混合标准工作溶液 10 μL、20 μL、50 μL、100 μL 于 1.5 mL 样品反应瓶中,40℃水浴中氮吹至干,按第 9 章方法衍生,制成辛基酚浓度分别为 10 ng/mL、20 ng/mL、50 ng/mL、100 ng/mL,壬基酚浓度分别为 40 ng/mL、80 ng/mL、200 ng/mL、400 ng/mL,双酚 A 浓度分别为 10 ng/mL、20 ng/mL、50 ng/mL、100 ng/mL,己烯雌酚浓度分别为 10 ng/mL、20 ng/mL、50 ng/mL、100 ng/mL。分别取 1 μL 进样,以定量离子峰面积为纵坐标、浓度为横坐标,绘制标准工作曲线。

11 仪器测定

11.1 仪器条件

    a) 色谱柱:DB-5MS(30 m × 0.25 mm × 0.25 μm)毛细管色谱柱,或性能相当的色谱柱;

    b) 柱箱升温程序:初始温度 80℃,保持 1 min,以 15℃/min 升至 160℃,再以 8℃/min 升至 230℃,然后以 5℃/min 升至 260℃,15℃/min 升至 290℃,保持 2 min;

    c) 进样口温度:280℃;

    d) 传输线温度:280℃;

    e) 离子源温度:220℃;

    f) 载气:高纯氦气,纯度≥99.999%,流速 1.0 mL/min;

    g) 电离方式:EI;

    h) 进样方式:无分流进样;2 min 后开阀;

    i) 进样量:1.0 μL;

    j) 溶剂延迟:5 min;

    k) 离子序列分组:见表 1;

表 1 离子序列组编号

离子序列组编号	开始时间(min)	选择离子(m/z)
1	7	207.1、208.1、257
2	10	207.1、221.2、193.1、179.1、180.0、292.1
3	15	357.2、207.1、372.2、368.3、386.3、369.2
4	16.5	420.2、405.1、389.2、195.0、368.3、386.3、369.2

    l) 待测物衍生物的特征离子:见表 2。

表2 待测物衍生物的特征离子

化合物	定性离子	定量离子
4-t-辛基酚	207.1、208.1、257	207.1
4-壬基酚	207.1、221.2、193.1、179.1	207.1
双酚A	357.2、207.1、372.2	357.2
己烯雌酚	412.2、397.2、383.1	412.2
己烯雌酚-d8	420.2、405.1、389.2、195.0	420.2
双酚A-d14	368.3、386.3、369.2	368.3
4-n-壬基酚	179.1、180.0、292.1	179.1

11.2 定性方法

样品峰与标准物质的保留时间之差不大于0.10 min,并且在扣除背景后的样品质谱图中,所选择的特征离子均应出现,要求样品峰的各选择离子相对强度与标准物质相应选择离子的相对强度之差不超过表3规定的范围。

表3 试样相对离子丰度与标准物质相对离子丰度的最大允许偏差

单位为百分号

相对强度（跟基峰的百分比例）	EI-GC-MS
＞50	±10
20～50（含）	±15
10～20（含）	±20
≤10	±50

11.3 定量方法

在11.1规定的色谱、质谱条件下,分别以 m/z 207.1、207.1、357.2、412.2 为辛基酚、壬基酚、双酚A、己烯雌酚的定量离子,以峰面积进行单点或多点校准定量,标准工作液和试样液中待测物的响应值均应在仪器检测线性范围内。

12 结果计算

12.1 空白试验

除不加试样外,均按上述测定条件和步骤进行。

12.2 结果计算

测试溶液中辛基酚、壬基酚、双酚A、己烯雌酚含量由仪器工作站按内标法,自动计算。试样中辛基酚、壬基酚、双酚A、己烯雌酚按式(1)计算,计算结果需扣除空白值,结果保留3位有效数字。

$$X = \frac{C \times V}{m} \quad \cdots\cdots\cdots\cdots\cdots\cdots\cdots\cdots\cdots\cdots\cdots\cdots \quad (1)$$

式中:

X——样品中辛基酚、壬基酚、双酚A、己烯雌酚,单位为纳克每克(ng/g);

C——样品溶液中辛基酚、壬基酚、双酚A、己烯雌酚的浓度,单位为纳克每毫升(ng/mL);

V——样品溶液最终体积,单位为毫升(mL);

m——样品质量,单位为克(g)。

13 方法灵敏度、准确度和精密度

13.1 灵敏度

本方法酚类化合物的方法检出限为（ng/g，dw）：t-辛基酚 0.07、壬基酚 0.21、双酚 A 0.07、己烯雌酚 0.10；定量限分别为（ng/g，dw）：t-辛基酚 0.25、壬基酚 0.7、双酚 A 0.25、己烯雌酚 0.35。

13.2 准确度

本方法 t-辛基酚、双酚 A、己烯雌酚在 0.25 ng/g～10 ng/g 添加浓度范围内，回收率为 70%～110%；壬基酚在 0.7 ng/g～30 ng/g 添加浓度范围内，回收率为 70%～110%。

13.3 精密度

本方法的批内变异系数≤15%，批间变异系数≤15%。

14 质量保证和质量控制

14.1 标准曲线：每次分析均应绘制校准曲线。通常情况下，校准曲线的相关系数应达到 0.995 以上。

14.2 程序空白：每批样品应至少做一个全程序空白，目标化合物空白质不得超过方法检测限。

14.3 基质加标：每批样品应至少测定 10% 的加标样品，样品数量少于 10 时，应至少测定一个加标样品，测定的加标回收率应为 70%～120%。

14.4 实验室控制样品：在处理的每批样品中，应在试剂空白中加入每种分析物质，其浓度应与校准曲线中间浓度相当，然后按照整个步骤进行预处理和测定，其标准回收率应为 70%～120%。

14.5 连续校准：每分析 10 个样品，应分析一次校准曲线中间浓度点，其测定结果与实际浓度值相对偏差≤10%。每批样品分析完毕后，应进行一次曲线最低点的分析，其测定结果与实际浓度值相对偏差≤30%。

15 废弃物的处理

根据国家相应的固体和液体废物处理法，交由有资质的处理单位统一处理。

水产品中辛基酚、壬基酚、双酚 A、已烯雌酚 残留的测定 气相色谱-质谱联用法

1 适用范围

本规程规定了水产品中辛基酚、壬基酚、双酚 A、已烯雌酚 4 种酚类化合物的气相色谱-质谱（GC-MS）的测定方法。

本规程酚类化合物的方法检出限为（ng/g dw）：t-辛基酚 0.15、壬基酚（4-nps）0.42、双酚 A 0.15、已烯雌酚 0.20。

2 规范性引用文件

本规程内容引用了下列文件或其中的条款。凡是不注明日期的引用文件，其有效版本适用于本规程。

GB/T 6682 分析实验室用水规格和实验方法

SC/T 3016—2004 水产品抽样方法

3 方法原理

样品冷冻干燥后，经索氏提取，溶剂置换、固相萃取、净化和浓缩过程，采用选择离子监测的气相色谱-质谱法（GC-MS）法测定，以内标法定量。

4 试剂和材料

4.1 丙酮（CH_3COCH_3）：色谱纯。

4.2 乙酸乙酯（$CH_3COOC_2H_3$）：色谱纯。

4.3 正己烷（n-C_6H_{14}）：色谱纯。

4.4 二氯甲烷（CH_2Cl_2）：色谱纯。

4.5 甲醇（CH_3OH）：色谱纯。

4.6 无水硫酸钠：400℃烘 4 h，冷却后装瓶、密封，干燥器中保存。

4.7 水：GB/T 6682 规定的一级水。

4.8 标准品：4-t-辛基酚（4-tert-octylphenol，OP，CAS 号：140-66-9）、4-壬基酚（nonylphenol，NPs，tevhnical，CAS 号：25154-52-3）、双酚 A（bisphenol A，BPA CAS 号：80-05-7）、已烯雌酚（diethylstilbestrol，DES，CAS 号：56-53-1），纯度均≥98.0%。

4.9 内标标准品：双酚 A D14（bisphenol A，BPA，CAS 号：120155-79-5）、已烯雌酚 D8（di-ethylstilbestrol-d8，DES-d8，CAS 号：91318-10-4）、4-n-壬基酚（4-n-nonylphenol，NP，CAS 号：

中国水产科学研究院珠江水产研究所 编制

104-40-5)。

4.10 标准溶液

混合标准储备液:以丙酮(4.1)为溶剂,辛基酚、壬基酚、双酚 A、己烯雌酚混合液比例为 1∶4∶1∶1,浓度分别为 100 mg/L、400 mg/L、100 mg/L、100 mg/L,−18℃冰箱中保存,有效期 6 个月。

混合内标储备液:以丙酮(4.1)为溶剂 4-n-壬基酚、双酚 A D14、己烯雌酚 D8 配成浓度为 100 mg/L、100 mg/L、200 mg/L 混合内标准储备液,−18℃冰箱中保存,有效期 6 个月。

混合标准使用液:准确吸取适量体积的混合标准储备液,用甲醇(4.5)稀释,配成浓度为辛基酚 5.00 mg/L、壬基酚 20.0 mg/L、双酚 A 5.00 mg/L、己烯雌酚 5.00 mg/L,4℃密封避光保存,保存期 3 周。

混合内标使用液:准确吸取适量体积的\混合内标储备液,用甲醇(4.5)稀释,配成浓度分别为 0.050 mg/L、0.050 mg/L、0.100 mg/L,混合内标使用液,4℃密封避光保存,保存期 3 周。

5 仪器和设备

5.1 气相色谱-质谱联用仪(EI 源)。
5.2 分析天平:感量 0.000 1 g。
5.3 冷冻干燥机。
5.4 旋转蒸发仪。
5.5 氮吹仪。
5.6 索氏提取器。
5.7 恒温水浴锅。
5.8 玻璃层析柱。
5.9 固相萃取仪。
5.10 CNW HLB 固相萃取柱:150 mg/6 mL,或与之性能相当者。

6 样品制备

水产品按 SC/T 3016—2004 规定制成肉糜,于冷冻干燥机中−45℃冷冻干燥后研磨成粉,−20℃冰箱保存待用。

7 样品提取

准确称取试样 0.5 g~1.0 g,精确至 0.05 g,置于滤纸筒或滤纸包中,后用二氯甲烷索氏提取 48 h 提取。将提取液转移到 100 mL 的茄形瓶中,之后用二氯甲烷清洗收集瓶 3 次,每次用量 5 mL,清洗液均合并到之前盛装提取液的茄形瓶中。然后用旋转蒸发仪蒸干茄形瓶中的液体,旋转蒸发时候用压力不超过 500 mbar。水浴温度设为 32℃,转速为 70 r/min~90 r/min。用 2 mL 甲醇溶解残留物后与 18 mL pH 为 3~4 的蒸馏水混合,待净化。

8 样品净化

依次用乙酸乙酯 10 mL、甲醇 10 mL、水 10 mL 活化固相萃取小柱,取备用液过柱,控制流速不超过 2 mL/min,再依次用 15 mL 水-甲醇(9+1,体积比)和 15 mL 正己烷淋洗小柱,将固相萃取柱抽干,用乙酸乙酯 15 mL 洗脱,控制流速不超过 2 mL/min,收集洗脱液于 10 mL 具塞玻璃离心管中,过无水硫酸钠玻璃层析柱脱水,后加入 5 mL 乙酸乙酯清洗,合并转移至茄形瓶中旋转蒸发浓缩,再转移至 1.5 mL 样品反应瓶,加入内标后氮吹至干,待衍生。

9 样品衍生

于反应瓶中加入 BSTFA 60 μL、丙酮 120 μL,盖紧盖子,涡旋混合 30 s,于 65℃恒温箱中衍生 30 min,正己烷定容至 0.5 mL,涡旋混合 10 s,供 GC-MS 分析。

10 标准工作曲线的制备

取混合标准工作溶液 10 μL、20 μL、50 μL、100 μL 于 1.5 mL 样品反应瓶中,40℃水浴中氮吹至干,按第 8 章方法衍生,制成辛基酚浓度分别为 10 ng/mL、20 ng/mL、50 ng/mL、100 ng/mL,壬基酚浓度分别为 40 ng/mL、80 ng/mL、200 ng/mL、400 ng/mL,双酚 A 浓度分别为 10 ng/mL、20 ng/mL、50 ng/mL、100 ng/mL,己烯雌酚浓度分别为 10 ng/mL、20 ng/mL、50 ng/mL、100 ng/mL。分别取 1 μL 进样,以定量离子峰面积为纵坐标、浓度为横坐标,绘制标准工作曲线。

11 测定分析

11.1 仪器条件

a) 色谱柱:DB-5MS(30 m × 0.25 mm × 0.25 μm)毛细管色谱柱,或性能相当的色谱柱;

b) 柱箱升温程序:初始温度 80℃,保持 1 min,以 15℃/min 升至 160℃,再以 8℃/min 升至 230℃,然后以 5℃/min 升至 260℃,15℃/min 升至 290℃,保持 2 min;

c) 进样口温度:280℃;

d) 传输线温度:280℃;

e) 离子源温度:220℃;

f) 载气:高纯氦气,纯度≥99.999%,流速 1.0 mL/min;

g) 电离方式:EI;

h) 进样方式:无分流进样;2 min 后开阀;

i) 进样量:1.0 μL;

j) 溶剂延迟:5 min;

k) 离子序列组编号:见表1;

表 1 离子序列组编号

离子序列组编号	开始时间(min)	选择离子(m/z)
1	7	207.1、208.1、257
2	10	207.1、221.2、193.1、179.1、180.0、292.1
3	15	357.2、207.1、372.2、368.3、386.3、369.2
4	16.5	420.2、405.1、389.2、195.0、368.3、386.3、369.2

水产品及水环境中典型污染物检测操作规程

1) 待测物衍生物的特征离子:见表2。

表2 待测物衍生物的特征离子

化合物	定性离子	定量离子
4-t-辛基酚	207.1、208.1、257	207.1
4-壬基酚	207.1、221.2、193.1、179.1	207.1
双酚A	357.2、207.1、372.2	357.2
己烯雌酚	412.2、397.2、383.1	412.2
己烯雌酚-d8	420.2、405.1、389.2、195.0	420.2
双酚A-d14	368.3、386.3、369.2	368.3
4-n-壬基酚	179.1、180.0、292.1	179.1

11.2 定性方法

样品峰与标准物质的保留时间之差不大于0.10 min,并且在扣除背景后的样品质谱图中,所选择的特征离子均应出现,要求样品峰的各选择离子相对强度与标准物质相应选择离子的相对强度之差不超过表3规定的范围。

表3 试样相对离子丰度与标准物质相对离子丰度的最大允许偏差

单位为百分号

相对强度(跟基峰的百分比例)	EI-GC-MS
>50	±10
20~50(含)	±15
10~20(含)	±20
≤10	±50

11.3 定量方法

在11.1规定的色谱、质谱条件下,分别以 m/z 207.1、207.1、357.2、412.2 为辛基酚、壬基酚、双酚A、己烯雌酚的定量离子,以峰面积进行单点或多点校准定量,标准工作液和试样液中待测物的响应值均应在仪器检测线性范围内。

12 结果计算

12.1 空白试验

除不加试样外,均按上述测定条件和步骤进行。

12.2 结果计算

测试溶液中辛基酚、壬基酚、双酚A、己烯雌酚含量由仪器工作站按内标法,自动计算。试样中辛基酚、壬基酚、双酚A、己烯雌酚按式(1)计算,计算结果需扣除空白值,结果保留3位有效数字。

$$X = \frac{C \times V}{m} \quad\text{............................} \quad (1)$$

式中:

X ——样品中辛基酚、壬基酚、双酚A、己烯雌酚,单位为纳克每克(ng/g);

C ——样品溶液中辛基酚、壬基酚、双酚A、己烯雌酚的浓度,单位为纳克每毫升(ng/mL);

V ——样品溶液最终体积,单位为毫升(mL);

m——样品质量,单位为克(g)。

13 方法灵敏度、准确度和精密度

13.1 灵敏度

本方法酚类化合物的方法检出限为(ng/g,dw):t-辛基酚 0.15、壬基酚(4-nps)0.42、双酚 A 0.15、己烯雌酚 0.20;定量限分别为(ng/g,dw):t-辛基酚 0.5、壬基酚 1.5、双酚 A 0.5、己烯雌酚 0.7。

13.2 准确度

本方法 t-辛基酚、双酚 A/己烯雌酚在 0.5 ng/g～10 ng/g 添加浓度范围内,回收率为 70%～110%;壬基酚在 1.5 ng/g～30 ng/g 添加浓度范围内,回收率为 70%～110%。

13.3 精密度

本方法的批内变异系数≤15%,批间变异系数≤15%。

14 质量保证和质量控制

14.1 标准曲线:每次分析均应绘制校准曲线。通常情况下,校准曲线的相关系数应达到 0.995 以上。

14.2 程序空白:每批样品应至少做一个全程序空白,目标化合物空白质不得超过方法检测限。

14.3 基质加标:每批样品应至少测定 10%的加标样品,样品数量少于 10 时,应至少测定一个加标样品,测定的加标回收率应为 70%～120%。

14.4 实验室控制样品:在处理的每批样品中,应在试剂空白中加入每种分析物质,其浓度应与校准曲线中间浓度相当,然后按照整个步骤进行预处理和测定,其标准回收率应为 70%～120%。

14.5 连续校准:每分析 10 个样品,应分析一次校准曲线中间浓度点,其测定结果与实际浓度值相对偏差≤10%。每批样品分析完毕后,应进行一次曲线最低点的分析,其测定结果与实际浓度值相对偏差≤30%。

15 废弃物的处理

根据国家相应的固体和液体废物处理法,交由有资质的处理单位统一处理。

图书在版编目（CIP）数据

水产品及水环境中典型污染物检测操作规程/李海
普等编著.—北京：中国农业出版社，2021.1
基层农产品质量安全检测人员指导用书
ISBN 978-7-109-27349-8

Ⅰ.①水⋯　Ⅱ.①李⋯　Ⅲ.①水产品－污染物分析－
技术操作规程②水环境－污染物分析－技术操作规程
Ⅳ.①X520.2

中国版本图书馆 CIP 数据核字（2020）第 180208 号

SHUICHANPIN JI SHUIHUANJING ZHONG DIANXING
WURANWU JIANCE CAOZUO GUICHENG

中国农业出版社出版
地址：北京市朝阳区麦子店街 18 号楼
邮编：100125
责任编辑：冀　刚
版式设计：杜　然　　责任校对：周丽芳
印刷：北京大汉方圆数字文化传媒有限公司
版次：2021 年 1 月第 1 版
印次：2021 年 1 月北京第 1 次印刷
发行：新华书店北京发行所
开本：787mm×1092mm　1/16
印张：16.25
字数：420 千字
定价：90.00 元

版权所有·侵权必究
凡购买本社图书，如有印装质量问题，我社负责调换。
服务电话：010-59195115　010-59194918